米露諜報秘録1945-2020

THE FOLLY AND THE GLORY

America, Russia, and Political Warfare 1945-2020

Tim Weiner
ティム・ワイナー
村上和久｜訳

冷戦からプーチンの諜略まで

白水社

米露諜報秘録1945-2020

冷戦からプーチンの謀略まで

Published by arrangement with The Robbins Office,Inc.
and Aitken Alexander Associates Ltd.
through The English Agency(Japan)Ltd.

カバー写真:AP/アフロ
2019年6月28日、G20大阪サミットにて、ドナルド・トランプ大統領とウラジーミル・プーチン大統領。

ジーン・ロバーツとジョー・リリーヴェルドに
そしてケイト、エマ、ルビー・ドイルのために

米露諜報秘録1945-2020 冷戦からプーチンの謀略まで
目次

戦争の厄災のなかには、
真実を愛する気持ちが薄れることも、
ともに数え上げられるかもしれない。
人々の関心によって左右され、
人々の信じたい気持ちによって焚きつけられる嘘のせいで。

サミュエル・ジョンソン『怠け者』（一七五八年）

第1章　将来の闘争の種

アメリカとソ連は七十五年にわたって、地球の支配権を争ってきた。二十世紀には、アメリカは長い東西冷戦に勝利し、しばらくのあいだ、その勝利は長つづきして、自由がいたるところで花開くかのように思えた。しかし、その時機は消え去った。二十一世紀のいま、ロシアはこっそりと破壊工作によってアメリカとその同盟国に反撃している。その策略はアメリカの民主主義の土台を揺るがしている。二百五十年のあいだ、ひとつの内戦とふたつの世界大戦にも耐えた政治構造を。その結果は、アメリカが持ちこたえられるかどうか、そして民主主義者と独裁者のどちらが世界を支配するかを決定するかもしれない。この闘争では、強大な陸海空軍と核兵器であふれかえった武器庫は、役に立たないことがわかっている。戦いは政治戦にかかっているのだ。

政治戦とは、国家が、ミサイルを発射したり海兵隊を送りこんだりする前に、敵にたいして戦力を投射し、その目的を達成する手段である。その遂行には、隠密工作から高圧的な説得にいたる、諜報活動と外交のあらゆる領域だけでなく、こうした手段を大統領がたくみに調整することが要求される。アメリカは第二次世界大戦後、政治戦のための強力なマシーンを作り上げ、それがソ連の崩壊を早めたが、アメリカのエンジンは世紀の変わり目にガス欠を起こし、現在ではほとんど用をなさなくなっている。ロシア人たちはウラジーミル・プーチンが二十年前に権力の座について以来ずっと、巧妙かつ狡猾に政治戦を利用してきた。二〇一四年以降、彼らはアメリカの政治機構に打撃をあたえ、二〇一六年にはプーチンのいいなりになる大統領を選出するのに手を貸して、民主主義を危機に追いこんだ。二〇二〇年、彼らは偽情報と欺瞞の威力を強化して、ふたたびアメリカに狙いをさだめた。われわれはつぎの攻撃が襲いかかる前に、政治戦の仕組みを知る必要がある。それはいまにも来襲しつつあるからだ。

戦争は、われわれが作り上げた世界における、自然の状態だ。過去百年間で、二億人以上の戦闘員と民間人が命を落としてきた。第一次世界大戦のくすぶる廃墟は、第二次世界大戦のための長い導火線に火をつけ、第二次世界大戦の灰のなかから、冷戦の有毒な雲が立ち上った。こうした戦争が打ち砕いた理想のなかには、二十世紀前半に成文化された高邁な法規があった。戦争は制服を着た戦闘員のあいだで戦われ、公式の宣戦布告が行なわれた日に開始されて、講和条約が威厳を持って署名された日に終結するという法規が。各国は他国の国内紛争に介入しなかった。これは、ソ連赤軍と戦うために一九一八年八月から、第一次大戦終結の十九ヵ月後の一九二〇年六月までシベリアに派遣された何千名というアメリカ軍将兵にとっては、空約束だった。一九三九年九月、目をさましたら、スターリンがヒトラーと調印した協定の秘密条項のもとで併合され、ロシア人の虜囚になっていた千三百万人のポーランド人にとっては、うれしくもない慰めだった。

ふたつの戦争の法則は、一九四五年八月、ハリー・S・トルーマン大統領が日本に原子爆弾を投下したあとでも、まだ有効だった。ひとつ目は戦闘力だった——自国の兵士の命を犠牲にする国家の意思である。もうひとつは火力だった——国家の武器庫の破壊力である。アメリカはさしあたり、究極の兵器を唯一所有していた。もっとも長いことではなかったが。放射性の瓦礫と化した都市の壊滅を目にして、人々はもしスターリンがこの兵器の秘密を手に入れたら第三次世界大戦はどんな様相を呈するのだろうかと思った。実際には、彼はそれを手に入れていた。もっとも当時はワシントンの誰ひとり、そのことを知らなかったが。国家安全保障問題を担当するアメリカ人たちは、考えられないことを考えはじめ、核兵器の出現は彼らの考えかたを変えた。彼らのなかでもっとも賢明な者たちは、もし自分たちがロシア人と戦うことになったら、つぎの戦争は、われわれが守りたいと願うものをすべて破壊し、そして、生きている者たちは死んだ者たちをうらやましく思うだろうと悟った。

米ソ両陣営が和睦することに失敗して、世界各国の支配権をめぐる闘争に乗りだすと、彼らはたがいにひそかに戦力を投射しあうことによって戦う方法を見つけなければならなかった――スパイ活動と転覆工作、策略と破壊工作、盗まれた選挙と巧妙なクーデタ、偽情報と欺瞞、抑圧と暗殺によって。アメリカ人はこの戦いかたについてほとんどなにも知らなかった。ロシア人は四世紀にわたってこれに従事してきた。

十六世紀の皇帝、イワン雷帝は、初歩的な秘密警察を創設した。ピョートル大帝とエカチェリーナ大帝は、ロシアの諜報活動を拡大し、国外の敵だけでなく、自国民もスパイした。ナポレオンが一八一二年にロシアを侵略したころには、皇帝アレクサンドル一世はロシアの対外情報機関を強化して、それを軍と結びつけていた。一八八一年、アレクサンドル二世の暗殺後に創設された〈オフラナ〉は、何十年間もロシア国内と国外の敵をスパイし、そのかん、アナーキストたちは国王や女王、公子や大公を、そして一九〇一年にはアメリカ大統領を暗殺していた。しかし、クレムリンのスパイたちは、一九一七年にロシアを手中におさめたボルシェヴィキの革命家たちによって粉砕された。その年の寒くて無慈悲な十二月、ウラジーミル・レーニンはそれにかわって自分自身の秘密警察を創設した。〈全ロシア反革命・サボタージュ取締非常委員会〉――略称ＶＣｈＫで、人々には〈チェーカー〉

と呼ばれた。「われわれは組織化されたテロを支持する」と、〈チェーカー〉の最初の指導者フェリクス・ジェルジンスキーは一九一八年にいった。スターリンは彼に絶対的な権力をあたえた。一九三四年、ロシア人たちは〈大粛清〉を開始した。百万人が殺害された。その年には、すでにスターリンのスパイたちがアメリカ国内で活動していた。第二次世界大戦時には、彼らはアメリカ政府に入りこんでいた――国務省、司法省、〈マンハッタン〉計画に。一九五四年、スターリンの死後、スパイ組織は〈国家保安委員会〉、略してKGBと改称された。諜報活動を遂行し、偽情報と政治的サボタージュで敵を打倒して、国家の安全を守り、その統治者を警護して、反対意見を叩きつぶす役割をになうKGBは、J・エドガー・フーヴァー時代のFBIと冷戦時代のCIA、そしてナチ・ドイツのゲシュタポ（ゲスターポ）の任務をあわせもつ、恐怖省だった。世界史上最大の情報機関である。人がもしウラジーミル・プーチンのように、二十世紀なかばのロシアで、第二次大戦後の瓦礫のなか、貧困と空腹のもとで生まれ、権力を志したとしたら、KGBはまさにうってつけの場所だった。

ジェルジンスキーの巨大な像は、一九五八年から一九九一年まで、モスクワのKGB本部であるルビヤンカの正面に屹立していたが、ソ連の崩れかけた構造を取り壊そうとするデモ隊によって倒された。像が鋳造しなおされて、ふたたび建てられることはなかったが、プーチンは諜報国家ソ連を復活させると、ジェルジンスキーを復権させた。〈チェキストの日〉はいまや毎年十二月二十日、クレムリンで祝われている。そして、プーチンは骨の髄までチェキスト、つまり国家保安機関勤務員である。それがなにを意味するかは、昔からずっと変わらない。いかなる代償をはらってでも指導者の権力を維持し、その国内の敵を投獄あるいは暗殺すること。そして、政治戦を遂行して、敵をあざむき、あやまった考えにみちびいて、不意を打ち、敵が自分自身の最大の利益に反した行動に出るよう仕向けて、世界におけるその地位を弱体化させることである。

アメリカは、議会が一九四七年に中央情報局（ＣＩＡ）を創設するまで、平時のスパイ機関を持ったことがなかった。われわれアメリカ人は、その後の年月に諜報技術について多くのことを、しばしば苦い経験をつうじて学んできたが、はじめは、ほぼあらゆる面でアマチュアであり、とりわけ政治戦の面で、とくに欺瞞と偽情報という闇の技術において、それが顕著だった。ＣＩＡは当初、職員がわずか二百人しかいなかった。その任務は冷戦を戦い、第二の真珠湾攻撃をふせぐことだった。その勢力は五年間で百倍となり、世界中で秘密の軍隊を指揮し、ソ連から中国まで準軍事作戦を実施して、クーデタを仕掛け、〈鉄のカーテン〉を破ろうとした。

ホワイトハウスとクレムリンは、二十世紀中、スパイと外交官に命じて、全世界ですくなくとも百十七回の国政選挙を操作した。彼らはアフリカとアジアとラテンアメリカと中東全域の国家をコントロールするために戦い、銃と金で忠誠を買ったが、けっして殴り合うことはなかった。両陣営とも強権的指導者や独裁者の後ろ盾となり、ひそかにゲリラ軍や地下運動や、いいなりになる政治指導者を支援して、相手のお気に入りの政権を転覆させた。アメリカはヴェトナムのジャングルで共産主義と戦い、ソ連は東南アジアでアメリカの敵たちに武器弾薬を密輸した。ソ連がアフガニスタンを占拠すると、ＣＩＡは彼らと戦うイスラムの聖戦士たちに何十億ドル分もの武器を送った。アメリカ側は〈ラジオ自由ヨーロッパ〉をつうじて〈鉄のカーテン〉ごしにニュースとプロパガンダを放送した。ソ連側はＫＧＢがばらまく偽情報の奔流で反撃した。

そして最終的に、何兆ドルもの資金がワシントンとクレムリンで武器についやされ、大国同士が争いあった各国で何百万もの命が失われたあとで、ソ連はその自己欺瞞の重荷に耐えかねて崩壊した。クレムリンはその建国の嘘を維持できなかった。ソヴィエトの共産主義はアメリカの民主主義よりも崇高なこころみであるという大嘘を。「宇宙に飛びだし、スプートニクを打ち上げ、こんな国防体制を作りだしておきながら、女性のパンティストッキングの問題ひとつ解決できない国を想像してみてください」と、ソ連最後の指導者ミハイル・ゴルバチョフは、ハンマーと鎌のソ連国旗が最後にたたまれたあとで嘆いた。「歯みがきも、粉石けんも、基本的な生活必需品もない。そんな政府で働くのは、信じがたく、屈辱的でした」。

冷戦を戦うアメリカ人の夢は実現した。世界地図はソ連崩壊によって作り変えられた。自由民主主義の潮流が高まり、東ヨーロッパの国々は、スターリンとその後継者たちが自分たちを抑えてきた息のつまるような支配力から解放された。さらに、一九九一年、べつの戦いが行なわれ、アメリカがイラク軍を撃破して、勝利をおさめた。湾岸戦争はまさに衝撃波で、ペンタゴン（国防総省）が戦略的欺瞞や認識管理、情報戦の新兵器をもちいた。それらは精密誘導爆弾や巡航ミサイルと同じぐらい破壊的であることが証明された。

アメリカはそのころ、第二次世界大戦後と同様、巨像のように地球上にそびえていた。ワシントンの上層部に広まっていた常識は、世界が自分たちについてこようとしているというものだった。「外交政策上の問題はなにもなかった」。ジョージ・H・W・ブッシュが一九九三年一月に大統領職を離れたとき、その国務長官だったジェイムズ・A・ベイカー三世はいった。「誰もがアメリカと友だちになりたがっていた。……誰もが自由市場を受け入れたがっていた。北朝鮮とキューバ、イラン、イラク、リビアをのぞく誰もが、民主主義を受け入れたがっていた。誰もがわれわれの味方だった」。誰もがアメリカを愛していた——ロシアをふくめ。あるいは、そうわれわれは信じたがっていた。

あまり多くはなかったが、もっと賢明な人間は、時代を支配していた傲慢な勝者の驕りの精神に慎重だった。統合参謀本部議長から国務長官になった軍人政治家のコリン・L・パウエルは、プロイセンの軍事戦略家カール・フォン・クラウゼヴィッツの言葉を引用した。「一時的な印象のあざやかさに注意せよ」。つかの間の出来事の先を見ていた者はほとんどいなかった。冷戦時代の紛争が二十一世紀にいかに再燃しうるかを思い描いた者はもっと少なかった。「われわれが理解していなかったのは、将来の闘争の種がすでに芽を出しつつあることだった。将来の大国同士の競争の初期の兆候があった」と、元CIA長官で将来の国防長官であるボブ・ゲイツは書いている。ゲイツはリンドン・ジョンソンからバラク・オバマにいたる歴代大統領に仕えた。「ロシアでは、ソ連崩壊につづく経済の混乱と腐敗の結果として」――アメリカがNATOの軍事同盟を強引にロシア国境まで東へ拡大したこととあわせて――「恨みと苦々しい思いが根づきつつあった」。そして、「ウラジーミル・プーチンほどこの情勢の変化に激怒したロシア人はいなかった」。このロシアの指導者は、母国の帝国が崩壊したとき、東ドイツの部署からそれを見守っていたKGBの中佐だった。彼は政治戦の手口についていくらかの知識があった。

彼は二十一世紀への変わり目に権力の座に登りつめると、旧KGBの粉々になった構成要素を拾い上げて、新版のソ連国家を再建した。そこで彼は、兵士やスパイを動かすだけでなく、テレビやインターネットをあやつって、現実の認識をでっちあげた。二〇一二年、大統領として三選をはたしたあと、プーチンは自分の権力の全領域に注意を向け、自分の部隊を準備して、アメリカに狙いをさだめた。元CIA長官代理のマイク・モレルの言葉によれば、プーチンは「実質上、冷戦時代にロシア人の行動様式であったものにかなり逆戻りしました。つまり、世界中のどこでもできる場所でアメリカに挑戦し、アメリカが達成しようとしていることを台無しにするために、なんでもできることをやるということです。アメリカを弱体化させるためなら、なんでもできることを」。

アメリカ人は、戦争と平和を夜と昼と考える傾向がある。ロシア人は終わりのない戦いを考える。彼らが正しいのかもしれない。戦闘の状況は変化するいっぽうで、戦争の性質は不変だからだ。プーチンは二十年にわたって、自分の軍と情報機関の力を利用し、アメリカにたいする政治戦のための新しい戦略と戦術を作りだしてきた。彼らの反撃はゆっくりと利いてきた。この電撃戦は、アメリカの国家の心臓部を攻撃したあとになるまで見えなかった。

何年か前、モスクワのある冬の夜に、ウラジーミル・プーチンの上級補佐役で、いまやロシア連邦の無任所大使をつとめる政治戦の専門家アンドレイ・クルツキフは、公開討論会であからさまな脅迫を発した。「あなたがたはわれわれが二〇一六年に生きていると思っている」と彼はいった。「ちがいます、われわれは一九四八年に生きているのです。では、その理由がわかりますか？　なぜなら一九四九年に、ソ連が最初の原爆実験を実施したからです。そして、その瞬間まで、たとえソ連がトルーマンと原爆禁止のための合意に達しようとしていて、そしてアメリカ人たちがわれわれの言葉に真剣に耳を貸そうとしなかったとしても、一九四九年にはすべてが一変し、彼らはわれわれと対等な立場で話しはじめたのです」。

「わたしはあなたがたに警告したい」と彼は言葉をついだ。「われわれは情報の領域で〝あるもの〟をまさに手に入れようとしています。それはわれわれがアメリカ人と対等に話すことを可能にするでしょう」。

いまやわれわれはその武器がなにかを知っている。われわれはその起源と歴史を理解する必要がある。そして、それがアメリカの民主主義に恒久的な損害をあたえる恐れがあり、その崩壊をもたらす可能性があることを理解しなければならない。われわれはひと昔前にはじまった瞬間をふたたび体験することになる。このとき、大国同士は夜陰にまぎれて衝突を開始し、世界の運命は危機に瀕した。当時と現在のあいだには、ひとつの大きなちがいが立ちはだかっている。アメリカは、冷戦時代に持っていた展望に取って代わるような戦略的展望を失っている。そして、聖書の「箴言」がいうように、展望がなければ、民は滅びるのである〔欽定訳聖書による〕。

しかし、一九四八年のアメリカには、毒をもって毒を制する戦略があった。これは、世界中でその意見を聞いてもらえた、ひとりの孤高の人物の作品だった。この戦略は十人の大統領をみちびき、さまざまな決断と、外交官とスパイの策略に影響をあたえ、ソ連の崩壊に拍車をかけたのである。

第2章　永遠につづくリズム

冷戦を形づくった戦略は、第二次世界大戦の戦中戦後にモスクワのアメリカ大使館で次席指揮官の地位にあったジョージ・F・ケナンが考案したものだった。彼は大人になってからの期間の大半を、一九二四年以来ソ連の絶対的指導者だったヨシフ・スターリン大元帥の打算と残酷さを研究することについやしてきた。ケナンのすばらしく青い瞳のつらぬくような視線は二十年近く、ソヴィエト帝国の非道な行為にじっと向けられてきた。彼はスターリンを「信じがたいほどの犯罪性、実質上無制限の犯罪性をそなえた人物。見たところ愛情の経験そのものに無関係で、哀れみも慈悲も持たない人物……もっとも身近な共犯者にとってはいちばん危険な存在だ。なぜなら彼は自分自身の秘密にかんしてその唯一の管理者であることを好み、自分自身の記憶を、まだ生きていて舌と良心を持つほかの人間たちと共有することを嫌ったからだ」と見ていた。

スターリンは、彼の真の後継者であるウラジーミル・プーチンと同様に、諜報活動によってアメリカ政府に浸透し、その指導者たちの頭のなかに入りこむことだけを狙っていたわけでなかった。自分の手のとどく範囲内の各国の支配権を握り、嫌いな指導者を打倒して、自分が手脚のようにあやつれる嘆願者あるいは役に立つ愚か者を選び、ロシアを味方からも敵からも同様に恐れられる世界の大国にして、そのいっさいを壊滅的な闘争のあとで達成することを目標としていたのである。終戦直後の数カ月間、ケナンはアメリカ人のなかでただひとり、このすべてを理解していて、よりいっそう精力的に、そのことをアメリカの指導者たちにも理解させようとした。彼はクレムリン内部でなにが起きているかについて深い知見を持っていた。スターリンのソ連国内で七年近く経験をかさね、アメリカよりもソ連のことをよく知っていた。「彼は体制の恐るべき性格に、ひどく夢中になっていた――どうやら個人的にのめりこんでいた」。ケンブリッジ大学の学監で、当時、モスクワの英国大使館に勤務していたロシア生まれのアイザイア・バーリンは、そう書いている。ロシアは舞台監督たちの国家だと、ケナンは戦争が終わったときに書いた。そして、彼らのもっとも深い信念は、ものごとは、それがなんであるかではなく、なんに見えるかということであると。

ケナンは、戦時中のソ連とアメリカとの同盟関係にもうすぐ日が沈み、ソ連の勢力の影が西にのびて、ヨーロッパとその先の一億の人々の上に落ちるだろうと考えた。「モスクワでは誰ひとり、西側世界が、玄関に立って、ひと息で家をぺしゃんこにしてやるぞとおどす、ソ連の不満という等身大の狼にいったん直面したら、その場にしっかりと踏みとどまることができるとは思っていません。そして、ソ連の世界政策はこの考えにもとづいています」と、ケナンは一九四五年五月のモスクワからワシントンへの電文で書いた。この警告は、ハリー・トルーマン大統領があらたに居を定めたホワイトハウスで読まれることはなかった。しかし、ケナンはアメリカが腹ぺこの狼を食い止めることができると信じていた。もしアメリカがクレムリンの野望に断固立ちむかい、自信をもって彼らと対決すれば、「モスクワは最後の本物の切り札を切ったことでしょう」。当時は誰もケナンの言葉に注意をはらわなかったが、これは二十世紀の残り、アメリカの外交政策の中核をなす原則となる。

ハリー・トルーマンは、自分が〝アンクル・ジョー〟と呼ぶ男とうまくやっていく方法を見つけだせると信じていた。彼らは一九四五年七月十六日の午後、ベルリンのはずれにあるポツダムではじめて会談することになっていた。しかし、スターリンはトルーマンに待ちぼうけを食わせた。

トルーマンは純粋なアメリカの産物で、無法者ジェシー・ジェームズの国ミズーリ州で、驢馬と馬を売買し、肥沃な大地を耕す両親のもとに生まれた。彼は単刀直入で、はっきりものをいう人物だった。彼は大学に進学したことがなかった。第一次世界大戦の従軍体験者で、事業に失敗した紳士用品店主、カンザス・シティの集票組織の恩寵を受けた郡判事は、一九三四年、どういうわけか奇跡的にアメリカ合衆国上院議員に選出され、その十年後、驚くべきことに、土壇場になってフランクリン・D・ローズヴェルト大統領の三人目の副大統領に抜擢された。トルーマンはローズヴェルト（FDR）のもとで八十二日間、副大統領職をつとめた。大統領は彼にとってぼんやりとした存在で、めったに見ることはなく、生きている幽霊のようだった。ローズヴェルトが一九四五年四月十二日に亡くなったとき、トルーマンはこういった。「月や星やあらゆる惑星がわたしの上に落ちてきたように感じた」。

スターリンは一億八千万人の独裁者だった。彼の支配はベルリンから太平洋まで、そして冷たいバルト海から南のアドリア海のうららかな海岸まで、八千キロにおよんでいた。酒びたりの靴職人と洗濯女のもとに生まれ、顔には子供時代の天然痘の痕が残る彼は、神学校から追いだされ、革命家になることを志した。彼はボルシェヴィキの新聞《プラウダ》を編集し、ゆすり稼業をいとなんで党のために資金を集め、第一次世界大戦中はシベリア追放の四年間を生きのびて、情け容赦のない悪賢さで権力の座に登りつめた。

スターリンは陰謀の達人で、大量殺人者だった。トルーマンは新米だった。外交政策あるいは国政術についてなんの考えも持たなかった。彼は権力の座につく準備ができておらず、自分でもそのことを知っていた。このふたりの男は、それから八年間、地球の運命をその手に握ることになる。

スターリンがその午後、ポツダムに現われなかったとき、トルーマンはベルリンの廃墟を抜けて車列を走らせた。ベルリンはかつて世界第四の都市だったが、いまや死と破壊の地獄絵図で、腐った肉の臭いを放っていた。第三帝国の瓦礫が、大通りにそって十メートル近い高さに積み重なっていた。「わたしはカルタゴやバールベック、エルサレム、ローマ、アトランティスを連想した」とトルーマンはその夜、日記に書いた。「わたしはある種の平和を願っている――しかし、残念ながら、あのマシーンたちは道徳の数世紀先をいっていて、道徳がそれに追いついたときには、たぶんそんなものはなにひとつ根拠がなくなっているだろう」。トルーマンが廃墟と化した都市を見てまわっているとき、ニューメキシコの高地砂漠は夜明けだった。午前五時二十九分、〈マンハッタン〉計画の科学者と兵士たちは、太陽よりもまぶしい、目もくらむような光を目撃し、世界最初の核爆発の立ちのぼるきのこ雲を見守った。トルーマンはその夜、その知らせを聞いた。

ポツダム会談は、戦後ヨーロッパのもっとも差し迫った問題のいくつかを解決することを意図していたが、最初からつまずいた。ウィンストン・チャーチル首相は、翌週、選挙によってその職から退くことになるが、彼はくたびれた火山で、彼の言葉は大きな突風だった。スターリンは戦争に疲れていたが狡猾で、用心深かったが計算高かった。チャーチルは立ち止まって先を見きわめることなくしゃべった、とトルーマンは書いている。スターリンはうーんというだけだったが、彼がいいたいことはわかった。七月二十四日、きわめて重大なある瞬間がおとずれた。第一次世界大戦後に建築された擬チューダー様式のツェツィーリエンホーフ宮殿におけるその日の話し合いは、実りのないものだった。チャーチルと彼らの各軍の首脳との会議のあと、トルーマンはその日の午後、スターリンに自分の秘密を打ちあける決心をした。午後遅くの日差しが黒っぽい梁をめぐらせた室内にかたむくと、彼はテーブルをまわっていって、大元帥と通訳におだやかに話しかけた。彼はさりげない口調で、自分が対日戦を終わらせるための強力な新兵器を持っているといった。彼は、スターリンにはなんのことかわからないだろう、と思いながら立ち去った。スターリンはなんのことか正確に知っていた。

トルーマンは〝アンクル・ジョー〟・スターリンとは取り引きできると信じて帰国した。その考えが甘かったことを知るのは何カ月もたってからだった。夏がすぎ、秋になって、勝利の輝きは色あせはじめ、深まりゆく黄昏がワシントンをつつんだ。誰もアメリカという船をどの針路に進めればいいのか知らなかった。トルーマンにはソ連にたいする確たる政策はなく、政策を打ち立てるための基盤もほとんどなかった。スターリンはなにをもとめているのか？　彼は自分の戦力をどれぐらい西まで投射するつもりなのか？　アメリカはどうすべきなのか？　一九四六年一月後半、ロシアの冬のさなかに、こうした疑問について緊急に教示をもとめる要請が、モスクワのアメリカ大使館のケナンのデスクにとどいた。彼の肩書きは公使だったが、彼が采配をふるっていた。アヴレル・ハリマン大使はすでにモスクワを離れていて、後任のウォルター・ベデル・スミス将軍が到着するのは三カ月先のことだった。ベデル・スミスは連合軍最高司令官ドワイト・D・アイゼンハワー将軍の参謀長だった人物で、その後、朝鮮戦争中にCIAを指揮することになった。ベデル・スミスはスターリンの思考を理解するのに必死だった。大統領も、国務長官も、陸軍長官も同様だった。国務省はケナンの電文を何カ月も無視したあとで、彼の知恵にすがっていた。彼はインフルエンザと、ずきずきする頭痛に悩まされて、床についていたが、これはよくあることだった。彼の気分はひどく神経質になったかと思うと、おそろしく憂鬱になったりした。しかし、彼はクレムリンを理解したいと懇願するワシントンの声に奮起した。「彼らはそれをもとめてきた」と彼は心のなかでつぶやいた。「いま彼らはそれをきっと手に入れるだろう」。彼は八千語の至急電、〈長文電報(ロング・テレグラム)〉を放った。これはアメリカ外交史上もっとも長く、群を抜いて広く読まれた電報だった。電文はワシントン中と、世界中のアメリカ大使館および軍の前哨基地で回覧された。あらたに誕生した国家安全保障機関の職員は全員、それを熟読し、スターリンも彼のスパイたちのおかげでそれに目を通した。

ケナンは、「われわれの思考形態とはきわめて異質なので」、複雑な答えを必要とする疑問に取り組もうとこころみた。彼は上司たちに、ロシアにおける真実とは、なんであれスターリンが真実だといったことであると理解させたかった。「ロシア人が客観的真実を軽視すること自体が――それどころか、その存在を信じないことが――あらゆる公表された事実を、なんらかの隠された目的を推進するための道具と見なす原因となっています」。ロシア人たちはふたつのレベルでものごとを行なっている。ひとつは、おおやけの政策と外交の公的な領域で、そこでは同盟国との国際関係にたいしてリップサービスがもちいられる。そして、もうひとつが地下の領域で、ものごとは秘密情報機関や治安当局によって、諜報活動と破壊工作をつうじて遂行される。

「この政府が実際には陰謀のなかの陰謀であるというりっぱな理由があります」とケナンは書いた。スターリンは一九四三年、戦時の同盟国であるアメリカとイギリスへのジェスチャーとして、世界議会としての表向きの役割において、共産主義インターナショナル、別名コミンテルンを解散した。しかし、彼の監督管理下にあった国際ネットワークは、「隠されたコミンテルン……世界共産主義の地下工作本部」だった。J・エドガー・フーヴァーはまだ知らなかったが、アメリカ国内のソ連スパイは原子爆弾の秘密を盗み、〈マンハッタン〉計画に最初からもぐりこんでいた。彼らはFBIやCIAのずっと先をいっていた。アメリカ政府や軍産複合体、そして報道機関内に二百人以上の工作員と情報源を有していたのである。ソ連の情報機関は「驚くべき柔軟性と多用途性を持つ組織で」とケナンは指摘した。「非合法手段にかんする経験と技量ではおそらく史上類を見ない人間たちによって運営されています」。

クレムリンは「われわれの社会の内なる調和を分断することが好ましく、必要であるという……確信に、狂信的に傾倒した政治勢力」であると、ケナンは、プーチンがのちにアメリカの民主主義に仕掛けた政治戦を予言するかのような一節を書いた。クレムリンは、「国民の自信をずたずたにし、国防の手段を骨抜きにして、社会および産業の不安を増大させ、あらゆる形の分裂を促進するために」非公然手段を徹底的に探すだろう。「……貧しい者は富める者と、黒人は白人と、若者は老人と、新参者は昔からの住民と対立させられるでしょう」。——そのすべては、七十年先に待ち受けているロシアの攻撃を予兆していた。

この新しい敵に反撃することこそ、アメリカの外交がかつて直面したなかで最大の任務となるだろうと、彼は警告した。彼はアメリカが、陸軍や空軍とはほとんど無関係で、政治力の投射とはおおいに関係あるやりかたで、その力を利用すべきであると提案した。スターリンとソ連は「理性のロジックには鈍感」かもしれないが、彼らは「力のロジックにはきわめて敏感」であると、ケナンは結んだ——戦車や軍部隊ではなく、クレムリンの栄光の夢を阻止することを意図したアメリカの政治的抵抗に。彼は、アメリカが兵器抜きでソ連と戦えると想像することで、歴史にその名を残そうとしていた。

その三カ月後、ケナンは、彼がほとんど知らない国、アメリカに帰国して、大学や公開討論会で講義し、一九四六年九月からは、ワシントンのフォート・マクネアに新設された国防大学で教鞭をとった。同大学は戦後の世界にかんする思考のばらばらの糸を撚り合わせて、陸軍省、海軍省、国務省の軍人と文民をまとめ上げるために設立されていた。それ以外の機構は存在しなかった。陸海軍の高官たちは軍事戦略を担当した。国務省は外交政策を担当した。情報収集活動を担当する者は誰もいなかった。アメリカでひとりだけが——合衆国大統領が——軍事力を政治的および外交的目的に利用する職務についていた。そしてその任務はハリー・トルーマンの判断力を超えていた。

ケナンは最初の国防大学の講義で、政府全体に響きわたっているテーマをついた。ソ連は、ナチと同じように、道徳的な抑制なしに、あらゆる形の不正行為を使って、目的を達成しようとするだろう——脅し、欺瞞、汚職、破壊工作、心理的経済的圧力、脅迫、殺人などの不正行為を。アメリカは海外の同盟を築いて、ソ連にたいしアメリカが「力の優越」を有していることをしめすことで、自衛し、クレムリンに対抗しなければならない。ケナンは戦略の基本を考えだし、アメリカの戦いの新しい理論の略図を作ろうとしていた、彼の支持者にはいまや、じきに初代国防長官になるウォール街の怒りっぽい実力者、ジェイムズ・フォレスタル海軍長官と、任命されたばかりの国務長官、ジョージ・C・マーシャル将軍が名をつらねていた。マーシャルはローズヴェルト（FDR）のもとで陸軍参謀長として史上最大の軍拡を組織した経験があった。

冷戦は一九四七年はじめにはアメリカ人の意識の最前線に来つつあった。ケナンはその研究を拡大させ、季刊誌の《フォーリン・アフェアーズ》の次号に発表する論文にみがきをかけていた。その題名は「ソヴィエトのふるまいの源泉」で、署名は「X」だったが、彼の意図した読者にはその言葉がケナンのものであることがわかっただろう。この論文は、彼をアメリカのソ連政府研究者（クレムリノロジスト）、ソ連とどう戦えばいいかを理解する人物にした。彼はそのなかで、「ソ連にたいするアメリカの政策の主たる要素は」、ソ連の帝国的野心の「長期にわたる、根気がいるが、断固として油断しない封じこめ政策であるべきだ」と主張した。そして、ここに、ひとつの世界を規定することになる言葉が登場した。封じこめは、冷戦の指針となったのである。

「西側世界の自由な制度にたいするソ連の圧力は、対抗勢力の巧妙で慎重な利用によって封じこめることができるものだ」と彼は書いた。「ロシア人たちは無限につづく対決を楽しみにしていて、自分たちがすでに大きな成功をおさめていることを知っている」。スターリンはヨーロッパの半分近くを手中におさめ、イタリアとトルコ、ギリシアとイランに照準を合わせていた。しかし、アメリカはやがて対決に勝利をおさめるだろう――もし「彼らが平和で安定した世界を侵害する兆候をしめしたあらゆる地点において、不変の対抗勢力でロシア人に立ちむかう」ことができれば。アメリカ軍の将軍たちは、対抗勢力とは圧倒的な軍事力の展開を意味すると考えた。ケナンはさらなる全面戦争を避けることが重要だと説明した。彼は国家がただ力のロジックをもちいるのではなく、ロジックの力を利用すべきだと書いた。アメリカは、自国が「そのもとめることを知っていて、国内の生活の問題と、大国の責任にうまく対処している国」であることをソ連と世界にしめさねばならなかった。それがもっとも価値ある力となるかもしれなかった。

ケナンの構想は、ケナン自身をふくむさまざまな人々にとって、べつべつのことを意味した。彼は政治的な詩を書いていた。具体的なことは書かなかった。そして、彼は政治家や将軍が自分の考えをどんなにねじ曲げたかに失望することになる。ある者は封じこめを、スターリンがソ連のイデオロギーを西側世界により深く広めるのを止めることだと考えた。ある者はスターリンをヨーロッパからソ連へと押し戻したいと思っていた。ソ連を放射能に汚染された煙る廃墟と化すことができる核兵器の貯蔵庫を作り上げて、スターリンを抑止し、いざとなったら、彼を粉砕したいと思う者もいた。目的を達成する最善の手段をめぐる議論は、果てしがなく、分裂していた。しかし、封じこめの構想は根本的には、ハンマーと鎌の国旗が最後にクレムリンから降ろされるまで、アメリカの外交政策の基本だった。それを中心に何百万という陸海空軍将兵と何兆ドル分もの兵器が組織された原則であり、冷戦が終わったときもその価値をたもちつづけた、クレムリンとの戦いの唯一の戦略構想だった。

ケナンはアメリカの対抗勢力をどのように作り上げればいいか、あるいは誰がそれを担当するかについて、なにもいわなかった。しかし、そうした構想は一九四七年春にワシントンで実を結びつつあった。そして、多くの考えが、フランクとポリーのウィズナー夫妻の優雅なジョージタウンの家で日曜夜に催される夕食会で具体化した。ケナンと妻のアネリーゼは、アメリカの国家安全保障国家と、ヴェトナム戦争がひき裂くまで二十年間つづいた政治文化を作りあげた、裕福で影響力のある有力者たちにかこまれて、食卓についた。ヘンリー・キッシンジャーはかつて、ジョージタウンでマティーニをミックスする手が西側世界の運命をみちびいている、といったとされる。それは当時、ほとんど真実だったように思われた。すくなくとも、CIAの隠密工作の指揮官となったフランク・ウィズナーが飲み物をステアしているあいだは。ウィズナーはミシシッピー州の紳士階級の出で、一九三〇年代にはニューヨークの大物弁護士だったが、戦時中、ルーマニアで情報官としていっしょに活動していたパルチザンにスターリンの打撃部隊があたえた経験によって火傷していた。彼はきざで、機知に富み、二、三杯飲むとよく大言壮語を吐いた。彼のお気に入りのゲストには、やがてケナンにかわってモスクワ駐在大使となるチャールズ・ボーレンや、マーシャル将軍の次席指揮官をつとめ、彼の後任の国務長官となるディーン・アチソンがいた。彼らは百合の木につつまれた庭でカクテルのために集まり、夕食のテーブルで会話をかわし、そのあとブランディと葉巻を楽しむために応接間にふたたび集まって、ケナンが明確にした問題や、海図のない海域を抜けてアメリカをみちびくかもしれない戦略を熟考した。四月、アチソンは、国務省で新しい政策立案スタッフを運営するために、ケナンに声をかけた。オフィスはマーシャル将軍の部屋のとなりにあり、そのドアはつねにケナンに開かれていた。「将軍は」ケナンに、「遠くの未来ではなく、現在の戦いの煙と危機にとらわれている現場職員の視野のその先を見越すことを」もとめていると、アチソンは書いた。「来たるべき事態のあきらかになりつつある形態が見えて、それに対処するか、それを未然に防ぐために、なにをなすべきか、その概要を述べるのにじゅうぶんなほど先を」。

その年の春と夏、冷戦の戦略がケナンの頭の坩堝のなかで形をなしはじめた。彼の思考の産物のひとつは〈マーシャル・プラン〉に発展し、何十億ドルも投じて、西欧の破壊された都市を再建し、空腹と飢餓に直面する何百万という人々に食糧をあたえることになった。もうひとつは、〈ラジオ自由ヨーロッパ〉を誕生させることになった。同局はじきに鉄のカーテンごしに多くの言語と周波数で強力なメッセージを発しはじめ、アメリカの影響力を強化し、ソ連のイデオロギーをじゃますることになる。三つ目の産物は、新しく誕生したばかりのCIAの隠密工作本部となった。CIAが情報収集機関として法のもとで設立されてから二カ月後の一九四七年九月二十七日、ケナンは、ウィズナー家の食卓での会話から生まれた提案をフォレスタル国防長官に送った。アメリカは海外でソ連に対抗するために「ゲリラ戦部隊」を創設しなければならない——「毒をもって毒を制す」部隊である。

その数日後、ケナンのはじめての主要な政策立案文書のひとつが、彼がマーシャルの代理をつとめる新設の国家安全保障会議（NSC）に提出され、十月にはトルーマン大統領の机にとどけられた。世界中でソ連の狙いを調査した文書は、イタリアで拡大しつつある政治的危機にとくに注目していた。イタリアはほんの二週間前、NSCのいちばんはじめの会議のテーマだった。第二次世界大戦では五十万人のイタリア人がファシズムと戦って死んでいた。アメリカ人の全戦死者よりはるかに多い犠牲者である。戦争以来イタリアに駐留していたアメリカ軍は引き揚げることが決まっていた。イタリア国政選挙は一九四八年四月に行なわれることになっていた。クレムリンは、権力を奪取するために、「事実上の内戦に訴えるよう」イタリアの共産主義者に命じ、ロシア人たちは兵士ではなくスパイを使って、自分たちの関与を隠しとおそうとするだろうと、ケナンは予測した。「これにたいするわれわれの最善の答えは、あらゆる面で地元の抵抗部隊を強化することである」と彼は主張した。「われわれは自由に指示をあたえるべきだ」。その指示が、CIA史上初の大がかりな隠密工作をもたらした。

十二月十七日、NSCはケナンがしっかりと関与した包括的な指示を出した。指示はCIAに、モスクワにたいする「隠密心理工作」を考えだして遂行するよう命じていた。意図された目的は明確だったが、それを達成する手段は明確ではなかった。アメリカが運営した最後の大がかりな心理工作は、一九四四年のアイゼンハワー将軍のDディ進攻を支援する戦略的欺瞞工作だった。これはまったくべつの戦いの分野だった。NSCの命令は、そうした工作がどのようなものであるべきかをひと言もあきらかにしていなかった。CIAの憲章には、彼らに工作を運営する権限をあたえる条項はなにひとつなかった。工作を許可する法律はひとつもなかった。工作に資金を供給する法律もなかった。その結果、CIAのぼろいワシントン本部と、フォレスタルの国防総省、そしてイタリアでは、資金と人手の争奪戦が起きた。イタリアでは、共産主義者の人民戦線が国家の政治支配をもとめて、ヴァチカンが支援する保守派のキリスト教民主党とあらそっていた。人民戦線のメンバーには、ムッソリーニのファシスト党と戦った経験を持つ百戦錬磨の古参兵がふくまれていた。イタリアの工作は、絶望的に切羽詰まった状況で遂行された。CIAの分析官たちは、それをスターリンとローマ教皇との争いと表現した――西洋文明のための戦いと。トルーマン大統領はフォレスタルに、武器弾薬をひそかにイタリア政府の治安部隊に送るよう命じた。陸軍情報部の高官たちは、もし共産主義者が勝利をおさめたら軍事クーデターを後押しするための不測事態対応計画を作成した。ローマの宮殿のようなアメリカ大使館では、陸軍駐在武官が大使とCIAの支局長ジェイムズ・アングルトンと会議を開き、三人とも共産主義者の勝利が「第三次世界大戦を引き起こす」可能性があるということをみとめたと報告した。

一九四八年三月八日、NSCは、共産主義者が合法的手段で権力を勝ち取り、それからイタリアをモスクワに隷属する全体主義国家に変える可能性を検討した。最初の主要な三通のNSC報告書はすべてイタリアを取り上げていて、そしてこの三通目は、キリスト教民主党をはじめとする反共産主義政党にたいする経済的な支援と、政治的プロパガンダの「全面的で活発な公然の反共産主義キャンペーン」を支持していた。実際には、工作の公式な承認はすでに進行中だった。キリスト教民主党とその政治的同盟者たちはCIAをつうじてすくなくとも一千万ドルの支援金を受け取った。一九四八年の一ドルは、現在の十ドルに相当する。資金はすべて会計帳簿に記載されない金だった。局は工作に資金を提供するために大がかりなマネーロンダリング計画を開始しなければならなかった。このいかさまは大部分、フォレスタルと彼の友人でのちのCIA長官アレン・ダレスのしわざだった。彼らは努力の一環として、戦後のヨーロッパを再建するために割り当てられた財務省の資金をたよった。財務省から大金がアメリカの富豪たちに流れ、彼らはCIAが設立したダミー会社（フロント）への個人小切手にサインし、それから事前に取り決めた符丁を使って、金を公共寄付金控除として精算した。さらに多くの金が、スイスの銀行経由でフォレスタルとダレスの裕福な友人たちからやってきた。ローマ駐在のCIA局員たちは、四つ星のホテルで、現金の詰まったスーツケースを、政党候補や政治的手腕に長けたカトリックの聖職者に手渡した。この金は、世論に影響をあたえるラジオ放送やニュース映画、ポスター、ビラ、そしてプロパガンダなど、キリスト教民主党の選挙運動の重要なあらゆる要素をまかなった。その結果、四月十八日、彼らは四八・四八パーセントの多数でイタリア議会の支配権を獲得する投票結果を得た。CIAは四半世紀にわたって同党を支援しつづけた。

隠密工作だけで選挙に勝ったわけではなかった。しかし、これはCIAやNSC、国務省、国防総省にいるアメリカの新しい国家安全保障の長たちにとって、隠密工作が世の中の流れを変えうるという証明となった。

イタリアの選挙から十六日後の五月四日、ケナンは、「組織化された政治戦の開始」と題する宣言を発表した。この文書のきわめて重要な段落は、驚くべきことに、現在もなお極秘扱いにされている。公式の政策立案文書となるにはあまりにも危険だと判断されたのである。ひと握りの部数しか印刷されなかった。ケナンは燃える矢を空に放っていて、それはみごとに命中した。彼はまず戦争とは政治の道具であるというクラウゼヴィッツのドクトリンを引用した。そこから、彼は飛躍した。もし戦争が政治なら、政治は戦争になりうる。「政治戦は平時におけるクラウゼヴィッツのドクトリンの理にかなった適用である」と彼は書いた。「政治戦は、国家の目標を達成するための、戦争をのぞく、国家が自由に使えるあらゆる手段の行使である」。

ゆえに〈マーシャル・プラン〉は政治戦だった。そのきっかり十一カ月後の、アメリカが主導する西ヨーロッパの政治的および軍事的同盟であるＮＡＴＯの設立もまた、政治戦だった。諜報活動も、破壊工作も、プロパガンダも、「敵対的国家における地下抵抗運動の奨励」も、すべてが政治戦の不可欠な要素だった。アメリカの指導者たちは、大英帝国が部分的には四世紀もの政治戦によって建設され維持されてきたことを、そして「クレムリンの政治戦のやりかたが、史上もっとも洗練され、効果的になっている」ことを、理解する必要があった。

アメリカはいまや、その戦いに参加しなければならなかった。彼らの世界観は、「平和と戦争の基本的なちがい」への信念と、「戦争をあらゆる政治的背景の外にある一種のスポーツ大会のように考える傾向、政治的な万能薬を探す国民的傾向、そして国際関係の現実――戦争中も戦争以外でも終わらない闘争のリズム――を認めたがらない傾向によって」、視野が狭くなっていた。そのリズムが、冷戦の歩調だった。

アメリカは、「クレムリンの全力の政治戦」と対決しなければならなかった。スターリンはチェコスロヴァキアやハンガリー、ポーランドといった国々で自分の目的を達成し、もし制止されなければ、西へと押し進む恐れがあったからである。「われわれは隠密政治戦のためにわれわれの資源を動員せずにおくわけにはいかない」とケナンは主張した。「われわれは将来、おそらくもっと深刻な政治的危機において、あわててその場しのぎの隠密工作に出るわけにはいかない」――イタリアの危険な冒険のように。彼は四種類の新しい戦いかたを提案した。

最初に来るのが、〈解放委員会〉だった――アメリカ人が監督するが、ソ連とその衛星国の政治難民たちがメンバーをつとめ、東ヨーロッパで「民衆の抵抗をつづけさせるための刺激を提供する」ことになる。難民たちは「圧政にたいする抵抗への組織化された大衆の支持」を作りだすことになる。そして、もし冷戦が武力戦争に変わったら、彼らは「総力を挙げた解放運動」を組織することができる。さしあたり、彼らのアメリカのスポンサーたちは、指導者を選び、「印刷機とマイクを利用できる著名人として生きつづけさせる」ことになる。この種子から、〈自由ヨーロッパ全国委員会〉が成長した。アレン・ダレスがひきいるCIAのフロント組織で、アイゼンハワー将軍に熱烈に支持され、舞台裏ではケナンに支援されていた。そして、この委員会から、〈ラジオ自由ヨーロッパ〉が誕生した。同局は一九五〇年七月に鉄のカーテンの向こうから放送をはじめ、二十世紀でもっとも強力なアメリカの情報戦の兵器となった。

ケナンは、ソ連の政治戦がアメリカの国家安全保障をおびやかしている国々で隠密工作を実行するようもとめ、「緊急を要する問題」としてそれを行なうことを望んだ。なぜなら共産主義者は〈マーシャル・プラン〉の援助物資の配達をじゃましようとしていたからだ。そして、ここにきわめて重要な結びつきがあった。議会はまだＣＩＡに隠密工作のための資金も権限もあたえていなかった。〈マーシャル・プラン〉のトップの管理者は、パリではケナンの昔の上司アヴレル・ハリマンで、ワシントンではリチャード（ディック）・ビッセルだった。ビッセルはまぎれもなくケナンの仲間のひとりで、のちにＵ－２スパイ機とピッグズ湾侵攻作戦の責任者となったＣＩＡの大物だった。ケナンは信頼できる使者――フランク・ウィズナー――をふたりに送って、ヨーロッパにおける隠密工作に資金を提供してくれないかとたのみ、ふたりはこころよく同意した。金額は問わなかった。彼らの手元には消費できるよりはるかに多くの金があったからだ。ヨーロッパとアジアのＣＩＡ局員たちはこうして、その後の五年間に〈マーシャル・プラン〉の財源から六億八千五百万ドルを入手することができた。この帳簿外の資金調達は、世界中に任務を有する隠密機関としてのＣＩＡの発展にとってきわめて重要だった。

最初のそうした工作は、ケナン本人からじきじきに認可された。もっとも差し迫った脅威は、共産主義者の労働組合指導者が、ストライキと脅しによって、アメリカの船舶がマルセイユとナポリに陸揚げしている〈マーシャル・プラン〉の援助物資と軍需品の分配を阻止しようとしたことだった。工作はものの数週間で開始され、フランスとイタリアの労働組合と、彼らの用心棒をつとめていたギャングたちに、アーヴィング・ブラウンという労働運動の信頼できる仲間をつうじて、金がとどけられた。ブラウンはそれから四十年間、ヨーロッパにおけるＣＩＡの政治戦のパイプ役をつとめた。軍事的・経済的援助物資は目的地にとどいた。

ケナンはいまや、ソ連が「重要な施設やそれ以外の物資、あるいは人員に破壊工作を行なったり、抹殺したり、無傷で捕らえたりするのをふせぐための」準軍事作戦に目を向けた。彼はフォレスタルと統合参謀本部の増大しつづける要求に取り組むつもりだった。彼らは第三次世界大戦の可能性にそなえていた。彼らは外国の難民を募集して、赤軍と戦うための訓練を受けさせようとしていた。戦時にロシア人の手中に落ちないように、サウジアラビア・イラン・イラクの油田と精製所に破壊工作を行なう計画を必要としていた。政治的危機で身に危険が迫っているかもしれない外国の指導者と同盟者を避難させる方法をもとめていた。こうした要求は、冷戦が激しくなるにつれて、いっそう差し迫ったものになる。

このすべてがケナンのもっとも大胆な考えの前置きだった。「いまや政府内部に隠密政治工作本部を創設するための機は完全に熟した」と彼は書いている。「工作は統一指揮下に置かれなければならない。ひとりの人間がボスでなければならない」。そして、彼が選んだ人物は、当時ベルリンのアメリカ軍占領地区で活動を監督する国務副次官補だったフランク・ウィズナーだった。彼はウィズナーが十年間つとめるポストを作りだした――アメリカの隠密工作の長というポストを。

スターリンの軍人とスパイたちはいまではポーランド、チェコスロヴァキア、ハンガリー、ルーマニア、そしてバルト諸国を手に入れて、イランとギリシア、トルコをおびやかしていた。彼らはパリとローマとロンドンで、西ヨーロッパの政治と外交を妨害しようとしていた。そして、ベルリンを封鎖していた。アメリカは「モスクワの力と影響を、もはや国際社会の平和と安全の脅威とならない限度まで減少させる」よう努力すべきだ、とケナンは八月二十日に書いている。この構想は封じこめを超えて、威圧の領域に入っていて、NSC20／4号と題された秘密命令の基盤だった。トルーマン大統領は十一月にかろうじて再選を勝ち取ったあと、この命令に署名し、それから十二月三日、閣僚に回覧した。アメリカは、スターリンから戦利品を取り戻し、西ヨーロッパの端まで押し寄せたソ連の潮流を押し戻して、「不当なソ連の力と影響の段階的な後退……と、ソ連から独立した存在としての衛星諸国の出現を」達成するまで押し返すよう努力することになると、命令は書いていた。その目標は政治戦によって東ヨーロッパを解放することだった。

「もしわが国の国益を適切に守るのであれば、隠密工作が演じなければならない役割の重要性は、国際情勢が進展するにつれて、日増しにより明白になっている」。一九四九年一月六日、ケナンはそうウィズナーに語った。ウィズナーは仕事に取りかかり、国防総省と統合参謀本部、国務省の支援で、アメリカ政府のまったく新しくて完全に秘密の部門を作り上げた。CIAの隠密機関を。彼は、「すべての大元の計画立案者」にはマーシャルとフォレスタルとケナンがふくまれると誇らしげに書き留めた。

四年後にトルーマン大統領の任期が終わるころには、ウィズナーは数多くの大がかりな隠密工作を開始して、二十億ドル近くを消費していた。そして彼とその上司は、七億ドルを超える翌年度の予算を作成した。これはアメリカの国内総生産のざっと一パーセントにあたる。ウィズナーがアメリカのもっとも大胆な政治戦工作を運営した十年間に、彼は部下たちに、自分たちはアメリカのテンプル騎士団であるという意識をあたえた。彼らは世界中で大統領や首相や政党を作ることも倒すこともできた。将軍や独裁者、スパイの長、国内治安担当大臣、労働組合のボス、新聞発行人の忠誠を買うことも借りることもできた。フランスやドイツ、ギリシア、パキスタン、エジプト、シリア、ヨルダン、タイ、フィリピン、韓国、南ベトナム、それ以外の多くの国の政治的運命に巻きこまれた。そして、一九四九年の春以降の五年間、東ヨーロッパの敵戦線後方で解放軍として活動するために、亡命者や移住者、難民を訓練して、派遣していた。こうした準軍事作戦のほとんどすべてが、死と大惨事に終わった。

それらは一九四九年八月二十五日にケナンが提示した包括的な戦略の庇護のもとで開始され、そのすぐのちに秘密大統領命令の形でトルーマンの承認を得た。ソ連をポーランドやチェコスロヴァキア、ハンガリー、アルバニアをはじめとする東ヨーロッパから駆逐する最初の具体的な計画だった——あらゆる手段をふくむ政治戦の軍事作戦によって、捕らわれた国々を自由にするための。ケナンは書いている。「ヨーロッパ戦勝記念日以来、われわれはソ連の力の西進をすくなくともさしあたり阻止し」、「西ヨーロッパを共産主義への対抗勢力として発展させることにおいて、長足の進歩をとげた。これらは防御面での成果である。いまやわれわれが攻撃により多くの重点を置き」、そして「東ヨーロッパの衛星諸国におけるソ連の卓越した影響を排除するか、すくなくとも減少させるよう努力するための機は熟した」。アメリカは「きわめて重要な必須条件」として、「衛星諸国からのソ連軍の撤退」を強くもとめる必要がある、と彼はつづけた。強力な外交的圧力と経済力、そして政治攻勢の組み合わせがもとめられるだろう。NATO軍事同盟という新たに創設された分野をつうじた、アメリカ軍部隊による戦力の投射と、スターリンにたいする異端信仰を推進することを意図したプロパガンダも同様である。この戦略のもっとも秘密の補足部分が隠密工作だった。

CIAは戦争によって国を失った亡命者や移住者を募集して、占領下のドイツに置かれたアメリカ軍基地で彼らに訓練をほどこし、絶望的に貧しく孤立した国アルバニアに、不運な外国人工作員をつぎからつぎへと投入した。アルバニアはギリシアとユーゴスラヴィア、アドリア海にかこまれたソ連の衛星国だった。来る年も来る年も、ゲリラ・チームは空や地上、あるいは海から到着したが、そのほとんどすべてが悲惨な運命をたどった。一九四九年九月五日、第二戦線が開かれた。CIAの創設メンバーのひとり、スティーヴ・タナーが、鉄のカーテンの向こう側、十年前に赤軍によってポーランドから奪い取られてウクライナに併合された大都市リヴィウ近くの会合地点に、ウクライナのパルチザン——ミュンヘンで募集された移住者たち——を送りこんだのである。CIAはこの工作が、ソ連の穀倉地帯であり、ロシア以外では最大のソヴィエト社会主義共和国であるウクライナで、大規模な地下抵抗運動の火付け役となると確信していた。ウィズナーはそれから四年間、ウクライナ解放最高評議会の武装メンバーをさらに数十人、空中投下することを承認した。その全員が捕らえられるか殺された。ソ連の情報機関員たちは、生き残った者たちに強制して、CIAの工作担当官に激励の言葉を無線で送り返させた。工作担当官はつぎからつぎへとパルチザン隊を組織して派遣した。生きのびた者は誰もいなかった。しかし、アメリカの諜報機関が鉄のカーテンに穴を開けられるという考えは衝撃的だった。これは自殺任務だった。CIAはソ連やポーランド、ルーマニア、バルト諸国に準軍事作戦を仕掛けはじめた。これは自殺任務だった。こうした偉業のために募集された亡命者や移住者たちは、ソ連の情報提供者だらけで、彼らの計画は、CIAと密接に連携して活動している英国情報部のワシントン駐在連絡官によって、モスクワに伝達されていた。その男の名はキム・フィルビーで、モスクワに雇われた冷戦でもっとも重要な外国人工作員だった。

ソ連の諜報活動は世界の舞台でスターリンをトルーマンと対等の立場にした。タナーのチームがウクライナの森林地帯にパラシュートで降下したまさにその日、アメリカはモスクワの最初の原爆実験から発生した大気降下物を探知した。アメリカ国内のスターリンのスパイは、彼の科学者たちの成功を、すくなくとも三年から四年、早めていた。トルーマンはソ連の実験に対応して、水素爆弾の開発を許可した。スターリンもじきに同じ手を打ったが、彼ですら水爆を毒の盃と見なした。彼は「原子兵器は世界の終わりを意味することなく使うことなどとうていできない」という事実をくやんだ。ふたりとも、人類を破滅させるわけにはいかないので、史上もっとも破壊的な兵器を戦争で使うことはできないということを、同時におなじように知った。「誰もこれを使いたいとは思わない」とトルーマンはいった。「しかし……われわれはそれを持たねばならない。たとえロシア人との取り引きのためだけにでも」。

アメリカの水爆実験は一九五二年十一月一日に実施された――ドワイト・アイゼンハワーが大統領職を手に入れる三日前に。ソ連の実験はその翌年、スターリンの死から五カ月後に行なわれた。それぞれの爆発は広島と長崎を破壊した原爆より数百倍強力だった。これは戦略のある戦争のための兵器ではなく、大量殺戮または自殺、あるいはその両方のための道具だった。それは政治的兵器だった。その存在は、その恐るべき力のために、冷戦が政治戦によって戦われることを確実にした。ソ連は力ずくでその支配力を強めるだろう。アメリカは、大きな困難に直面しながら、それを弱めるために努力しつづけることになる。

第3章 真実だけではじゅうぶんでない

ドワイト・D・アイゼンハワー将軍は一九四五年八月、トルーマンが原爆を投下し、日本を無条件降伏に追いこんだ二日後に、スターリンと会談するためにモスクワをおとずれていた。赤軍の同役であるゲオルギー・ジューコフ元帥にともなわれ、ベルリンからの千六百キロの飛行中、彼は低空飛行する四発プロペラ機の窓から眼下を見おろしたが、ソ連の国土にまだ立っている建物は一軒も見えなかった。民間人と軍人の何百万という骨がその血まみれの大地に散らばっていた。〝アイク〟ことアイゼンハワーと〝アンクル・ジョー〟・スターリンは、クレムリンの大宴会で、シャンパンの乾杯をかわした。アイゼンハワーは勝利に浮き立つスターリンが奇妙なほど慈父のような人物であると感じた。スターリンのほうは、アメリカ軍の司令官を思いやりがあって心のやさしい男だと判断した。アイゼンハワーはのちに、モスクワでの記者会見で記者たちにこう語った。「将来、ソ連とアメリカが、考えうるもっとも親しい友人となることをはばむものは、なにひとつ見あたらない」。この見通しは幻想であることがわかった。

トルーマン大統領が一九五〇年末にアイゼンハワーを任務に再招集して、NATOの最初の軍事司令官をつとめさせるころには、第三次世界大戦は目前に迫っているかに思えた。不測の事態ひとつで、最終的な対決がはじまったかもしれなかった。NATOつまり北大西洋条約機構は、その惨事をふせぐために一九四九年四月に創設されていたが、アイクが指揮をとったとき、ほぼ完全に書類上の存在だった。NATOはアメリカとヨーロッパの十一カ国を相互防衛のためのひとつの軍事同盟に団結させた。アメリカはNATOの条約をつうじて全加盟国に明確な核戦力および通常戦力の保障をあたえ、その見返りにアメリカの軍事力はヨーロッパの国土で不動のものとなった。その要は、NATOの一加盟国への攻撃は全加盟国への攻撃であるという取り決めだった。

アイゼンハワーは、NATOに武器を提供するアメリカにたいするソ連の脅しを、プロパガンダと片づけた。西ヨーロッパへの攻撃の恐れはきわめて大きく、アメリカ軍部隊はそれからの四十年間を、そのために武器をそろえ、訓練し、軍事演習を実施することについやしたが、アイクにはロシア人たちが当時もそれ以降も攻撃を仕掛けてくるとは思えなかった。「個人的には、クレムリンの連中は自分たちの仕事が気に入っているのだと思います。彼らにはいま戦争に勝つことができるとは思えないし、わたしは彼らがそれをはじめるとは思いません」。彼はNATO諸国の軍司令官と政治指導者とのあわただしい会談のあと、一九五一年一月三十一日のホワイトハウスの会議で大統領と閣僚にそういった。「彼らは、もし自分たちが勝てないなにかをはじめれば、仕事と首を失うことを知っています」。ヨーロッパでもっとも急を要する政治的問題は共産主義ではないと、彼はいった。それは貧困だった。恐怖だった。彼が考える唯一の解決策は、アメリカとその戦時中の同盟国、そして西ドイツによって支持された共同戦線だった。それに、なぜこれほど大げさにソ連を恐れるのでしょう？アイクはそうたずねた。「発展の遅れた一億九千万の人々」をなぜこわがるのでしょう？　その答えは単純だった。「ソ連を代表するものとして結束が、西側を代表するものとして分裂があります。ソ連の結束は強制された結束で、銃剣を突きつけられての結束ですが、結束には変わりありません」。

自分の任務は、西側に共通の目的意識をもたらすことだと、アイクはいった。一年間で彼は意志の力でNATOをたんなる構想から、五十万人の制服を着た将兵——三十五個師団分で、うち六個師団がアメリカ軍——と約三千機の航空部隊を有する軍へと変えた。しかし、NATOは軍用機や戦車、将兵以上のものを必要としていると、アイクは大統領に告げた。「もっとも急を要するものは、戦う意志——自信です」と彼はトルーマンに書いた。そして、彼は自信満々だった。アイゼンハワーは、ヨーロッパにおける全同盟国とアメリカの軍隊の最高司令官として、そのきわめて重要な要素を提供した。「ひじょうに現実的な意味において、アイクはNATOであり、NATOはアイクだった」と、彼のもっとも有能な伝記作者は書いている。

トルーマンは一九五一年十二月、民主党の公認候補者リストでアイゼンハワーに大統領職を提示したが、これははじめてではなく、四度目のことだった。「もしわたしが自分のやりたいようにするなら、わたしはミズーリに戻るでしょう」とトルーマンはアイゼンハワーへの自筆の手紙でうちあけた。「もしあなたがヨーロッパの仕事を終える決心をしたなら（そしてわたしには、ほかの誰にそれができるか見当もつきませんが）、わたしは孤立主義者たちをホワイトハウスから締めださねばなりません。あなたがどうされるおつもりか教えていただければと思います。これはふたりのあいだだけの話で、ほかの誰も知ることはありません」。彼は将軍が民主党の指名を受けるだろうと思ったが、確信は持てなかった。アイクがどの政党を好んでいるかは誰もはっきりと知らなかった。彼の足をすくいそうな唯一の政治派閥は、共和党の保守派内にいた——孤立主義者やアメリカ優先委員会会員、マッカーシズム支持者だ。共和党は、進歩と戦うことに二十年間ついやしてきた大統領の息子、オハイオ州選出のロバート・タフト上院議員を指名することになっていた。彼はニューディール政策と戦ってきた。アメリカが第二次世界大戦に参戦するのに断固反対した。ナチの戦犯を裁くニュルンベルク裁判を非難した。NATOの創設に激しく反対した。そして、党大会に出席する代議員の四分の三の獲得を確実にしているようだった。

アイクは、奥の手を使った。一九五二年二月、現役将校が公職につこうとすることを禁じる軍法を回避し、親しい友人であるルシアス・クレイ退役大将をつうじて、自分には出馬の用意があるという伝言をひそかに送ったのである。クレイはアイクに代わって占領下のドイツの高等弁務官をつとめ、ソ連のベルリン封鎖に打ち勝った人物だった。アイゼンハワーは自分の名前がニューハンプシャー州の共和党予備選挙候補者名簿に載ることをゆるした。彼は予備選に勝ち、タフトとの熾烈な戦いのすえに候補者指名を勝ち取って、十一月、民主党の候補者アドレイ・スティーヴンスン上院議員を相手に、地滑り的勝利で大統領職を勝ち取った。スティーヴンスンは、冷戦の恐怖に深くとらわれたアメリカ人の大多数にとっては、あまりにもリベラルすぎた。決定的な瞬間は、選挙の日の二週間前に、アイゼンハワーが朝鮮戦争を終わらせると誓ったときにおとずれた。戦争は流血の膠着状態になっていて、二万五千人以上のアメリカ人が命を落としていた。

一九五三年一月二十日に宣誓就任した彼は、それからの八年間を平和の維持につとめてついやした。彼が朝鮮戦争を終わらせて以降、彼が見張っているあいだ、ひとりのアメリカ兵も戦闘で死ななかった。彼は、三度目の世界大戦を勝つ唯一の方法とは、それを避けることであると信じていた。

しかし、アイクの冷戦戦士たちの野心は無限であり、彼らが大統領の承認をもとめて机に持ってくる思いつきは、あっと驚くようなものだった。反共産主義の名において全世界で政府を転覆させる。赤軍を扇動して、政治局(ポリトビューロ)にたいして反乱を起こさせる。武力あるいは破壊工作と転覆によって、東ヨーロッパを解放する。五十万のフランス兵と戦っている北ヴェトナムに原子爆弾を投下する。そして、手遅れになる前に、モスクワに核奇襲攻撃をかける。アイゼンハワーには、こうした増大する野心になんらかの規律と秩序をあたえるための仕組みが必要だった。基本的な枠組みは、アイゼンハワーがケナンの後任としてモスクワ駐在アメリカ大使に指名したチャールズ・ボーレンによってもたらされた。ソ連は、ケナンを一年間の息のつまるような監視下に置いたあとで、クレムリンの抑圧を公然と攻撃した廉で国外追放したのである。

一九五三年三月七日、スターリンの死の二日後、ボーレンは書面でこの問題を提示した。「われわれのあらゆる計画と活動にのしかかっているのは、この国がいま、あるいはじきに、クレムリンの転覆に全力をあげるのかどうかという問題である」と彼は書いた。それとも、そうではなく、おおやけにはある種の平和な共存をもとめながら、いっぽうで依然として秘密裏にソ連を弱体化させることを目ざすのか？ この問題は三年近く未解決のままだった。そして、この千日のあいだに、アイゼンハワーのキリスト教徒の兵士たちは、未知の目的地に向かって進撃していった。

アイゼンハワーは就任当初から、ソ連との闘争に従事する大統領の任務を再編した。彼は、自分の権力の道具を指揮するために、国家安全保障会議（ＮＳＣ）を利用した。会議のメンバーは、ホワイトハウスの閣議室で大きなマホガニー製の円卓をかこみ、彼は法律用箋に似顔絵やコーヒーカップを落書きしながら議長をつとめ、世界の運命を熟考した。ＮＳＣは、クレムリンの力を攻撃する戦略が形づくられる坩堝（るつぼ）だった。大統領のつぎに会議で権勢をふるったのは、国務長官のジョン・フォスター・ダレスと、その弟のアレン・ダレスＣＩＡ長官だった。フォスター・ダレスは、東ヨーロッパの囚われの国々を解放するというテーマを力説してアイゼンハワーのために選挙運動をしていた。アレンは一九五一年以来、ＣＩＡの副長官だった。彼は、現国務次官でＮＳＣでは強力な存在であるウォルター・ベデル・スミスに仕えたことがあった。会議にはほかに、国防長官や統合参謀本部議長、各軍のトップの指揮官といった面々が名をつらねた。財務長官も出席したが、これは軍が戦争のための兵器庫を築くとき、国家を破産させないようにという、アイゼンハワーの強い願いを実現するためでもあった。アレン・ダレスは通常、二十分間の世界めぐりで会議をはじめたが、そのなかでは、とくにCIAの隠密工作の機が熟した場所に注意が向けられた。好戦的な兄をかたわらに置き、無制限の資金を自由に使えて、そしてもっとも重要なことに、大統領に話を聞いてもらえる彼は、CIAを、アイクの持ち駒のなかで、アメリカの急速に拡大する核兵器庫と同じぐらい重要な兵器にした。

アイクは、アメリカの戦力を投射するための二重の力として、核兵器と隠密工作をたよりにすることになる。それらは費用がかかるが、将軍や提督や戦争計画立案者が心の底から願っている通常戦力の大規模な増強よりもはるかに安くついた。彼は現在のドルで年間に一千百億ドルをついやして、二万二千発以上の核弾頭と、それを運ぶための大陸間弾道弾と戦略爆撃機を製造した。(アメリカは、一九五〇年の朝鮮戦争開始から一九六五年の戦闘部隊のヴェトナム投入までのあいだに、一兆億ドル以上を核兵器についやすことになる。) 彼はそうするあいだに、通常兵力の大幅な拡大をもとめる軍高官のたえまない嘆願を阻止した。アイゼンハワーのもとで、軍事支出は成長いちじるしいアメリカ経済のパーセンテージでは劇的に減少した。ひきしまった軍隊と、筋肉質の国家――これは最初からずっと彼の計画だった。

「製造されるあらゆる銃砲、進水するあらゆる軍艦、打ち上げられるあらゆるロケットは、最終的には、空腹なのに食べ物をあたえられていない人々、寒いのに衣服をあてがわれていない人々からの泥棒を意味します」と彼は、四月十六日、最初の主要な外交演説で述べた――アメリカ人だけではなくロシア人にも向けた「平和への可能性」と題する演説で。ソ連の指導者たちの新トロイカ体制は、演説を《プラウダ》紙に全文掲載するいっぽうで、軍と兵器を制限する彼の提案をしりぞけた。アイゼンハワーはつづいて、彼が普遍的な原理とおおやけに見なすものを提示した。「どの国でも、自分たちが選択した統治の形態と経済体制を持つ権利は、不可侵なものです」と彼はいった。「いかなる国も、ほかの国に自分たちの統治の形態を押しつけようとすることは、正当化できません」。

この高邁な理想は、外国の指導者を支配したり、あやつったり、打倒したり、ときには暗殺したりするアメリカの活動にかんしていえば、ほとんど、あるいはまったく無意味だった。

CIAの隠密工作はアメリカの外交政策という槍の穂先で、大統領から広範囲の権限をあたえられて遂行された。CIAがはじめて成功裡に実行したクーデタでは、自由選挙で選ばれたイランのムハンマド・モサデク首相がその地位を追われた。モサデクは衰退する大英帝国からイランの石油の支配権を大胆に奪い取っていた。（クーデタの起源と結果および余波を説明したCIAと国務省の詳細な記録文書は、二〇一八年にやっと機密扱いを解除された。）アレン・ダレスとベデル・スミス、フランク・ウィズナー、そしてセオドア・ローズヴェルトの孫でCIAの中近東アフリカ担当工作部長だったキム・ローズヴェルトは、一九五二年の秋以降、イギリスの情報機関と協力して、モサデクを失脚させるための計画を練っていた。

アイゼンハワーの当選から数日後、トルーマンのNSCは、極秘の声明のなかでこう宣言した。「イランがソ連に支配されない独立した主権国家でありつづけることは、アメリカにとってきわめて重要である。その戦略上重要な位置と国内の石油資源、そしてソ連の介入あるいは武装攻撃にたいする脆弱性、政治的転覆工作にたいする脆弱性ゆえに、イランはソ連の拡張政策の継続的な目標であると見なす必要がある」。トルーマンは「必要とされるかもしれない装備の調達をふくむ、イランと隣接する中東地域における特殊政治工作」を許可していた。アイクが「平和への可能性」を起草しているころには、CIAはイランに、一万人のゲリラ部隊に六カ月間供給するのにじゅうぶんな数の銃と弾薬を蓄積し、イラン国内に「数多くの報道機関、政界、事務方のコネのネットワーク」を築くための豊富な資金と、クーデタのリーダー候補のファズルラ・ザヘディ将軍を用意していた。CIAのファイルは将軍について詳細に説明している。「第二次世界大戦中、イランにおけるナチの活動に関係した彼は、昔から強固な反ソ連派である」。彼らにはともに、従順な親米派の国王（シャー）、レザー・パフラヴィーをふたたび孔雀の王座につかせるという目的があった。彼はそこでイランの石油が確実に西側に流れるよう取りはからうだろう。

ダレスはスターリンが死の床についたころ、アイゼンハワーとNSCにたいして終末論的な将来像を描いていた。イランで「共産主義者たちは容易に国を支配するかもしれない」し、もしそうなれば世界は変わるだろう。「自由世界はイランの石油生産と石油埋蔵量に代表される莫大な資産を奪われるだけではなく、ロシア人たちがその資産を確実に手に入れるでしょう」とダレスは警告した。「もしイランが共産主義者に屈したら、世界の石油備蓄量の約六〇パーセントを有する中東のほかの地域も、たちまち共産主義者の支配下に置かれることはまず疑いないでしょう」。この見かたは、アイゼンハワーに衝撃をあたえた。彼は危険を完全に理解したが、モサデクを打倒することを検討するまでにはいたらなかった。それどころか、彼はアメリカがほぼどんな代償をはらってでもモサデクを支援すべきだと考えた。NSCの記録係はこう書き残している。「大統領は、もしソ連が本当にイランにたいして行動を起こしたら、われわれはこの会議のテーブルで全面動員体制に入るという問題に直面しなければならないだろうといった」――ソ連との武力戦争という問題に。なぜなら、「もしわれわれがその時点で、その万一の事態に動かなければ、アメリカが二等国の地位に落ちぶれることを大統領は恐れたからだ。『もし秘密に使える資金がわたしに五億ドルあったら』」、ソ連にたいして政府を強化するために、「『そのうちの一億ドルをいますぐイランにつぎこむだろう』と大統領はいった」。これはダレスの考えとはまったくちがっていた。その一カ月後、長官はもっと控えめな予算をた。

承認した。モサデクを打倒するための、出どころのたどれないCIAの資金で百万ドルを。最終的に五百三十三万ドルかかることになる工作の手付金である。いくらかのごり押しは必要だったが、ダレス兄弟とテヘラン駐在の新アメリカ大使ロイ・ヘンダースンは最終的に、モサデクが権力の座にとどまるかぎり、石油問題をアメリカの利益になるように解決することはできないと、大統領を説得した。

アイゼンハワーは七月十一日、クーデタのゴーサインを出した。「大統領から直接、許可を得た」とダレスは兄にいった。工作はその五週間後、混乱状態となって崩壊した。「モサデクは、われわれの軍事秘密組織の情報漏洩によって計画のことを知ると、すぐさま計画を無力化するために対抗策をとった」とCIAはその後、報告した。国王は国外に逃れ、クーデタの首謀者たちは身を隠した。

それから――ローズヴェルトの目には奇跡的と映ったが――その三日後、テヘランの通りで自然発生的な怒りが燃え上がった。彼は、CIA本部への興奮状態の電報でそれを、「リーダーが用意されるまでは誰にもみちびかれない、本物の民衆蜂起」と呼んだ。通りの抗議運動はCIAの政治プロパガンダの赤々とした燃えさしによって焚きつけられた。なかでも効果があったのは、ローズヴェルトが口述して、テヘランの新聞や電波にあふれたザヘディとのでっち上げのインタビューで、何カ月もつづいていた偽(フェイク)ニュース・キャンペーンの一環だった。「このデモはバザール街で小規模にはじまったが、最初の小さな炎は驚くほど大量の可燃物質につきあたり、じきに燃えさかる炎となって、一日のうちに全市に広まった」とヘンダースン大使は報告した。「首相官邸は蹂躙され、破壊された。……ほぼ同時に、ザヘディ将軍が首相の執務室の机を占拠した」。ローズヴェルトは、汚れた下着とカーキの軍服姿でうずくまっていたザヘディをCIAの隠れ家から引っぱりだし、立ち上がらせてしゃきっとさせると、彼を権力の座まで無理やり歩かせた。「いまやときはおとずれた」と彼はぶざまな姿の将軍にいった。「あなたは通りに出て、事態を掌握しなければならないし、こっちには〈ラジオ・テヘラン〉がある」。

ローズヴェルトが、都合の悪い部分は伏せて、アイゼンハワーにいきさつをくわしく話すと、大統領はまるで安っぽい小説のようだなといった。アイクはその数週間後、日記に、ＣＩＡが「イランで国王を権力の座にふたたびつけ、モサデクを排除した。われわれがやったことは『隠密』だった。もしそのことがおおやけになれば、われわれはあの地域で気まずい思いをするだけでなく、われわれが将来、同様の性格のなにかをやる機会は、ほぼ完全に消滅するだろう」と書いた。

ＣＩＡとイランは、国王が権力を握ると、情熱的に抱きしめあった。「国王と首相は、現在の状況を利用する活動に支援が必要であることを認識しているので、ＣＩＡの熱心な協力者になっている」と同局の政治戦計画立案者たちは報告し、これを受けて、ダレスとウィズナーは、「イランの政治活動／政治戦プログラムを支援する」大がかりな取り組みで、イランの軍部、政界、宗教界、知識層のリーダー、そして記者団の忠誠を獲得することに乗りだした。ＣＩＡは一九五四年末の詳細な報告書で、そのプログラムの継続的な必要性を強調し、アメリカの関与は見すごされてはいないと指摘した。「権力の現状のおもな新しい特徴」は、「体制と政府への反対をおさえるための独裁的手段――戒厳令や検閲、反対派の訴追あるいは弾圧――の広範囲な利用」と、「状況に大きな影響力を及ぼす存在として広く認識され、モサデクを失脚させたことへの責任があると多くのイラン人が見なし、それ以降、政府の主要な財政的後ろ盾となってきた、アメリカの参入」だと、局の分析官たちは報告している。こうした懸念は、過ぎゆく歳月にも色あせることのないお祝い気分によってはねのけられた。「国王はいまや、われわれの息のかかった人間です」とローズヴェルトはＣＩＡ本部に戻ったあとで上司たちに報告した。そして、国王は四半世紀在位し、何十億ドルというアメリカの兵器を買って、中東における反共勢力の防波堤となった。自由に選ばれた外国の指導者をアメリカが失脚させたことは、一世代のあいだ、公的な秘密だったが、国王によって弾圧され、二十五年後に復讐をはたしたイラン人の世代にとっては、そうではなかった。世界はいまだに、彼らの反クーデタの結果とともに生きている。世界を震撼させたイスラム革命の結果とともに。

CIAは隠密工作が政治戦の強力な道具であることを証明して、アイクを満足させた。アイゼンハワーは自由裁量権を熱心にCIAにあたえて、グアテマラからインドネシアにいたる国々の政府を転覆させ、政府を作り、軍事政権の後ろ盾になって、選挙を左右し、全世界で現ナマとプロパガンダによって世論を動かした。そして、NSCは、プロパガンダはおそらく、なかでももっとも期待できる強力な武器だろうと、アイゼンハワーに助言した。(〈プロパガンダ〉という言葉は、カトリックの伝道師の活動と、彼らが不信心者のあいだに信仰を広めたことに由来している。)アメリカの冷戦戦士は、外国人たちを共産主義から改宗させ、彼らのあいだに反スターリン主義の異端信仰の火をつけて、彼らの利益はアメリカと一体になっていると納得させることができるように微調整した、外国人向けの教えにしたがって、休むことなく活動した。

クレムリンを弱体化させるための政治戦にもちいられるプロパガンダの策略は、アイゼンハワーが大統領になって四日目にはすでに進行中だった。彼は親しい友人のウィリアム・H・ジャクスン――Dデイ進攻作戦を守る欺瞞工作で重要な役割を演じた情報担当補佐官で、ダレスの前任のCIA副長官であり、CIAの上級文民コンサルタント――に、戦闘計画を立案するよう命じた。民心を獲得しようとする政治戦はトルーマン政権では場当たり的だった。大統領はジャクスンに、自分はこの分野での「統一された力強い努力」をもとめていると語り、これは「アメリカと自由諸国の共同体に住むほかの国民の安全保障にとって必要不可欠である」と見なした。アイクは政治戦について幅広い概念を持っていた。彼はそれが「美しい賛歌を歌うことから、もっとも突拍子もない種類の物理的破壊工作にいたる、あらゆるもの」をふくむことができるといった。

ジャクスンは、大統領の国家安全保障問題担当顧問のロバート・カトラーと協力して計画立案にあたった。彼らのスタッフの枢要なメンバーには、ふたりのCIA冷戦戦士がふくまれていた。フランク・リンゼイは、ウィズナーの主任隠密工作補佐役をつとめたことがあった。ヘンリー・ルーミスはのちにアイゼンハワーのもとで〈ヴォイス・オブ・アメリカ〉の局長となった。ジャクスンとカトラーは、二百五十人以上に面接して、政府内外で見つかったもっとも優秀な人材を活用した——そのなかには、ハーヴァード大学の若いふたりの研究者、将来の国家安全保障問題担当顧問のマクジョージ・バンディとヘンリー・キッシンジャーがふくまれていた。そして彼らは一九五三年六月三十日に大統領に報告書を提出し、「世界秩序のためのプログラム」の要点を述べた。このなかでは政治戦と情報工作がもっとも重要だった。汝の敵を知り、その頭に入りこんで、世界の見かたを変えるのだ、と彼らは助言した。

「ソ連のふるまいに影響をおよぼすもっともいい方法は、重要な問題について複雑な選択肢をクレムリンにつきつけることである」と報告書は断言した。「政治戦は政権に圧力をかけて、アメリカの国益にとって好ましい道を選ばせるよう計画されるべきである」。アメリカのプロパガンダの根底にある重要な原則——「他国に、アメリカが彼らに行なってもらいたい決定における彼ら自身の利益をはっきりとしめす」——は、政治戦の必要不可欠な要素だった。もしアメリカの指導者たちがそれをつねに心に留め、はっきりとした計画と、夢想的な希望とは無縁の行動を取れば、「われわれは、政治戦が、ソ連の力の縮小と後退と、ソヴィエト体制の性格の変化を強いる大きな見込みがあると確信している」。

「自由世界におけるCIAの秘密プロパガンダの目的は、共産主義者の転覆工作と戦い、中立主義に対抗し、アメリカと西側の考えと関心を全般的に宣伝することである」と報告書は大統領に告げた。「真実の普及だけではじゅうぶんでない」。

「世界秩序のためのプログラム」は、〈自由ヨーロッパ全国委員会〉——ケナンが着想し、アレン・ダレスが設立して、CIAが資金を提供する——の活動を、アメリカがその目的を達成するためにもちいるもっとも強力な力と呼んだ。委員会は放送電波でその戦いに参戦し、〈ラジオ自由ヨーロッパ〉に大金をつぎこんだ。電波は鉄のカーテンの向こうの主としてポーランドとハンガリー、チェコスロヴァキアで何百万という人々の耳にとどいた。そして、その姉妹局である〈ラジオ解放（リベレーション）〉（のちの〈ラジオ・リバティ〉）は、もっぱらソ連と東欧駐留ソ連軍に向けられた。〈ヴォイス・オブ・アメリカ〉は、ひとつのメロディを、すなわち生のニュースとアメリカ政府の利益になるような政治的コメントを流し、CIAのラジオはべつのメロディを、すなわち彼らがターゲットにする国々の国内からの解放軍の声と称するプロパガンダを流した。CIAはプロパガンダのビラを載せた気球の大艦隊を鉄のカーテンの向こうにただよわせ、一九五〇年代中期には三億枚以上のビラを送りこんだ。すべてはウィズナーが、電気ピアノになぞらえて「偉大なウーリッツァー」と呼んだものの鍵盤だった——冷戦の日々のドラマにサウンドトラックを提供するプロパガンダの道具である。CIAは政治戦のために歌詞を書き、スコアを作曲して、オーケストラを指揮した。

しかし、報告書は常識的な注意書きで終わっていた。「冷戦は言葉だけでは勝てない」と報告書は結んだ。「われわれがなすことはひきつづき、われわれがいうことよりはるかに重要でありつづけるだろう」。

報告書が印刷にかけられたとき、東ドイツの人々は、自分たちの鎖を引きちぎろうとしていた。反乱は冷戦でこれまで類を見ないものだった——そして、アメリカの国家安全保障担当者たちに、彼らの解放の夢が実現する可能性があると想像させた最初のものだった。六月十七日にベルリンで、スターリン主義者の官僚が課した製造割当量にたいする労働者の抗議としてはじまったものは、その後、東ドイツ全国で四百以上の都市や町、村に広がった。蜂起は激しく危険で、政治人民委員たちを驚かせ、震え上がらせた。「共産主義に死を！」とデモ参加者たちは唱えた。「アイゼンハワー万歳！」スターリンに代わって選ばれた指導者がまだいないクレムリンは、戦車のエンジンをふかし、兵士に射殺を許可する命令を準備した。

六月二十五日、アイゼンハワー大統領とリチャード・M・ニクソン副大統領、そしてダレス兄弟は、国家安全保障会議で会合を開き、アイクは秘密の大統領命令、NSC百五十八号を承認した。（これは二〇一七年まで完全に機密扱いを解かれなかった。）命令は、アメリカが東ドイツで、「大規模な反乱以外の抵抗の活動と態度をひそかにうながす」べきであると述べていた。そしてCIAに、外国の工作員をつうじて、「重要な傀儡役人の抹殺をうながし」、東ヨーロッパのソ連の衛星国全体で、「指示されたとき、大規模な襲撃あるいは持続的な戦いを仕掛けられる地下組織を訓練し、装備をあたえる」よう命じていた。その目的は、「共産主義者の圧制にたいする抵抗をはぐくみ」、「自由世界、とくに西ヨーロッパに、鉄のカーテンの向こう側では、自由への愛と外国人の圧制への憎しみは、彼らが信じようとしてきたよりも強く、全体主義への抵抗は想像するほど望みがないわけではないと確信させる」ことだった。

強い言葉だったが、ただの言葉にすぎなかった。東ドイツの闘争と、その夏のポーランドのより小規模だが同様の抗議運動にたいするアメリカの反応は、口先よりはるかに弱いものだった。将来のCIA長官のリチャード・ヘルムズは、隠密工作部門の直接の上司であるウィズナーにたいして、政府上層部には東ヨーロッパでできることについて「おろかな考え」が山ほどあると書いた。リチャード・ニクソンやフォスター・ダレスのような指導者たちが発する、囚われの国の解放にかんする願望にもとづく大言壮語は、「ある公約をはたしたい」という切望から出ていて、「厳然たる基本的事実……の冷静な評価を犠牲にして」なりたっていた。「衛星国で騒ぎを起こしたいという考えがあったようです……なぜなら、それは国内の政治シーンでは受けがいいからでしょうが、そうした攻撃的な冷戦のやりかたにたいして好ましい結果を確実にするために、それに必要な公然部隊と支援をつぎこんで補完するつもりはないのです」。ＣＩＡの東ヨーロッパ担当部門の長ジョン・ブロスは、アレン・ダレスに、東ドイツで革命が成功する可能性はほぼゼロであると告げた。赤軍はそこに、武装した兵士約三十五万人を擁する二十二個師団を駐留させていた。アメリカが同国内に大量の武器を密輸して、「うたがいなくアメリカ軍が東ドイツの反乱を支持するために公然と関与しないかぎり、抵抗グループはごく短期間で一掃されると思います」。彼は、ポーランドやハンガリー、チェコスロヴァキアで蜂起が成功する可能性は「皆無」だと見積もった。

アイゼンハワーはソ連と戦争になる危険を冒す準備ができていなかった。彼は、鉄のカーテンの向こうのつぎの無謀な準軍事任務によって、熱核戦争が引き起こされかねないと心配した。ソ連は一九五三年八月十二日に水爆を実験していて、両国とも十年間にわたってたえまなく、しだいに威力を増しながら地上水爆実験をくりかえすことになる。モスクワは最終的に、およそ広島の原爆四千発分に相当する、すくなくとも五十メガトンの核威力を持つ兵器を爆発させた。この爆弾は、もしニューヨーク市に投下されれば、一瞬で一千万人以上を殺しただろう。きのこ雲の下の壊滅の脅威は、アイゼンハワーの前途への明確なビジョンをさえぎった。

〈赤の恐怖〉は一九五三年秋に最盛期を迎え、ぺてん師のジョー・マッカーシー上院議員は権力の絶頂にあり、ＦＢＩはソ連のスパイとアメリカの左翼の両方と戦っていた。ワシントンでは緊張と恐怖が根深いものとなって広い範囲におよんでいた。九月二十六日、ＮＳＣの会議で、記録係はアイクが声に出して考えている様子を記録した。「彼には……まるで決定のときが迫り、われわれはやがて、すべてを一度に敵に投げつけなければならないのかという問題に現実に直面せざるを得ないかのように思えた。……アメリカはじつに恐ろしい脅威に直面していて、実際のところ、われわれは経済と国民の自由により大きな統制を課すことなく、この脅威に対抗する手段をなにひとつ考案していなかった」。

われわれは……生きかたを守ることに従事している、と大統領はつづけた。そして、大きな危険は、この生きかたを守るために、われわれがいつのまにかこの生きかたを危険にさらす手段に訴えているということだった。本当の問題は、大統領の見るところ、われわれが、必要な場合に、軍事国家に変わることなく、ソ連の脅威に対抗して、統制を導入する手段を考案することだった。大統領によれば、すべては、それ自体がわれわれの価値観や慣習を危険にさらす手段によって、こうした慣習にたいする脅威に対抗しようとするという……矛盾だった。

これは冷戦という存在のジレンマだった。アメリカの民主主義を守るために非民主主義的な手段をもちいるという。しかし、アイゼンハワーは、国家の生存がかかっているときには、結果が手段を正当化すると信じていた。

一九五四年前半、彼は、第二次世界大戦で東京空襲をひきいたジミー・ドゥーリットル将軍を長として、ＣＩＡにかんするひじょうに有能な調査員のチームを作った。彼らは九月三十日、辛辣な報告書を提出した。彼らはソ連や中国、北朝鮮、ポーランド、アルバニアをはじめとする国々への何十という準軍事任務の失敗を指摘した。彼らは、これらの作戦で得た情報はなにもなく、またはあっても役に立たず、資金と人命の損失は驚くばかりであることをつきとめた。そして、間髪入れずに、大統領に前に進むようもとめた。アメリカは、「敵がわれわれにたいしてもちいるものよりも巧妙で、より高度で、より効果的な手段で、敵を倒し、破壊工作を仕掛け、打ち破る」必要があると、彼らはアイクに告げた。「われわれは執念深い敵に対峙していて、その公然の目的は、いかなる手段を使い、いかなる代償をはらっても、世界を支配することである。そうした勝負にルールはない。いままでのところ、好ましい人間の行動規範はあてはまらない。もしアメリカが生きのびるつもりなら、昔ながらのアメリカの『フェアプレー』の概念は考えなおす必要がある」。

閉ざされた全体主義国家にたいして政治戦を仕掛けるのは、開かれた民主主義国を攻撃するよりはるかに困難だった。CIAはソ連内部に多少とも重要なスパイをひとりも置いていなかったし、それから何年もその状況は変わらなかった。ポーランドやハンガリー、チェコスロヴァキアといった国々からは、ほとんどじかの情報を収集していなかった。いっぽうで、共産スパイはアメリカの国家安全保障の防壁に侵入して、ソ連の核兵器開発を加速し、アメリカの暗号解読者を麻痺させて、重要な隠密工作を妨害し、CIAの偽装政治団体とプロパガンダ組織をたくみに妨害した。ここまではほぼ完全な敗北だった。五年にわたって、アメリカの冷戦戦士の目標は、ロシア人を東ヨーロッパから駆逐し、ソ連がアメリカあるいはそのNATOの同盟国にとってもはや脅威にならない地点まで押し返すことだった。その理想は実現できないことがわかっていた。

アイゼンハワーは、大統領就任時から続いた侃々諤々の議論のすえに、好戦的な隠密工作でクレムリンを倒すことはできないと決定した。アイクは、核兵器による大量殺戮を避けることを願って、ロシア人たちと対話し、平和な共存の名においてなにができるか見てみるつもりだった。

　一九五五年七月、アイゼンハワーはジュネーヴの平和会議に出かけ、ある程度の友好がもたらされた。彼は新しい対戦相手であるソ連の指導者、ニキータ・フルシチョフと、かつての同盟者でいまやソ連の国防相であるジューコフ元帥に話しかけた。ふたりは協力して、NATOに対抗する勢力として、赤軍とソ連の七つの衛星国間の軍事同盟であるワルシャワ条約機構を創設したばかりだった。〈パレ・デ・ナシオン〉のそびえ立つ会議場で、アイクはロシア人たちに、驚くほど革新的で意外な提案を差しだした。彼はそれを「空中査察（オープン・スカイズ）」と呼んだが、じつにすばらしい構想だった。ワシントンとモスクワは、相手側の軍事基地上空を飛行して、偵察機で見おろし、奇襲攻撃の危険性を減少させて、それによって平和への可能性を高めることができるというものだった。彼が演説を締めくくると、大きな雷鳴がとどろき、まばゆい稲光が空を裂いて、あらゆる照明が消えた。アメリカの代表団は、神の摂理がアイゼンハワーに拍手を送っているのだと思った。

　この着想は、ソ連が相手ではうまくいかなかった。彼らはアメリカ人が自分たちの弱点を全部見てとることを恐れたのである。しかし、アイクはU-2スパイ機をひそかに用意していた。最初のテスト飛行は翌週に実施された。

　政治戦にかんするNSCの新たな命令は、一九五五年末に発令された。ソ連を押し戻すという目標は放棄したものの、命令はそれでもなお東ヨーロッパとアジアのいたるところで、ソ連と共産中国と戦う決意だった。「国際共産主義にとってやっかいな問題を作りだし、利用せよ」と大統領は命じた。もっと野心的には、「国際共産主義者の支配を減少させ」、それに抵抗する「国民や諸国の能力と意思を高めよ」。新しい命令は、古い手段によって遂行されることになっていた。プロパガンダや破壊工作、転覆、欺瞞、そして全世界の解放軍への支援によって。

CIAは、世界を出し抜いたニュースを《ニューヨーク・タイムズ》にこっそりと渡すことで、このひとつの命令に応じた──そして大勝利をおさめた。フルシチョフの「秘密演説」の口述録である。第二十回のソ連邦共産党大会が開かれたときには、スターリンが死んですでに三年近くが経過していた。大会が公式の閉幕を迎えたあと、一九五六年二月二十五日の深夜、フルシチョフはクレムリンの大ホールにロシアの代表たちを呼び戻した──報道機関とソ連国外からの党員たちは、四時間にわたる演説からあからさまに除外された。モスクワの《ロイター》通信員、ジョン・レティーは、電話が鳴ったとき、荷造りをしていた。ロシア人の友人がすぐに彼に会いたがっていた。そして、彼のメッセージは緊急の内容だった。「フルシチョフが衝撃的な報告をしたということだった」とレティーは五十年後に書いた。「スターリンを、党員の殺人者で拷問者だと名指しで公然と糾弾したのである。これはあまりにも衝撃的だったので、代表のなかには演説中に心臓麻痺を起こした者もいたし、あとで自殺した者もいたと、いまではいわれている」。レティーはストックホルムへ発ち、入念に検討したあとで、慎重な報告書を提出した。

ワシントンでは、アレン・ダレスがこのニュースに大喜びで目を通した。彼はアイゼンハワーに、「フルシチョフが酔っぱらっていた可能性」はつねにあるが、この演説は、もし本当であることが確認されたら、アメリカに、「この状況を、裏と表の両方で、有利に利用する大きな機会を」あたえると語った。「スターリンはソ連の第一の理論家でした。彼は二十五年間にわたって、ソ連の独裁者として有名でしたが、それにくわえて、偉大な戦争の英雄でした。ソ連はこれから、どうするでしょう?」。共産主義は教義なしで繁栄するだろうか? CIA長官はトップの補佐役たちに、演説を手に入れるためにあらゆる手をつくすよう指示した。写しとひきかえにわが王国をやろう! 何週間も音沙汰なくすぎた。それから、四月十三日の金曜日、ワルシャワのイスラエル大使館からの伝書使の行嚢が、イスラエルの国内保安部である〈シン・ベト〉の長、アモス・マノルのオフィスにとどいた。するとそこにあった。ポーランド語にして七十ページ分が。マノルはこの演説を、ポーランド人として生まれたイスラエルの首相ダヴィド・ベン・グリオンのところへ持っていった。彼はそれに目を通して叫んだ。「もしこれが本物なら、歴史的文書だし、いまから三十年後には、モスクワに自由主義政権ができるだろう」。

マノルはそれを翻訳させて、CIAの対敵諜報部門の長でイスラエルのスパイとの連絡役であるジェイムズ・アングルトンに手渡すよう指示をつけて、英語版をワシントンのイスラエル大使館に飛行機で運んだ。アレン・ダレスは、演説を手に入れると、それが本物であることを確かめようとした。彼は、自分しか本当の身分を知らず、政府内のほかの全員には「専門家」としてしか知られていないある人物に複写を送った。それはジョージ・ケナンだった。彼は、政治的忠誠心が欠けていると見なされ、激高したフォスター・ダレスによって国務省から追いだされていた。(馬鹿げた一手だった。東ヨーロッパを解放するというフォスターの政治的綱領は、大部分、ケナンが考えた項目で築かれていたからだ。)政府から追われ、プリンストン大学の閑職についたケナンは、依然として、長官に気に入られ、高く評価されるCIAのコンサルタントだった。彼は演説の筆記録が本物だと考えた。アレン・ダレスは大喜びし、こうしてスパイの長からの保証を得た大統領は、その公開を許可した。ダレスは、《ニューヨーク・タイムズ》のモスクワ支局長をつとめ、一時帰国休暇のときには、内輪の昼食会でCIA長官に専門知識をわけあたえてくれるハリソン・ソールズベリーにそれをあたえることにした。

「フルシチョフ、スターリンを語る。恐怖にもとづく統治の詳細があきらかに。クレムリン粛清の陰謀を告発。アメリカが筆記録を公表。残酷で、なかば狂った、権力の亡者として描きだされた亡き独裁者」。六月五日の一面トップの見出しにはそうあった。「ミスター・フルシチョフが描きだしたスターリンは、自分の周囲の世界を、背信と裏切りと悪夢のような陰謀の瘴気に変えた」とソールズベリーは書いた。「その姿は、共産主義の政治的対立者のもっとも突拍子もない憶測をも骨抜きにするようなものだ」。同紙は全文——二万六千語——を掲載し、世界の政治的座標軸は変わった。この場合には、真実だけでじゅうぶんだった。

アメリカ国内の反響は、大部分見えなかったとしても、すさまじかった。アメリカ共産党は、秘密演説の公表で打ち砕かれた。党員数は数カ月で約五万人から約五千人に急落した。アメリカ国内のソ連の諜報網は、かつてアメリカの共産主義地下組織によって支援されていたが、それとともに衰退した。

CIAは、演説というヘッドライトを、〈ラジオ自由ヨーロッパ〉で東の鉄のカーテンの向こう側に照射した。同局は、東欧の解放は依然としてアメリカの外交政策の最重要課題であるというアイゼンハワー大統領からの誠心誠意の誓いの言葉も放送した。これらのニュース速報は、心をさいなむ恐怖にたいする大きな希望に火をつけた。十月、ハンガリーの首都ブダペストで、学生デモが〈独裁者〉（ビッグ・ブラザー）にたいして立ち上がった。何万という労働者が彼らにくわわって、クレムリンの支配と戦った。その二日後、ソ連軍が市内になだれこみ、戦闘がはじまった。〈ラジオ自由ヨーロッパ〉は、解放のメッセージに満ち、民衆はそれを心に留めた。きっとアメリカが救いの手を差しのべてくれる！　「過去二十四時間に話しかけた多数のハンガリー人のうちの事実上全員が、『武器をくれ』、『外交的援助をくれ』、『こういうときアメリカはわれわれになにをしてくれるんだ？』と要求している」とアメリカ大使館は十月二十四日に報告した。返事はこなかった。

アレン・ダレスは二日後、アイゼンハワーに、「ハンガリーの暴動は、衛星諸国にたいするソ連の継続的支配にかつてもたらされた最大の脅威となります」と語った。大統領は答えた。「もし彼らがなかなかの暮らしを手に入れ、自分たちの政府を選び、望むものを手に入れることができるなら、われわれは満足し、そのことで世界平和をじゃまする世界最大の問題のひとつが現実に解決されるだろう」。フォスター・ダレス国務長官は、アイクの承認を得て、ダラスで感動的な演説を行なった。「ハンガリーの英雄的な民衆は、赤軍の戦車の殺人的な砲火に立ち向かっています。この愛国者たちは、命そのものよりも自由をだいじにしているのです。そして、平和に自由を享受する者たちは誰しも、真に力になれるあらゆる手段で、いま自由のために死ぬ人々が犬死にすることがないようにもとめる厳粛な務めがあるのです」。

しかし、彼らは死にはじめ、助けはいっさい来なかったので、国境をはさんだウィーン駐在のアメリカ大使は十月二十八日、ワシントンに警告を送った。〈ラジオ自由ヨーロッパ〉の何百回という放送と、空から気球で運ばれた何千枚というプロパガンダのビラが、「ハンガリー人を行動に駆り立て」、「彼らが共産主義の迫害者にたいして立ち上がったというのに、われわれは彼らのために効果的なことはなにひとつしていないと」非難されていると。その同じ日、ＣＩＡの隠密工作部門の長、フランク・ウィズナーは、〈ラジオ自由ヨーロッパ〉の上級政策アドバイザーに、武装蜂起の呼びかけを拡大するよう指示した。それに応じて、〈ラジオ自由ヨーロッパ〉のニューヨークのディレクターからミュンヘンのハンガリー人スタッフに緊急メッセージが送られた。「すべての制約はなくなった。あらゆる手段が許される。くりかえす。あらゆる手段が許される」。その晩、〈ラジオ自由ヨーロッパ〉は、ハンガリーの国民に、鉄道に破壊工作を仕掛け、ソ連戦車の換気装置に火炎瓶を投げこんで、最後まで戦うよう呼びかけた。「自由か、しからずんば死を！」。

少しのあいだ、彼らは勝ったかに思えた。十月三十日、イムレ・ナジ首相は、一党独裁の廃止を宣言した。ハンガリー兵たちはデモ隊にくわわった。ソ連共産党の日刊紙《プラウダ》は、流血を後悔する政治局(ポリトビューロ)からの声明を掲載した。モスクワでは、ジューコフ元帥がボーレン米大使に、ソ連軍はハンガリーから引き揚げつつあると語った。翌日、ブダペストのアメリカ大使館はこう打電した。「一夜の劇的な変化で、今朝のブダペストでは、このハンガリーの革命がいまや歴史の事実であることがほぼ確実になった」。再選の圧勝を目前にしたアイゼンハワー大統領は、その夜、テレビに出演して、アメリカ国民に呼びかけた。「新しいハンガリーがこの奮闘から立ち上がりつつあります。われわれはこのハンガリーが完全で自由な独立国家というものを知ることを心から願っています」とアイクはいった。「もしソ連が実際にその発表した意図に忠実にもとづいて行動すれば、世界は、諸国間の公正と信頼と理解に向けた、われわれの世代でもっとも大きな前進の一歩を目撃するでしょう」。

翌朝の国家安全保障会議の会合で、アレン・ダレスは、ハンガリーの歴史の事実に有頂天の状態で、アイゼンハワーに話しかけた。「あそこで起きたことは奇跡です」と彼はいった。「出来事は、民衆の反乱が近代兵器の前では完全に不可能だという、われわれの過去の見解をすべて裏切りました。とにかく、不可能と思われたことが起こり、そして世論の力のせいで、軍隊を有効に使うことができなかった。……ソ連軍自体、ブダペスト以外では、ハンガリー人を撃ち殺すだけの度胸がなかったのです」。フォスター・ダレスはニクソンに、これはソ連帝国の崩壊のはじまりだといった。

しかし、CIAにはハンガリー国内で情報を収集する人間が誰もいなかったし、国務省は二十万人の赤軍部隊が同国を征服する準備をととのえていることを予見することができなかった。KGBの長イワン・セーロフも見識あるいは先見の明を持たなかった。セーロフは蜂起の開始後にブダペストをおとずれていた。彼はそこにつくと、十月二十八日、政治局に、アメリカに支持された国連がハンガリーの革命家たちを支援するために大規模な軍事介入を検討していると報告した。この報告は完全な誤りで、しかも致命的な誤りだった。なぜなら、この報告を受けて、戦車と装甲兵員輸送車がブダペストに進撃することになったからだ。

十一月一日、イムレ・ナジとその内閣は、ソ連のブダペスト駐在大使で、将来のＫＧＢ議長そしてソ連書記長であるユーリ・アンドロポフを至急招集した。彼らはアンドロポフに部隊の動きを報告するようもとめた。彼の説明はあきらかに疑わしかった。ハンガリー政府はただちにワルシャワ条約機構を離脱し、ハンガリーの中立を宣言した。ソ連は翌日、市を包囲しはじめた。ハンガリーの指導者たちが十一月三日の晩に交渉で危機を脱しようとしたとき、ＫＧＢの将校たちが会議に乱入して、彼らを拘束した。ブダペストにたいするソ連の攻撃は、翌朝四時に開始された。第二次世界大戦以降、ヨーロッパでもっとも激しい戦闘が勃発し、ハンガリー人たちはソ連戦車に身を投げだして、そのうち二万人が死亡した。何十万人もが国境を越えてオーストリアに逃げだした。イムレ・ナジは拘束され、処刑された。ウィズナーはウィーンに飛んで、ハンガリー国境へ車を走らせ、夜の闇のなかで恐怖から逃れる必死の難民たちの流れを見て、壊滅的な神経衰弱におちいった。これは、やがて彼を自殺に追いこむことになる三つの要因の最初のものであり、クレムリンにたいする隠密工作と秘密計画のショートしたネットワークの生ける象徴だった。

アイゼンハワーとダレス兄弟は、ハンガリーの蜂起を支援するためになにもできなかったことに精神的に打ちのめされた。それは十年間の栄光の夢の終わりであり、ソ連を打倒して、東欧で民主主義を支援するという大胆な発言をすべて帳消しにした。再選されたばかりのアイクは、十一月八日に国家安全保障会議を開いた。「大統領は、われわれにとってこれはたしかに苦い薬だといった」と議事録にはある。「われわれに本当に建設的なことがなにかできるだろうか？　ソ連との外交関係を断つべきだろうか？　その行動でなにが得られるだろう？　ソ連は気にしない。すべてが信じられないほど衝撃的だった」。政治戦のもっとも重要な部分は、世界が見る自由の勢力としてのアメリカのイメージであり、その理想がいま東欧とその先で傷ついていた。クレムリンの力を消滅させ、囚われの国々を自由にして、彼らを西側の抱擁に引き入れるというアメリカの構想は、一世代のあいだ消え去った。二十五年たってやっと、アメリカはヨーロッパの半分にたいするソ連の支配に挑戦する方法を見いだすことになる。

しかし、アイゼンハワーは一九五七年一月に二期目の任期のため宣誓する前にすでに、第三世界でソ連と対決する準備をはじめた——第三世界とは、ラテンアメリカやアフリカ、アジア、中近東の開発途上国のために新たに作られた言葉で、その多くはアメリカあるいはソ連と同盟を結んでいなかった。彼はずいぶん以前に、もっとも有名な冷戦の理論を開陳していた。もしドミノを一列に並べて、いちばん最初のを倒すと、最後のドミノもたちまち倒れてしまう。そして、アイゼンハワーはいまや世界中でドミノがぐらぐらしているのを目にした。彼はとくにレバノンから日本にいたる諸国の親米政府を支援することに注意をはらった。そして、インドネシアからイラク、カリブ海の島々まで、共産主義に共感している疑いのある指導者たちを打倒しようとした。

彼はすぐに、アラブ人と彼らの石油にかんする「アイゼンハワー・ドクトリン」を発表した。「ソ連の支配者たちは長いこと、中東を支配しようと努力してきました。それはロシア皇帝についてあてはまり、ボルシェヴィキについてもあてはまります」。と彼は議会へのメッセージのなかでいった。「われわれは露骨な軍隊によるハンガリーの征服を目にしたばかりです。それにつづいて……国際共産主義は目に見える成功を必要とし、もとめています」。彼はアメリカに好意的な中東の国々を保護し、防衛するために二億ドルを要求し、認められた。彼はアメリカ軍部隊が侵略にたいして彼らを守ると誓い、翌年、レバノンに陸軍と海兵隊を派遣した。しかし、大統領は個人的には、中東に民主主義に類するものが根づくことをあきらめていた。「もし行ってこのアラブ人たちと暮らしてみたら、彼らがわれわれの自由あるいは人間の尊厳という考えかたをまったく理解できないことに気づくだろう」と、彼はのちに国家安全保障会議で語った。「彼らはなんらかの形の独裁権力のもとであまりにも長いこと暮らしてきた。彼らが自由な政府をうまく運営できるなどとどうして期待できるだろう？」。

アイゼンハワーはインドネシアのスカルノ大統領に怒りを爆発させた。このイスラム教徒は、八千万人の国民を統治し、おそらく二百億バーレルの未開発の石油の上に座っていた。アイクから見れば、スカルノは、アジア、アラブ、そしてアフリカの国家元首二十九人を集めて、非同盟諸国の同盟を作ろうと提案したことで罪を犯した――NATOとワルシャワ条約機構の両方から離れた、第三世界の第三の道を。これはホワイトハウスにとってとても耐えられなかった。人はアメリカの味方か、敵か、どちらかなのだ。CIAはスカルノの暗殺を考慮したが、工作員がみごとな一発をお見舞いできなかったので、その考えを捨てて、かわりに彼の政敵に資金を提供しはじめた。一九五七年七月、アイクは、インドネシアの首都ジャカルタでCIAの中近東部門の長と話し合うために派遣したNSCの信頼できる補佐役からの報告を受け取った。その要旨は厳しいものだった。当時、インドシナと呼ばれていた地域のアメリカの同盟国――南ヴェトナム、韓国、台湾、ラオス――はほとんどすべて、不人気で腐敗した独裁者にひきいられていた。しかし、スカルノの問題はまたべつだった。彼はきわめて人気が高く、選挙によってインドネシアを左のほうに導いていた――投票箱による転覆工作である。アレン・ダレスはそれを許すつもりは毛頭なかった。彼はNSCのために不吉なテーマ曲を奏でた。スカルノは共産化しつつあり、もはやあとには引けない段階に来ていて、もしインドネシアが陥落したら、インドシナ全体が危機にさらされると。九月二十五日、アイゼンハワーはクーデタを仕掛ける許可をＣＩＡにあたえた。

その三日後、ボンベイの英字週刊誌《ブリッツ》が、「アメリカのスカルノ転覆計画」という大見出しをトップに掲げた。同誌の編集員たちは、ＫＧＢからのほのめかしにとりわけ影響を受けやすかった。それにつづいたのは、ＣＩＡの冷戦史上もっとも支離滅裂な工作で、中立国の無辜の市民と、同国の強固な反共産主義の軍隊にたいする爆撃と機銃掃射で終わった。軍の精鋭指揮官たちは、アメリカで訓練を受け、〈アイゼンハワーの息子たち〉と自称していた。一九四〇年代後半から局のために働いているポーランド人募集者たちが搭乗するＣＩＡの空軍は、あやまって五トン分の武器弾薬と札束をスカルノの部隊の手中に投下した。ＣＩＡのパイロットたちは意図的に何百人という民間人を殺し、イギリスの貨物船一隻を沈めた。混乱した隠密工作はインドネシア人なら誰もが知っていたが、アメリカ国民はほとんど知らず、一九五八年六月につぶれるまで、六カ月間つづいた。ダレスはこの惨事の重大さを大統領から隠そうとし、それは部分的に成功したが、この工作はフランク・ウィズナーの最後の努力となった。彼は極東の派遣勤務から戻ってきて、正気を失った。診断は精神病的躁病で、治療は六カ月間の電気ショックだった。彼は廃人となって出てきて、ダレスは彼にロンドン支局長という閑職をあたえたが、アメリカの政治戦の元帥としての彼の十年間は終わった。

彼の後釜は、一九四〇年代後半と一九五〇年代前半にＣＩＡの金庫に資金を吸い上げた〈マーシャル・プラン〉の管理者、リチャード・ビッセルだった。彼は一九五六年に、Ｕ－２スパイ機をたった二年で製図板から滑走路に押しだしていた。ソ連領上空を飛行するＵ－２機のきわめて重要な任務は、「ミサイル・ギャップ」――ソ連が核兵器の面でアメリカを追い越しつつあるという扇動的な主張――が嘘であることを証明することだった。眼鏡をかけたビッセルは、超裕福な保険会社の大物の御曹司で、アメリカの権力層の実例であり、金とマシーンの管理にすばらしい才能を発揮したが、その名門の血筋には凶暴な色合いがあった。彼は一九五九年一月一日、政治戦の指揮官（コマンダンテ）の任についた。その同日、フィデル・カストロがキューバで権力を掌握した。CIAは、司令官が共産主義者であることにじょじょに気づきながらも、最初は魅入られたように、それから恐怖を抱き、最後は怒りに駆られて見守っていた。ディック・ビッセルは年内に彼を殺すことを提案した。

フルシチョフとKGBは、アイゼンハワーの第三世界への方向転換に細心の注意をはらった。彼らは、アメリカのしだいに強引になる公然および隠密の工作が、インドシナで勢いを増すのを見た。そこでは、アメリカの特殊部隊とCIAが、ヴェトナムとラオスで影の戦いをくりひろげていた。中東では、アメリカの外交官とスパイが、共産主義の脅威と対抗するためにアラブ人に交じって活動していた。アフリカでは、何世紀ものヨーロッパの征服と支配が苦痛に満ちた終わりをむかえつつあり、宗主国はこの大陸を争奪戦にゆだねることになる。その闘争は、ニクソン副大統領が一九五七年、三週間の視察旅行から戻ったときアイゼンハワーにいったように、「自由主義諸国と国際共産主義間の戦いにおける決定的要素」になる可能性があり、彼はヨーロッパにおけるアメリカの共産主義封じ込め政策をアフリカでも強力に適用するよう強く提言した。一九四〇年代後半以降、アジアとアフリカでは全部で三十カ国以上の新生独立国家が誕生していた。クレムリンとホワイトハウスは、そのほとんどすべてで、支配権を争う心構えをしていた。両陣営とも、帝国の軛（くびき）をかなぐり捨てようとする民族解放運動に特別な関心をはらっていた。理想の世界では、アイゼンハワーはそのいずれにもアメリカ独立宣言の理想を結びつけることができただろう。毛沢東ですらアメリカ独立戦争の精神について多少知っていたからだ。しかし、毛沢東は執拗に好戦的で、フルシチョフをスターリンの冷酷さと無慈悲さのほうへ押し返した。方針を転換してハンガリーを叩きつぶすようフルシチョフを説得するのに手を貸したのは、毛沢東だった。ヴェトナムのホー・チ・ミンを支援するよう強要し、反帝国主義の名においてアフリカやアジア、ラテンアメリカに武器をあたえるようフルシチョフに迫ったのは、毛沢東だった。やがて毛はクレムリンにとってさえあまりにも暴君すぎることがわかった。彼らのふたつの国は、一九六〇年代末に、戦争の一歩手前まで来ることになる。

　ＫＧＢはアイクの再選後、対米戦略を少し変更した。その指導者たちは、アメリカ人が政治戦では素人で、とくに欺瞞術では経験にとぼしいと判断したからである。九年間の潜入活動の末に一九五七年六月、ニューヨークで逮捕されたルドルフ・アベル大佐というソ連スパイは、ＦＢＩの尋問官に、アメリカの情報機関は「赤ん坊の靴」で歩いていると語っていた。一九五四年から一九五八年までスパイ機関を動かしていたイワン・セーロフと、セーロフがソ連の軍情報局ＧＲＵの指揮をとるため異動したとき後任となったアレクサンドル・シェレーピンの二代のＫＧＢ長官も、それと同意見だった。彼らは協力して、クレムリンの諜報能力を変貌させた。アメリカ国内のソ連の諜報活動は一九五〇年代後半には低調だった。縮小したアメリカ共産党内の支援システムが消滅し、その地下組織網はＪ・エドガー・フーヴァーの対敵諜報捜査官からの激しい圧力に直面していたからである。ＫＧＢはアメリカを弱体化させる新しい局、Ｄ局を創設して、グレートゲームをつぎのレベルに持っていった。

「Ｄ」は、「ディーツィンファルマツィヤ」の頭文字である。このロシア語は、一九五二年版の『大ソヴィエト百科事典』では、「世論を惑わすことを意図した虚報の流布（新聞、ラジオなど）」と定義されている。Ｄ局つまり〈偽情報局〉は、世界初のフェイクニュースの工場だった。同局は、公式文書に見せかけた多種多様な偽のアメリカ政府書類を作成し、それを海外の新聞雑誌と放送媒体にばらまく仕事に取りかかった。ＣＩＡは最終的に三十二件のこうした作り話を耳にした。Ｄ局が一九五七年から一九六一年のあいだに作りだしたもののごく一部である。「これらの一部は狙いすました一撃だった」と、ＣＩＡのある分析官は指摘している。そして、それ以外は長期にわたる攻撃だったが、そのすべてがアメリカを、帝国主義の侵略者、世界平和への脅威として描いていた。最良のプロパガンダと同様、作り話のいくつかは厳然たる事実を中心にできていた――アメリカがインドネシアを転覆させようとしている、という非難のような事実を。その目的はアメリカを中傷し、アメリカと同盟国との結びつきを弱めることだった。一九六五年の研究で、CIAはD局の狙いが三つの内容からなると想像した。第一は、自分たちの政府の冷戦部門――とくにCIAとFBI――にたいするアメリカ議会とアメリカ国民の信頼をそこなうこと。第二に、ヨーロッパにおけるアメリカの名声を傷つけ、「それによって、NATO同盟の崩壊に直接寄与すること」。そして、第三に、第三世界にアメリカにたいする不信を植えつけること。それから三十年間のD局の熱心な活動は、ウラジーミル・プーチンが二十一世紀に仕掛けた政治戦の世界的ネットワークにとって、強力で不変の手本となった。

欺瞞のドクトリンはモスクワではまだ完成されていなかった。将来のソ連の指導者、ユーリ・アンドロポフは、十年後、KGBの序列のトップに登りつめたとき、その仕事を引き受けようとすることになる。しかし、クレムリンのスパイたちは、CIAのスパイ同様、すでに全世界でニュース媒体を支配していた。ボンベイの《ブリッツ》は、お気に入りの媒体だった。KGBがひねり出した同誌の記事は、とくにソ連とその同盟国が運営する国際通信社にしばしば取り上げられ、広められた。《ブリッツ》は一九五八年と一九五九年に偽のスクープを山ほど提供した。ある偽スクープは、日本の軍隊をアジアのいかなる場所でも使用することを許可するフォスター・ダレスと日本の岸信介首相――実際にはCIAのエイジェント・オブ・インフルエンス、つまり政界やマスコミ、学界や圧力団体にアメリカの利益になるような影響力を行使できる要人だった――とのあいだの密約について述べていた。べつのスクープは、インドネシアのスマトラ島に核兵器基地を建設するアメリカの計画を暴露すると偽って報じていた。フェイクニュース製造屋が作りだした最大のスクープは、ネルソン・ロックフェラーからアイゼンハワー大統領に宛てた偽の手紙だった。ロックフェラーはアイゼンハワーのもとで心理戦担当の特別アシスタントをつとめ、のちにアメリカの副大統領になった。この大々的に広まった痛烈な攻撃としての偽手紙のなかで、資本主義の象徴である超大富豪のロックフェラーは、経済援助をトロイの木馬として利用して、海外でアメリカの軍事および政治支配を確実にする世界征服計画をごり押ししていた。それから数年、こうした巧妙な偽造がさらに多く出回ることになる。KGBは一粒の真実を取り上げて、その上にねじ曲げられた嘘の塔を築くことができた。

CIA自身のニュースとプロパガンダ活動は、一九五〇年代に巨大に成長し、アメリカのイメージを国内外できらびやかに見せた。その国内部門は、偽情報の製造よりも情報操作により多くをたよった社会的ネットワークだった。その目標は、マスメディアの力をつうじて、意見を押しつけるのではなく、世論を微妙に形成することだった。メディア企業の多くの長たちや少なくない数の記者が協力した。アレン・ダレスには、CBSニュースや《タイム》、《ニューヨーク・タイムズ》を動かす、影響力があって影響を受けやすい友人がいた。《ニューヨーク・タイムズ》の発行人のアーサー・ヘイズ・サルツバーガーは、彼らの職業的関係を隠す合意に署名して、グアテマラの正当に選出された大統領にたいするCIAの一九五四年のクーデタの秘密を守るために、《タイムズ》の記者を同国から引き揚げさせるなど、進んでダレスに個人的な便宜をはかった。これらの影響力のある報道機関は、ABCニュースや《ウォール・ストリート・ジャーナル》、《ニューズウィーク》誌、AP通信をはじめとするほかの十数社とともに、表裏でCIAのために働くジャーナリストをそれぞれすくなくともひとり名簿に載せていて、彼らの担当編集者は身内の記者がしばしばふたりの主人に仕えていることを知らなかった。海外で働く有資格の特派員やフリー記者のうち、何百人ではないにせよ何十人かが、覆面CIA局員か、現地で募集された工作員だった。

ジャーナリズムは諜報活動にとって完璧な隠れ蓑だった。スパイは記者を、記者はスパイをつとめることができた。この時代、もっとも広く読まれた外交問題コラムニストで、その著作が《ニューヨーク・ヘラルド・トリビューン》や《ニューズウィーク》、《サタデー・イヴニング・ポスト》に掲載されたジョゼフ・オールソップは、一九五〇年代、CIAのたっての願いでフィリピンとラオスで任務を遂行して、読者だけでなく同局にも報告し、彼の著作はつねに同局の考えかたを反映していた。一九五七年、CIAは同性愛者であることを隠していたオールソップを守るのに手を貸した。彼はモスクワのホテルの部屋でハンサムなKGB将校によって罠にかけられ、その現場の写真を撮られたのである。その二十年後、彼は自分がCIAの創始者たちに仕えたことを誇らしく思うと語った。彼らは親友で、同じジョージタウンのマティーニのピッチャーから酒を飲んでいた。「ディック・ビッセルは子供時代からのいちばん古い友だちだった」と彼は記者のカール・バーンスタインに語った。「あれは人づきあいだったんだよ、きみ。わたしは一ドルも受け取っていない。秘密の契約にサインもしていない。必要はなかった。……わたしはそれが正しいことだと思ったとき、彼らのためにそれをやってきた。わたしはそれを市民としてのつとめと考えている」。

CIAの国際プロパガンダ部門は、世界中でざっと五十の新聞やラジオ局、雑誌、通信社を所有あるいは金銭の面倒を見て、海外のほとんどすべての重要な首都で事件の独自の見解を発表していた。アイゼンハワー政権の英国大使で、億万長者のジョン・ヘイ・ホイットニーがCIAのたっての願いで創設したロンドンを拠点とするニュース通信社、〈フォーラム・ワールド・フィーチャーズ〉は、アメリカと世界両方の聴衆のために、ばりばりのタカ派の記事を売りこんだ。アメリカの有名出版社は一九五〇年代と一九六〇年代前半に、CIAが資金を出した、あるいは制作した英語の書籍を二十数冊、出版した。もっとも有名な例は、〈ダブルデイ〉社の『ペンコフスキー機密文書』で、ひそかにCIAのために働いていたソ連スパイの日記とされるものだった。このベストセラーは、アレン・ダレスを親友と見なす世渡り上手な記者のフランク・ギブニーと、CIAのために働いていたKGBの亡命者ピーター・デリアビンによって、CIAの記録からでっち上げられたものだった。物語の主人公は実在の人物だった——彼はソ連に捕らえられ、処刑されていた——が、スパイが日記をつけるという発想は、考えてみれば馬鹿げていた。当時はほとんど誰もそれを考えなかったが。もっとも影響力のあるメディア企業のトップ編集者や発行人と、そこに所属するひと握りのジャーナリストたちは、CIAと協力することは犯罪ではないと信じていた。CBSニュースの社長で、一九五四年から一九六一年までCIAと同社との接点であり、のちに〈ラジオ自由ヨーロッパ〉の社長になったシグ・ミケルスンは、「当時は正常な関係」だと考えた。「冷戦の絶頂期の話で、わたしは通信媒体が協力するのは当然だと思っていた」。アイゼンハワーのアメリカでは、まちがっていても正しくてもわが祖国という考えかたは、ニュース編集室と役員室では支配的な観点で、その見解はヴェトナムでの戦争がそれを打ち砕くまで強く残っていた。

アイゼンハワーは大統領職の任期が終わりに近づくなかで、ソ連との平和な共存の理想を推進するためにできることをやりつづけた。彼は一九五九年九月、フルシチョフをアメリカに招待して、ふたりはキャンプ・デイヴィッドで三日間話し合い、晩には西部劇を見た。おおやけの場では、彼らは社交辞令をかわしあった。内輪では角を突き合わせて、合意点を模索した。大統領は憂鬱そうに、自分は「核戦争を恐れているし、わたしが思うには、誰もがそうあるべきだ」と語った。「先の大戦では、自分には巨大な軍隊を指揮してわくわくする瞬間があったかもしれないが、いまや戦争は生存のための戦いにすぎなくなっている」と彼は語った。輝ける栄光のあの日々は、人間の愚かさによって特徴づけられる暗黒時代に変わってしまった。

フルシチョフは、好調のうちに幕を引こうとした。彼は、自分とアメリカとの関係において「気圧計がどこを指しているのか――晴れか、変化か、嵐か」はわからないが、「天気がよく、なにもかもが花開く」五月にロシアをふたたびおとずれるようアイゼンハワーを招待したい、といった。「美しい景色と花咲く木々のすばらしい香りが、話し合いで大統領と自分の力になってくれるかもしれない」と。アイゼンハワーはよろこんで承諾した。

しかし、冷戦の雪解けの望みはすべて、一九六〇年のメーデーに消えた。ソ連がロシアの大地上空でU-2機を撃墜し、パイロットを生け捕りにしたのである。アイゼンハワーは偵察飛行を終わらせたいと思っていた――彼はそれが第三次世界大戦の引き金を引きかねないと何年も恐れていた――が、ディック・ビッセルが航空機の運航を指図する航空交通管制官で、彼は最後の一回の任務を強くもとめていた。アレン・ダレスは何年も大統領に、そうした大惨事は起こりえないと説得していた。U-2機の最後の任務は、「ミサイル・ギャップ」の誤った争点を終わらせることを目標としていた。民主党の大統領候補、ジョン・F・ケネディ上院議員は、アイゼンハワー政権と共和党の対立候補であるニクソン副大統領を攻撃するために、その争点を利用していたからだ。NASAは、同機が気象データを収集していたという作り話を発表した。作り話は、フルシチョフがパイロットと機体の残骸、そして同機が撮影したソ連の航空基地と戦闘機のフィルムを差しだすと崩壊した――フルシチョフがいったように、アレン・ダレスが天気予報官ではないことを証明して。国務省はべつの嘘を発表し、大統領は飛行を許可していなかったといった。これは最終的にアイゼンハワーにとって荷が重すぎた。彼は五月九日、大統領執務室（オーヴァル・オフィス）に入ると、秘書に辞任したいと漏らした。アイクは引退後、こう回想した。「われわれがその嘘のためにどれほど高い代償をはらわねばならないのか、わたしは理解していなかった」。

撃墜は世界の目の前でアメリカに恥をかかせ、嘘というボディガードがアメリカの政治戦をもっともらしく守ることができるという考えを打ち砕いて、大統領がアメリカ国民をあざむいていたことを民衆にはじめて証明した。フルシチョフはアイゼンハワーを嘘つきと呼び、和平会談の計画をお払い箱にした。アイクの首席科学アドバイザーは、大統領が悲しみに沈んで、冷戦を終わらせる「彼の努力を、愚かなU－2騒ぎがすべて台無しにしてしまった」と語り、「いまや大統領任期が終わるまで、自分にはやりがいのあることはなにひとつ残されていない」と嘆くのに、耳をかたむけた。彼の悲しみはじきに、くすぶりつづける怒りへと変わった。

彼は憤慨し、疲れはてて、床につく前には倍の量の睡眠薬を飲んだが、安らぎを見いだすかわりに悪夢になやまされ、真夏ごろには、人を殺したい気分になっていた。彼はつぎの大統領がべつのやりかたで受けつぐかもしれないごたごたの一部を片づけはじめた。八月、彼はCIAにキューバへの準軍事侵攻作戦の計画立案に取りかからせ、作戦に千三百万ドルの予算を承認した。そして、カストロの除去と、カリブ海の政治的バランスを取るために、ドミニカ共和国の右翼独裁者ラファエル・トルヒーヨ大統領の処分に、すくなくとも暗黙の承認をあたえた。「除去」と「処分」は、ドワイト・アイゼンハワーとアレン・ダレスが政治的暗殺について話すとき使う婉曲表現だった。大統領は、八月十八日の国家安全保障会議の会合で、コンゴの新首相パトリス・ルムンバを排除する命令を出したとき、もっと歯に衣着せなかった。

アメリカの政治戦はじきに最高潮に達することになる。しかし、任期の最後にアイゼンハワーは、自分が莫大な困難を自分の後継者に残そうとしていると、無念そうにいった。

第4章　西側最後の希望

ドワイト・デイヴィッド・アイゼンハワーとジョン・フィッツジェラルド・ケネディはふたりきりで、一九六一年一月十九日の午前、権力の聖火が渡される日の前日に、大統領執務室(オーヴァル・オフィス)で会った。大統領は、JFKことジョン・F・ケネディの心を打ちあけられる親友ではなかった。JFKは、前年十一月の選挙で、ニクソン副大統領に、総投票数約六千九百万票のうち十一万八千五百五十票の差で勝利していた。この差は、ロシア人が冷戦に勝ちつつあるというケネディの巧みな弁舌によるところが大だった。アイクは、核戦争を開始するための秘密手順と隠密工作の策略を、第二次世界大戦中は海軍中尉だった若者にひきつぐ五つ星の将軍だった。

彼らはいっしょに執務室を出て、閣議室で新旧の国務長官、国防長官、財務長官と落ち合った。ケネディはCIAのキューバ侵攻計画の問題を取り上げた。九日前、《ニューヨーク・タイムズ》の一面大見出しは、「アメリカ、グアテマラの秘密空陸基地で反カストロ軍を訓練。キューバと衝突の恐れ」と高らかに報じていた。アイクは、これはやらねばならないのだといった。アメリカは権力を握ったカストロと共存できないし、それと同時にドミニカの独裁者トルヒーヨもついでに処分すべきだと。その瞬間、CIAが発送した小火器入りの外交行嚢は、ドミニカ共和国へ向かう途上にあった。そして、ちょうど同時刻、退陣させられたコンゴの首相で、アイクの怒りに焚きつけられたCIA後援のクーデタの標的となったパトリス・ルムンバは、むさ苦しい監獄で殺されたばかりだった。

ケネディは世界でもっとも強力な政治戦組織を受け継いでいた。しかし、彼は四十三歳で、かつて選出されたなかでもっとも若い大統領であり、彼の経験不足は、宣誓就任してまもなく、その指揮ぶりの不安定さに現われた。彼の極度のうぬぼれは、ピッグズ湾侵攻作戦によって打ち砕かれた。失敗に終わった作戦は、アメリカが軍と情報機関と外交力を連係させられないことを露呈した。奇襲攻撃が挫折して、CIAのキューバ人のうち百十八名が殺され、千二百二名が捕虜になってから一週間後の四月二十七日、ケネディは苦しまぎれに、そうした国事におけるアメリカの行動のしかたと、ソ連のやりかたのあいだの相違点を指摘しようとした。

「われわれは世界中で、一枚岩の容赦ない陰謀と対峙させられていますが、そうした陰謀は主として秘密の手段をたよりに影響力の範囲を拡大しています——侵攻ではなく浸透によって、選挙ではなく転覆によって、自由な選択ではなく脅迫によって、昼の軍隊ではなく夜のゲリラによって」と、彼はアメリカ新聞発行者協会を前にした演説で語った。「それは、膨大な人的物的資源を徴発し、軍事や外交、諜報、経済、科学、政治の活動を結びつけた、緊密で高効率の機関を作りだすシステムなのです」。大統領は自分の考えと不安を提示していた。彼はいまや、アメリカ側の機関が緊密とはいえず、至急オーバーホールを必要としていることを知っていた。

クレムリンはJFKを腰ぬけと判断していた。彼は六月にウィーンでフルシチョフと首脳会談を開いたとき、完膚なきまでに敗れた。ソ連の指導者は好戦的で、敵意に満ち、無愛想に大統領に異議を申し立てた。ケネディはフルシチョフがピッグズ湾事件のせいで自分を叩きのめしたといった。なぜなら、あんな騒ぎにかかわるほど若くて経験不足な大統領なら簡単にあしらえるし、騒ぎにはまりこんで、それをやり抜けない人間には胆力がないと考えたからだ。これは的確な評価だった。フルシチョフはすぐさまベルリンの壁を建設する計画――すでに数百万人が共産主義の東ドイツから西側へ逃亡していた――を推し進め、一年もたたないうちに、西半球の革命のための発射台としてキューバを守るために、船で核兵器を送りだしていた。

JFKは隠密工作を放棄するどころか、CIAの準軍事作戦の監督権を三十五歳の弟、ロバート・F・ケネディ司法長官の手にゆだね、三年たらずで百六十三回もの作戦を仕掛けた。平均すると週一回で、アイゼンハワーが八年間で実施したのとほぼ同じ数である。ケネディ兄弟はカストロを照準の十字線にとらえ、アイゼンハワーのホワイトハウスが最初に開始した暗殺計画を実行に移した。彼らはもっとも強引な秘密作戦を、政治戦に欠かせない武器として、世界が見ている前でアメリカの戦力と影響力を投射し保護するためのカタパルトとして、そしてアメリカが東南アジアや中央アメリカ、アフリカで直面しているエスカレートする戦いの魔法の銃弾として活用した。

ソ連は同じことをした。KGBで生まれたドクトリンは、米ソ間の戦争は第三世界の戦場で戦われ、勝敗が決まるだろうというものだった。ウィーン首脳会談のすぐあとに、KGB長官のアレクサンドル・シェレーピンは、「世界のさまざまな地域でアメリカとその同盟国の注意と力をそらすのに役立つ状況を作りだす」ための、息を呑むほど野心的な計画をフルシチョフに送った。計画の重要な部分は、アフリカ、アジア、そしてラテンアメリカの民族解放運動を、ワシントンとのより大きな闘争の一部として利用して、「親欧米派の反動的政府にたいする武装蜂起」の口火を切ることだった。アフリカほど革命と反革命の機が熟した場所はほかになかった。過去一年だけでも、アフリカの十七カ国が白人の主人たちの鎖から自分たちを解き放っていた。アメリカは植民地主義が崩壊し、混乱が起きるのを目にした。混乱は共産主義を生みだした。つぎのカストロが知らないうちにいつ誕生してもおかしくなかった。どの国も共産主義化しかねないという脅威は、ホワイトハウスではまったく受け入れがたいものだった。

なかでもコンゴは最大の獲物だった。コンゴは一九六〇年代、「冷戦の闘争の中心」だったと、当時アフリカでいちばん新しいアメリカ大使館の政治担当官で、のちにCIA副長官や国防長官になるフランク・カールッチは語った。そして、コンゴは、八人の大統領のもとで継続され、三十年以上つづいた、政治戦の目標だった。コンゴにおけるアメリカの影響力の秘められた歴史は、二〇一四年に機密扱いを解かれた文書で説明されているが、冷戦下でアメリカが軍事や外交、諜報、そして経済的な手段を統合させようとしたとき、なにが起こりうるかをあきらかにしている。アメリカは、アフリカ大陸の礎石であり、広大で戦略的に重要な国の運命を、ひそかにあやつることができた。

コンゴは新興のブラック・アフリカ諸国のなかで最大で、もっとも強力になる可能性を持った国だった。二百六十万平方キロメートル近い面積があり、アメリカの三分の一の大きさがあった。同国は大きな富をかかえていた。世界のダイヤモンドの三分の二、コバルトの半分、銅の十分の一、アメリカの核兵器の芯にあるウラニウム、金と石油とゴムと希土類を。その国民は、二十世紀でもっとも残忍な植民地体制であるベルギーの支配のもとで七十五年間の圧制に苦しんできた。残酷で強欲なベルギーのレオポルド王は、「かつて人間の意識の歴史を傷つけた、もっとも卑劣な略奪品の争奪戦」で、盗めるものはすべて手に入れた、と作家のジョゼフ・コンラッドは書いた。彼の作品『闇の奥』は、コンゴの略奪を起きたとおりに記録した。レオポルドは世界屈指の大富豪となり、彼の子分は何百万人もの人間を殺戮しながら略奪した。同国の支配層はコンゴから採掘した富をむさぼったが、第二次世界大戦は五世紀にわたるヨーロッパの宗主国を打ち砕き、太陽は大帝国の最期の上に沈みはじめた。

ベルギー人は自分たちがこれから何十年も独立を食い止めることができると想像していた。彼らは思いちがいをしていた。ケネディが大統領に就任する一年前の一九六〇年一月、彼らはブリュッセルの会議に少人数のコンゴの指導者をしぶしぶ招集して、自分たちの従順な傀儡をつとめる首相を見つけだすことに賭けた。彼らはそれ以外には権力の平和な委譲のための用意をほとんどしていなかった。入植者たちにとって恐ろしいことに、会議の代表者たちはちょうど刑務所から釈放されたばかりのパトリス・ルムンバを選出した。彼は解放を説いた廉で収監されていたのである。アメリカはルムンバについてほとんどなにも知らなかった。CIAと国務省のファイルには、彼の人生のごくわずかな略伝しか載っていなかった。彼は三十四歳で、郵便局員から転身した政界の熱血漢で、「実際には独立をもとめて叫んだ最初の声」だと、コンゴのアメリカ領事オーエン・ロバーツはいった。「彼はカリスマ性があり、大声で主張するリーダーだった」。彼は自分の考えをマルクスとエンゲルスではなく、ヴォルテールやルソーの読書から得ていた。ロバーツ領事は議会に、ルムンバは彼が戯画化されているような共産主義者ではなく、実際にはアフリカ民族主義者であると証言した。「たしかに、彼は急進派ですが、共産主義者ではまずありえません。ベルギー領コンゴには共産主義の資料がいっさい存在しないからです。あるいは、ひとりの共産主義者も」。ソ連の見かたもこれと一致していた。ルムンバはブリュッセルでソ連の中級外交官のB・A・サヴィノフと面会し、自分の政治運動のためにモスクワからの物質的支援をもとめた。サヴィノフはこの要請を外務省に注意書きをつけて伝達した。ルムンバに共産主義者としての資格はない、彼のイデオロギーは不完全である、と。

それでもアメリカは彼を恐れた。独立の日が近づくと、誰もが固唾を呑んだ。首都レオポルドヴィルにアメリカ大使館を開設するために、代理公使としてロビンソン・マッキルヴェインが派遣された。レオポルドヴィルは激しく渦を巻くコンゴ川の岸に立つ、白い建物と鬱蒼たる緑の熱帯林の街である。彼は上司から明確な指示をなにも受けていなかった。「ほぼ誰も、なにが起きるのか見当もつかなかった」と彼はいった。「アメリカ政府の誰も、世界のこの部分についてあまりよくわかっていなかったと思う」。それは完全に事実とはいえなかった。ロバート・D・マーフィは独立式典でアメリカの代表をつとめた。彼はトルーマン政権のブリュッセル駐在大使で、コンゴにおけるベルギーの支配力をその目で見て賞賛していた。第二次世界大戦中はアイクの首席政治アドバイザーをつとめ、ホワイトハウスでは彼の重要な冷戦アドバイザーのひとりであり、もっと最近では国務省で政治問題を担当していた。彼はのちに、ケネディ、ジョンソン、ニクソン、フォード、そしてカーターの各大統領の情報および外交問題顧問をつとめることになる。コンゴ独立の日には、彼は〈モルガン・ギャランティ・トラスト〉の取締役だった。同銀行は、〈ソシエテ・ジェネラル〉銀行と、莫大な出資金が危険にさらされている複数のアメリカ企業とともに、コンゴの鉱物と鉱山に深い関心をいだいていた。アイゼンハワー政権の国防長官も国務次官も駐ベルギー大使も、全員がビジネス界の大物だったが、その事業ポートフォリオは何百万ドルもの危険にさらされていた。彼らはコンゴで起きようとしていることに強い関心をいだいていた。

　事態は急速に展開した。「独立は六月三十日だった。わたしはその一週間前に到着した」とマッキルヴェインはふりかえった。「われわれは七月四日のアメリカ独立記念日をなにごともなくすごした。なにもかもがばらばらになったのは六日だった」。コンゴの軍隊、〈フォルス・ピュブリック〉は、二万四千名の黒人兵士を擁し、千名のベルギー人将校にひきいられていた。七月五日、その司令官のエミール・ジャンセン将軍は、黒板に布告を書いていた。「独立以前は独立以後と等しい」。しかし、兵士たちは白人将校が立ち去ろうとしている以上、昇進と昇給をもとめていた。そして、ルムンバが即座に階級と給料を上げなかったので、騒ぎを起こした。ベルギー人は国際空港と鉱山を占拠するために、パラシュート部隊を投入した。時計の針を巻き戻すために戦う彼らは、莫大な鉱山の富が眠る広大な南部地方であるカタンガの分離を画策し、その中心地エリザベトヴィルに軍事基地と影の政府を樹立した。ベルギー人たちはカタンガ共和国の樹立を宣言し、彼らがコンゴでお気に入りの政界の実力者、モイーズ・チョンベを大統領に選んで、憲法と国旗と国歌をあたえた。

国連のダグ・ハマーショルド事務総長は、七月後半に大車輪で動いて、国連がかつて遂行したなかでもっとも大規模で複雑な動員である平和維持活動の承認を取りつけた。その目的は、停戦を施行し、ベルギーにその部隊の撤収を余儀なくさせることだった。ルムンバはニューヨークに飛んで、さらなる力強い支援を国連に訴え、それから七月二十七日、あわただしくワシントンをおとずれて、国務省のリーダーたちに経済的技術的援助をもとめた。会談の議事録にはこうある。「首相は、コンゴが植民地の立場を抜けだしたと思ったら、べつの形の独裁政治あるいはイデオロギー的影響の支配下に置かれるようなことは望んではいないと語った。われわれはアフリカ人であり、そうありつづけたいと願っている、と彼はいった」。裕福な旧家の出の国務次官、C・ダグラス・ディロンは、ルムンバのことをぞっとすると思った。「まったく理性的な人間ではない」と彼は鼻であしらった。

ホワイトハウスやCIAの指導者たち、NSCのメンバーたちは、ルムンバを見て大いに失望した。彼らはルムンバをもうひとりのカストロ、コンゴをソ連のクーデタの格好の標的と考えた。アレン・ダレスはアイゼンハワーに、証拠もなしに、ルムンバがモスクワからの命令でベルギー共産党によって引っぱりだされたという想定にもとづくのが安全だといった。ダレスがコンゴ担当の使命をあたえたCIA局員ローレンス・R・デヴリンは長官に、もしソ連がルムンバに針を引っかけたら、彼らはじきにコンゴのダイヤモンド、石油、そしてウラニウムを支配するだろうといった。コンゴをアフリカ全土へ影響力を拡大するための基地として利用し、第三世界全体で力と影響と名声を大いに増大させるだろう。七月二十九日、統合参謀本部はアイゼンハワーにこう報告した。

アメリカは、コンゴにおけるソ連の軍事介入を阻止あるいは敗北させるのに必要となる適切な軍事行動をいつでも取れる準備をしておかねばならない。多国間の行動が望ましいが、一国での行動が必要になるかもしれない。現在のソ連の好戦的ムードでは、ソ連はアメリカが自分たちに対抗することはないと推定している可能性がある。われわれは、彼らに対抗して、打ち負かす準備をしなければならない。彼らがそうした軽率な動きに出るのをふせぐために、われわれはソ連によるコンゴの軍事的奪取を容認するつもりはないことを、彼らに理解させねばならない。

記録者はアイクが八月一日に国家安全保障担当チームにこう語ったと書き残している。「過去十二カ月間、世界は彼が近年思いだせないほどの大きな騒乱を起こしてきた。共産主義者はこれを牛耳ろうとしていて、ある程度の成功をおさめている。［大学生たちは］いまや、共産主義者は一般市民のことを考えているのに、アメリカは時代遅れの体制を支援することに専念しているといっているほどだ」。アメリカにはこの戦いに負ける余裕はなかった。

それから数日で、一万一千名以上の部隊が国連の旗のもとでコンゴに到着した。大部分はアフリカ諸国の軍隊で、ベルギー人をやんわりと追いだすという彼らの任務のなかでは、自衛の場合のみ発砲せよと命じられていた。この任務へのルムンバの信頼は、植民地の圧制者に対抗して権力を確保するための彼の戦いを、欧米が武力で支援しようとしないのを知ったとき揺らいだ。しかも、アメリカが彼に送る予定だった援助はいずれも国連を通すことになっていた。その後、二週間かそこらのあいだに、彼はソ連に軍事援助をもとめようとひそかに決意した。武器や輸送機、トラック、そして通信装備を。

国内はまったくの混乱状態だった。この大混乱のなかに、CIAの新支局長ラリー・デヴリンは飛びこんだ。彼はじきにコンゴの地方総督(プロコンスル)となる。デヴリンはひじょうに活動的で、強烈な異彩を放っていた。オールバックの黒髪、薄手のダークスーツ、オープンネックのワイシャツ、目を隠す〈レイバン〉のサングラス。三十八歳になったばかりで、世界を股にかけて長年活動してきた。第二次世界大戦ではアイゼンハワーのもと北アフリカとヨーロッパで戦い、一九四九年、まだハーヴァード大学で国際関係の修士号のため勉強中に、マクジョージ・バンディという客員講師によってCIAに勧誘された。(当時、バンディはCIAの隠密工作に資金を提供する〈マーシャル・プラン〉の仕組みを完成させた秘密グループのいちばん若いメンバーだった。この〈外交関係評議会〉グループの秘密会議には、ドワイト・アイゼンハワーやアレン・ダレス、ディック・ビッセル、そしてジョージ・ケナンがくわわっていた。一九六一年一月、バンディはハーヴァードの教養科学部長の職を離れ、ケネディ大統領の国家安全保障担当補佐官になった。)スパイになった当初のデヴリンは、旅行ガイドの執筆者のふりをして世界中を旅してまわった。これは諜報活動の技術にとってはすばらしい隠れ蓑だった。彼の最近の任地はブリュッセルで、外交官として配属され、将来のコンゴへの派遣任務をかかえて、ルムンバを首相にした騒然とした会議を見守っていた。

デヴリンはひときわ頭が切れ、勇敢で、疲れを知らず、不正行為に献身し、まさに彼の職業がもとめるとおりに腹黒かった。彼は自分が、コンゴを乗っ取り共産主義アフリカを建設するための礎として利用しようとするソ連の活動を目撃していると確信していた。「われわれには政治戦を遂行するというきわめて明確な任務があった」と彼は、ほぼ半世紀後、語った。「われわれは合衆国大統領のために活動していた」。任務の精神は、どんどんやれだった。金はいくらかかってもかまわない。あらゆる手段を使ってかまわないし、つべこべいわれることもない。コンゴに到着して数日で、彼はアメリカの外交政策を方向づける力となりはじめた。そして、その政策とは、パトリス・ルムンバの打倒だった。

「ルムンバは左傾化し、共産主義者の影響力は増大中」とデヴリンは一九六〇年八月十一日、電報の切り詰めた簡素な文章でCIA本部に書き送った。「近い将来、彼を阻止しないかぎり、彼は独裁者となり、穏健な反対派を抹殺して、共産主義者に完全に支配されないにせよ、その影響下にある体制を確立するだろう。よってルムンバの失脚は西側の目的に役立つものと思われる……支局の全活動は突貫態勢でこの工作に集中されている」。八月十八日、彼はこう書いた。「ルムンバが実際に共産主義者であろうが、自分の固まりつつある権力を後押しするために、ただ共産主義ごっこをしているだけであろうが、反欧米勢力はコンゴで急速に力を増し、第二のキューバを避けるために行動を起こすのに残された時間はほとんどない」。これが大統領の全面的な関心を引いた。その同じ日、国家安全保障会議の異例の会合が、アイゼンハワーが休暇を取っていたロードアイランド州ニューポートの優雅な海辺の環境で開かれた。ロバート・ジョンスンというNSC職員の記録者はのちに、アイゼンハワーがアレン・ダレスのほうを向いて、ルムンバを暗殺すべきだというのを聞いたと宣誓証言した。水を打ったような静けさがそのあとにつづいた。

その同じ週、おそらくは同じ日に、ソ連のパイロットが、ルムンバの本拠地スタンリーヴィルに輸送機十五機を運んだ。ここは彼にたいする政治支援の中心地で、首都からでこぼこ道を二千六百キロ走ったところにあった。彼らの目的は、コンゴ軍部隊が遂行する、カタンガのベルギー軍にたいする軍事攻撃を支援することだったが、その目的が達成されることはなかった。デヴリンがのちにつきとめたように、その夏、何百名というソ連人とチェコ人がレオポルドヴィルにぞくぞくと到着していた。表向きは食糧をとどけ、経済援助を提供し、ルムンバが省庁を運営するのを手伝うためだったが、実際にはアフリカの心臓部にハンマーと鎌を突き刺すのが目的だった。新ソ連大使がデヴリンの着任と同じ週に、KGBの派遣団三名とともに到着した。外交使節は信任状を提示したあと、フルシチョフからの覚書をルムンバに手渡した。その覚書は、連帯を表明し、コンゴの状況をソ連の初期になぞらえていた。当時、ソ連は、ロシア革命の大成功のあと、アメリカをふくむ外国の兵士に侵略を受けていた。

八月二十七日、ダレスはデヴリンに手紙を書いた。ホワイトハウスの判断によれば、もしルムンバが権力の座に居座ったら、「必然的な結果は、よくて大混乱で、最悪の場合、共産主義者によるコンゴ乗っ取りへの道を開き、破滅的な結果をもたらすだろう。……よって、われわれは、彼の排除が緊急かつ第一の目的であらねばならず、現状下ではそれがわれわれの隠密工作の最優先事項となるべきだという結論に達した」。彼はデヴリンに、この隠密工作のいかなる側面にでも、本部に問い合わせることなく一件につき十万ドルまで支出することを許可した――とほうもない権限の付与である。支局長はすでに彼がいうところの、「いつなにをなすべきかについて、最初の上院議員を買収する時点から、ひとつずつ段階を追った、三ページ分の計画書」を書き上げていた。これらの段階は、政治家の忠誠を買ったり借りたり、ルムンバにたいする議会の問責決議の動議に賛成票を投じるよう買収したり、デモ参加者に金をはらって、彼がレオポルドヴィルのアフリカ外相会議で演説するとき、怒号を浴びせて黙らせたりするだけにとどまらなかった。デヴリンはコンゴの新しい指導者を見つけなければならなかった。

支局長は九月十三日の夜、大使館を出て、ルムンバを探しに大統領宮殿へ向かった。彼はかわりに、軍の正装に身を固めたジョゼフ・デジレ・モブツという痩身の若い軍人に出くわした。モブツは二十九歳で、ベルギー人のもとで昇進できる最高位の階級である特務曹長をつとめたことがあり、一九五六年以降、コンゴでCIAの有給の情報提供者だった。ふたりは以前、選挙の準備期間中にブリュッセルで会ったことがあり、おたがいを詳細に値踏みしていた。優秀なスパイの指先は才能を発見したときうずきはじめ、モブツのほうはひと目で権力を見分けることができた。彼らはすぐさま仕事に取りかかった。モブツ大佐はデヴリンに、軍がルムンバを打倒しようと準備していると告げた――もしアメリカが新しい軍事政権を承認するなら。その場でデヴリンは祖国を代表してクーデタを支援することに同意した。モブツは大胆にも現金で五千ドルを要求し、デヴリンは躊躇なく、明日の朝、渡そうといった。支局長は大使館に戻り、それから午前二時にアメリカの新しい大使、クラーク・ティンバーレイクの邸宅に出向くと、彼を起こして自分がやったことを教えた。

ワシントンの同国人たちと同様、三十歳の経験を積んだ外交局員ティンバーレイクは、コンゴの混乱状態がアフリカに急伸する共産主義戦線を作りだす黄金の機会をソ連にあたえると考えていた。いっぽうで彼は、同僚たちとはちがって、もしベルギー人が混乱状態を打破するという名目で銃を突きつけて植民地支配を復活させれば、ブラック・アフリカは西側から集団で後ずさりする可能性があると知っていた。前例のない非武装の国連活動が成功する可能性は未知数だった。いまここにアメリカが自分の思いどおりに自分たちの体制を押しつける手段があった。大使は支局長にゴーサインを出した。デヴリンはただちにダレスに電報を打って、自分がモブツを雇い入れたことを報告した。モブツには、「もし陰謀で身を滅ぼさなければ」、長期的な「政治活動の可能性」の見こみがあった。CIA長官は大喜びした。彼はつぎの国家安全保障会議の会合で、ウインクと微笑みでちょっとほのめかした。コンゴでクーデタを起こすのは簡単ではないが、行動は開始していると、彼はいった。

コンゴは夏のあいだずっと一面トップニュースのままで、世界の一流外国特派員の多くがレオポルドヴィルの〈レジーナ・ホテル〉に集まっていた。九月十五日の午前零時過ぎ、モブツはホテルで記者会見を招集した。彼はテーブルに飛び乗って、無血クーデタを宣言した。自分を陸軍の司令官と宣言し、国家元首と行政府、立法府を無効にするといった。ルムンバは自宅監禁状態に置かれている、と彼はいった。これはクーデタではなく、平和的な革命だと、彼は主張した。自分の主張をはっきりさせるために、ソ連大使館をぶちこわして、その外交官とスパイを追放するつもりだった。四百八十名のロシア人とチェコ人はペルソナ・ノン・グラータ（好ましくない人物）と宣言され、つぎの飛行機で立ち去るよう命じられた。

デヴリンはCIA本部に最高優先の至急電を送った。彼は興奮のあまり「クーデタ」の符丁を忘れて、かわりに「戦争」の符丁を使用した。これがアメリカ大統領をベッドから引っぱりだした。支局長はそれにつづいてすぐさま、モブツ大佐をささえるための「緊急工作」の計画を打電した。「Aモブツは、ある部隊や将校に金をはらい、部隊の移動に必要なガソリンを供給するために、財政支援を必要としている。B　モブツはフランス語を話せる経済、政治、安全保障アドバイザーを必要としている。C　モブツは保安チームがルムンバと共産主義者に対抗することを望んでいる」。国家安全保障会議は、このすべてと、さらにそれ以上の、武器と弾薬の安定した供給を承認した。アメリカの情報分析官がホワイトハウスのために作成した要旨説明の文書は、不安定なコンゴにいまや本当の権力の中心がひとつできたと結論づけた。「モブツの軍事独裁権力」が。モブツ将軍とCIAはいまや同国を動かしていた。

しかし、ダレスが大統領にいったように、「ルムンバはまだ排除されておらず、依然として重大な危険だった」。CIAのリチャード・ビッセル副長官は、すでに複数の暗殺計画をかかえていたが、デヴリンに、アイゼンハワーが一月二十日に退任する前に、ルムンバが亡き者になっていることを望んでいるとつたえた。ビッセルは、シドニー・ゴットリーブという内反足の生化学者をレオポルドヴィルに派遣した。ゴットリーブはＣＩＡのトップ科学者で、マインドコントロールの手段を探すＣＩＡの研究を主導していた。なにも知らない多数の人間モルモットにＬＳＤを服用させ、自分自身でも百回以上、ドラッグを使っていた。彼の副業のひとつが化学戦だった。とくに毒薬を使って政治指導者を暗殺することだ。彼は注射器と毒物が詰まった小型バッグを持って到着した。計画Ａは、ルムンバの練り歯みがきに毒物を注入することだった。彼は、モブツ陣営内で工作員を見つけてパトリス・ルムンバを殺すよう命じることが、いまやデヴリンの仕事だといった。

「驚いたな！」とデヴリンはいった。「誰がこれを許可したんだ？」

「アイゼンハワー大統領だ」と博士は答えた。

デヴリンは殺人兵器を自分のオフィスの金庫にしまって鍵をかけ、苦悶した。戦争で敵を殺したことはあったが、これは話がべつだった。彼はどうしてもそれをやる気になれなかったが、それを上司にいうわけにはいかなかった。十一月、ビッセルは仕事を片づけるためにさらに二名を派遣した。ジャスティン・オードヌルというＣＩＡ局員と、「ＱＪ／ウィン」という匿名でしか歴史には知られていない殺し屋である。ＣＩＡによってヨーロッパのどこかで徴募された犯罪歴のある外国人だ。デヴリンを支援するために派遣された三人目の人物は、「ＷＩ／ローグ」という無国籍の傭兵で、その履歴書には偽造と銀行強盗がふくまれていた。毒入り練り歯みがき作戦はついに実現せず、やがてデヴリンは小型バッグの中身をコンゴ川の岸辺に埋めてしまった。彼は機が熟したら昔ながらのやりかたで仕事をやるべきだとモブツに提案した——銃弾を使って。しかし、ＣＩＡの暗殺者たちはどうしても標的に近づくことができず、モブツの支持者たちも同様だった。ルムンバは自宅監禁され、陸軍と国連の百五十名の兵士が警護していた——コンゴ側は彼が国連の保護下に逃れるのをふせぐために、国連側は彼がコンゴ側に殺されるのをふせぐために。そして、十一月二十七日の夜に激しい嵐が襲ってくると、ルムンバは見張りをこっそりすり抜けて、スタンリーヴィルへ向かった。

デヴリンは本部に、モブツと協力して道路を封鎖し、彼の部隊に警戒態勢を取らせていると報告した。ルムンバは四日後に捕らえられ、首都に空路つれもどされ、投獄されてぶちのめされた。モブツはやってきて、彼の顔に唾を吐きかけた。一九六一年一月十七日、運命のいたずらで、フランク・カールッチと訪問中のアメリカ上院議員が、彼が生きているのを見た最後のアメリカ人になった。「われわれが昼下がりに歩道のカフェで一杯やっていると、一台のトラックが通りすぎた」とカールッチは回想している。「ルムンバは両手を後ろ手に縛られ、トラックの後部に乗っていた。トラックは空港へ向かう途中だった」。DC-4旅客機が囚人をコンゴ最南端の都市、カタンガのエリザベトヴィルへ、そして彼の敵の手中へと運んだ。カタンガのCIA基地の長は、ルムンバがひどくぶちのめされ、歯をたたき折られた状態で、鎖につながれて飛行機を降り、監獄につれていかれて、白人兵士に見張られていると、デヴリンに打電した。

一月十九日の晩、アイゼンハワー政権最後の一日、CIA基地の長はベルギー人将校が短機関銃の一連射でルムンバを処刑したと報告した。彼の死はモスクワではそれほど深く嘆かれなかった。フルシチョフはモスクワ駐在のルーエリン・トンプスン米大使に、彼の投獄と死はソ連の利益にかなっていると語った。大使はこう報告した。「コンゴにかんして、K〔フルシチョフの頭文字〕はあそこで起きたこと、とくにルムンバの殺害は、共産主義に役立つと語った。ルムンバは共産主義者ではなく、共産主義者になったかどうかは疑わしいと思っていた」。クレムリンの見かたでは、共産主義者が独立を乗っ取る可能性は皆無だった。

ホワイトハウスとCIAはケネディが宣誓就任するやいなや、コンゴの政治的支配のための計画をかためはじめた。CIA本部はモブツに二十五万ドルと、新たな武器供給と、天からの直接指示をあたえた。その指示とは、モブツが玉座の影の権力という役割を演じるべきだというものだった。デヴリンは、ほしい金は全部やるとモブツに保証し、レオポルドヴィルで彼の部隊の金蔓（かねづる）となって、首都と地方で彼の勢力を拡大することになった。手はじめに、CIAはモブツに大統領と首相と閣僚の候補者のリストを送り、彼の承認をもとめる。彼はそれからその厳選された政治指導者たちと会って、自分なしでは要職を得ることも政府を動かすこともできないと告げる。モブツは計画を受け入れた。

デヴリンは上司たちに告げた。「政治情勢は新政府にある種の立憲性を必要とすることに同意。しかし、現実的になるのなら、民主主義的な見せかけで満足する必要あり」。

一九六一年三月三日、ケネディ大統領と彼の国家安全保障会議――アレン・ダレスCIA長官、ディーン・ラスク国務長官、ロバート・マクナマラ国防長官、そしてマクジョージ・バンディ国家安全保障担当補佐官――は、ホワイトハウスにおける二時間の会合で、コンゴのための政治戦の計画を話し合った。JFKはCIAが、コンゴで〈魔法の銃弾（シルヴァー・ブレット）〉計画を促進し、拡大することを望んでいた。魔法の銃弾の弾帯はすでに手元にあった。ダレスは、CIA自身を表わす秘匿名、〈KUBARK〉を使って、ただちにデヴリンに通知した。「三月三日のハイレベルの政策会議で、KUBARKは、「削除」部隊に賄賂を贈るためと、忠誠を確実にする必要があるモブツの特定の部隊への支払いを補うために、資金をついやす権限の再確認を得た」と長官はデヴリンに書いた。「こうした目的のために資金を安全かつ効果的に使うためのあらゆる手段を詳細に調べるよう要請する」。

ケネディ大統領はこうした支払いとその目的を、ごくささいな細部までじゅうぶん承知していた。「先週、大統領からご要望があったとおり、われわれは会合を手配し、その席で、政治指導者たちと政党を支援するわれわれの隠密活動のすべてを大統領と話し合うつもりです。とくに、その会合では、大使と国務省の支持を得た、コンゴ国内の活動への提案が説明されます」とバンディは一九六一年六月十日に大統領に書いた。「そのいっぽうで、このコンゴの提案のうちで、ある小さな側面は、急を要したためすでに提示され、国務省の同意にもとづいて、大統領の不在時にわたしが承認するにいたっております。これはコンゴの穏健派を強化することを目的とした活動を支援するための二万三千ドルの費用です。過去には同じ方面に、同じルートをつうじて、はるかに大きな額が問題なく支出されております」。バンディはデヴリンの判断を信用していたし、それは当然のことだった。彼自身がこの男をハーヴァードの神聖な殿堂からCIAの迷宮へ誘っていたのだから。

CIAは六年間で、モブツを権力の座につけ、そこにとどまらせる政治戦キャンペーンに、文書で立証できるかぎりでは、すくなくとも一千百七十万ドルをつぎこんだ。これは現在の貨幣価値では一億ドル以上にあたる。機密扱いを解かれた冷戦の歴史のなかでは、いまのところ、アメリカからこのレベルの個人的な経済支援を手にした軍事独裁者はほかにいない。デヴリンはケネディ政権の最初の数カ月で、この金のうち百万ドル以上をモブツにとどけた。この金は武器や通信装置、トラック、ジープを購入するために使われた。コンゴの主要な軍および民間の指導者に賄賂を贈るのにまわされた。議会が再招集されたとき、それを支配するための政治連合を金銭的に支援した。プロパガンダや印刷物、放送を制作した。そしてモブツの際限なく増大する私的な要求を満たした。デヴリンはモブツのふたりの親しい同盟者、ジャスティン・バンボコ外務大臣と、秘密警察の長ヴィクトル・ネンダカをCIAの給料支払い名簿に載せることで、彼の政治支配を確固たるものにした。この三人は、彼らが会議を開いた土地の名にちなんで命名された〈ビンザ〉・グループの核だった。このグループが真の政府だった。デヴリンはそのリーダーだった。彼らは国を運営し、次期首相を選ぶ仕事に取りかかった。

デヴリンにはこれでもじゅうぶんでなかった。彼は、どんどんしつこくなり、ときおり怒りに満ちたCIA本部への至急電で、全アフリカにおけるアメリカの外交施策を再考するようもとめた。「コンゴの独立は、結果的に大混乱と、西側にとっては大きな難題、ソ連にとっては状況を自分たちの目的のために利用する好機となっている」と彼は十月十二日に書いた。「非常事態に対処するその場しのぎの〈KUBARK〉工作の時機はいまや、これから先［アメリカが］コンゴさらには中央アフリカで将来取ってもらいたいと願う最終的な国家形態に目を向けた、詳細で組織化された行動計画に取って代わられねばならない。〈KUBARK〉はルムンバ政権の崩壊［と］モブツ・クーデタの成功の主要な功を認められていい」と彼は書いた。しかし、「軍は、法と秩序の維持のための強い力となるかわりに……法を自分の手中におさめ、コンゴ人や外国人を任意に拘束したり、銀行を襲ったり、略奪に走ったりしている」。彼らは「武装ギャングにすぎな」かった。そしていま、ソ連はふたたびこっそりと戻ってきて、コンゴ川上流のスタンリーヴィルでルムンバの補佐役がひきいる分派政治集団をひそかに支援し、大使館を再開して、モブツの多くの敵に軍事援助を提供している。スタンリーヴィルにおけるKGBの進出拠点は、その夏、チェコの情報機関StBと共謀して開設されていた。KGBは、とぎれながら細々と流れる武器の供給ルートを敷き、いっぽうでチェコ側は首都にルムンバの支援者のための隠れ家を用意した。

デヴリンは、アメリカがコンゴで共産主義とそれにつきものの大混乱を阻止するためにじゅうぶんなことをしていないといった。必要なのはもっと大がかりな政治戦の活動で、そのなかには、軍への軍事支援と訓練、航空部隊用の飛行機とヘリコプター、外国援助および食糧計画、道路と橋の建設、もっと強力な外交、プロパガンダ、情報公開活動がふくまれると、彼は主張した——アメリカがあやつれる、入手可能なあらゆる手段が。モブツはアメリカの直接支援を熱心に嘆願していて、デヴリンは彼と同意見だった。彼はモブツが全アフリカにおけるアメリカの外交政策の成功への鍵であり、ソ連との地球的な闘争のための礎だとくりかえし語った。

大統領と、ロバート・ケネディがひきいるホワイトハウスの隠密工作委員会〈スペシャル・グループ〉は、デヴリンの意見に強く賛成した。彼らは十一月、モブツと〈ビンザ〉・グループと彼らが抜擢した表看板のシリル・アドゥラ首相へのCIAの財政支援を拡大した。JFKはさらに、「国内外でアドゥラ首相の政治的イメージを向上させ、彼とそのもっとも近い協力者たちに国内権力の基盤を提供するために」、金とプロパガンダの投入も許可した。デヴリンは、その基盤を築くためには、「多くの人間に袖の下を使う」必要があると報告した。しかし、国務省をつうじて働きかけた彼は、アドゥラがホワイトハウスでケネディ大統領と会談するという招待を取りつけるのに手を貸した。彼は首相をできるかぎり準備させた。一九六二年二月五日の会談は、とりとめがなかった。アドゥラは軍が本来より倍の規模があると長々と愚痴をこぼしたが、自分には、階級を剥奪されるべき、つぶしのきかない何千人という兵士を、どうしたらいいのかわからないといった。

その翌年、デヴリンはできるだけしっかりとモブツをささえ、週に数回、彼と酒を飲み、食事をして、あらゆる金銭の要求に応じた。彼は、モブツがコンゴを混乱から遠ざけておくために必要な政治的軍事的資質を持つ唯一の人物だと、たえずワシントンに報告した。デヴリンはモブツに、いつか彼もホワイトハウスに行くことになると保証した。そして、いくらかの論争のすえに、彼はその招待を手に入れた。もっとも、クーデタの指導者はもちろんのこと、軍司令官がアメリカ合衆国大統領と一対一で会談するのはきわめて異例だったが。二週間の訪問の計画が立てられた。統合参謀本部議長による正装のレセプション、ウェストポイント士官学校の視察、ポトマック川を見おろす森にかこまれた丘に建つ新CIA本部での昼食会、大統領執務室での一時間。最高級のもてなしは、モブツにあたえられた権力を反映していた。

デヴリンは一九六二年に二百通以上の報告書を本部に送った。その要点を、彼と上司たちは一九六三年三月、国務省とホワイトハウスのために要約した。コンゴは独立以来、「多数のほとんど解決不能の問題」に悩まされてきた。それでも支局長と彼が雇った工作員たちは、「アフリカで期待できるどんなものより親米的な政府」を作りだし、ＣＩＡはその政府をひとつにまとめてきた。「多くの場合、経済支援と、アドゥラとその主要な支持者たちへの政治的助言によって、彼らは差し迫った短期的な危機を生きのびることができた。もしそれに失敗していたら、政府の崩壊を招いていたかもしれない」。ＣＩＡは、「一般に政府の広報媒体と見なされている新しい新聞」に資金と情報を提供していた。主要な労働組合にも資金を供給していた。さらに対反乱活動のために準軍事組織を創設した。そして、相変わらず、モブツ将軍とその同盟者を裕福にしていた。ケネディ大統領はそのすべてをみずから承認した。

五月、デヴリンは、ひとつ星の将官に相当するＣＩＡの等級への昇進と、本部の東アフリカ部門の長という新しい職を獲得した。彼はモブツがワシントン訪問から戻ったらすぐに発つつもりだった。彼が離任すると、新しい首席政治担当官である国務省のルイス・ホーファカーがアメリカ大使館に到着した。デヴリンと同様、彼は三年近く、コンゴにいたことがあり、その大半をカタンガのエリザベトヴィルの領事館で勤務した。彼の報告はじつに心引くものだったので、大統領は個人的な状況説明のために彼をワシントンに呼び戻していた。ホーファカーは支局長が作り上げた帝国に強い感銘を受けた。「ＣＩＡはひじょうに大規模で、人目を引いた」と彼は述べた。「彼らはそこらじゅうにいた。政府にも、軍にも、大使館にも。彼らが何者であるかは誰でも知っていた。彼らは中央政府の屋台骨だった」。彼はモブツとの長い会談のあと、それほど感銘を受けなかった。「彼は怠惰な不作法者だった」。そして彼の軍隊は「烏合の衆」だった。「強姦と略奪が彼らの最優先事項だった。彼らはコンゴ国民のためになんの治安も提供していなかった。完全に腐敗して、非効率的であり、モブツもそれと同様で、いちばんはじめから、自分自身のことしか大事にしていなかった」。

一九六三年五月二十三日、モブツはヴァージニア州ラングレーでＣＩＡの長たちと昼食をとった。その日、デヴリンは、コンゴからは最後になるだろうと思いながら報告を打電した。モブツはアフリカにおけるアメリカ最良の友人であり、欠点はあるが、アメリカはひきつづき彼に賭けるべきだ。彼の権力に代わるものはない。その八日後、ケネディ大統領はホワイトハウスで将軍と膝をまじえた。彼はアメリカがさらにコンゴのためにできることをたずねた。直接軍事援助をとどけていただきたい、とモブツはいった――自分の部隊のためにアメリカの訓練、トラック、そして通信機器などの軍需品を。「もし装備をいただけたら」と彼はＪＦＫにいった。「準備ができるでしょう」。しかし、国を立てなおすには三年必要だろう。モブツはまた自分自身のためにいくつかのことをもとめた。フォート・ベニング基地での四週間のパラシュート訓練、フォート・ブラッグ基地の特殊戦学校での二週間、そして司令部専用機、アフリカ版エアフォース・ワンを。大統領はそのすべてとそれ以上をよろこんで提供するといった。水門は開かれた。一九六〇年代にコンゴは約八億ドルの経済援助を受け取った。これはブラック・アフリカのどの国よりも多い。大統領はモブツに、アフリカの自由を維持するために、これ以上のことをした者は世界に誰ひとりいないと語った。「将軍」と彼はいった。「もしあなたがいなければ、すべては崩壊し、共産主義者が乗っ取っていたことでしょう」。モブツはこう答えた。「わたしはできることをやります」。大統領は彼が卓越した仕事をしたといった。九月、モブツと彼の同盟者たちは議会を解散し、戒厳令を布告した。彼らと対立する政党は活動を禁じられ、地下にもぐった。

ソ連はコンゴに新しい外交使節とともに、KGBの新支局長ボリス・ヴォローニンを派遣していた。彼が受けた命令は、追放された野党と協力することだった。彼はCIAによって指さされ、モブツは彼を叩きつぶすことを決心した。一九六三年十一月十九日、ヴォローニンは拘束され、死の一歩手前までぶちのめされて、翌朝、軍事基地内の地獄圏であるンドラ監獄に運ばれた。モブツは真夜中にやってきた。彼の部下たちは被収監者を監獄の中庭に引きずりだし、ソ連のスパイに、これが自白する最後のチャンスだといった。兵士たちはライフルをかまえた。それからモブツは彼の残酷な劇場でこの見世物を中止させた。翌朝、彼はソ連大使館の送電線と電話線を切断して、二年間で二度目となる、大使館の破壊と、職員の追放を命じた。十一月二十一日の朝、ひとりのアメリカ人——おそらく新CIA支局長のベン・カッシング——が、あざだらけで裸足のボリス・ヴォローニンをはげまして、「シベリア送り」の可能性より西側の新生活のほうが好ましいかもしれないとほのめかしたが、失敗に終わった。CIAがKGBと直接顔を合わせる、こうしたスパイ対スパイの対決は、冷戦内部の戦いではめずらしい瞬間だった。

ケネディ大統領はその翌日、ダラスで元アメリカ海兵隊員によって暗殺された。この元海兵隊員はモスクワに亡命し、アメリカに戻った経験を持っていた。信頼できるあらゆる証言によれば、フルシチョフとカストロは震え上がり、KGBは潔白だったが、この暗殺はいまも想像力をかき立て、何百万という人々にとって、大統領殺害はアメリカ史のブラックホールでありつづけている。暗殺直後、ジョン・マコーンCIA長官は、カトリック信者仲間のロバート・ケネディに、キリストの神聖な血と肉の名において、自分の局は大統領の死にかんして潔白であると誓わねばならなかった。

リンドン・B・ジョンソン大統領に受け継がれたJFKの多くの遺産のなかには、サイゴンからスタンリーヴィルにいたる、第三世界全体に広まりつつある共産主義との対決があった。政府の最高レベルでは、マコーンやラスク国務長官のような人間たちは、アメリカがアフリカで民心獲得工作の競争に負けつつあると心配していた。ラスクは世界的な分割統治工作を提言した。彼は、ブラック・アフリカとアラブ世界の「イスラム教徒の奴隷商人」とのあいだに「ひそかに憤りをうながし、煽り立てるために、CIAが可能なすべてのことをやる」ようもとめた。マコーンは、「われわれがあたえている秘密支援は、戦いの潮目を変えている」とラスクに保証した。

しかし、クレムリンとKGBは、アルジェリアから南アフリカにいたる各国政府や解放運動と緊密に協力しつつあった。南アフリカでは、共産党の秘密党員だったアフリカ民族会議のネルソン・マンデラが、一九六二年に逮捕され、終身刑をいい渡されていた。（ダーバンのアメリカ副領事の偽装身分で活動していたCIA局員のドナルド・リカードは、彼の拘束につながる秘密情報を南アフリカ政府にあたえた。彼はのちにマンデラを、ソ連をのぞけば世界でもっとも危険な共産主義者と呼んでいる。）一年前、ソ連はモスクワに国際マグネット・スクール〔魅力的なカリキュラムで広く生徒を集める学校〕として、パトリス・ルムンバ大学を創設していた。KGBが学校を監督し、その局員がアフリカや中東、ラテンアメリカにおける将来の戦いのために有望な若者を募集して、訓練した。ソ連は一九六四年六月に国連平和維持軍が撤収すると、コンゴで反クーデタのために、ルムンバの信奉者に武器をあたえようとして、ある程度の成功をおさめていた。政府の腐敗ぶりに怒り、殺された首相の名において権力を奪取することを夢見たこの支持者たちは、スタンリーヴィルを拠点とした人民共和国を樹立することを目標としていた。規律の乱れたモブツの軍隊は、装備が貧弱で、その脅威に対抗できなかった。広く共有された恐怖を口にした国防総省の特殊作戦指揮官のポール・アダムズ将軍は、統合参謀本部に、反乱軍の勝利は共産主義者が支配するブラック・アフリカへと一直線につながるだろうと書いた。筋金入りの外交官のアヴレル・ハリマンは、いまや政治問題担当の国務次官だったが、コンゴへおもむき、アメリカの軍用機を大至急とどけると誓った。リストには、世界のこの部分ではそれまで一度も見たことのない兵器もふくまれていた。B‐26爆撃機、ヘリコプター、そして対ゲリラ任務のための五〇口径機関銃やロケット弾、五百ポンド爆弾を搭載した軽飛行機。デヴリンがこの空軍の指揮官になる。

LBJことジョンソン大統領は、ベテラン外交官のG・マクマートリー・〝マック〟・ゴドリーを新大使に任命し、ゴドリーは三月に着任した。カントリー・チーム〔外国のある国で諜報作戦を担当するチーム〕の中心は――ゴドリー、CIA支局長カッシング、そしてなみはずれて博識な副支局長で、ハーヴァード大学を四九年に第二位優等で卒業したチャールズ・コーガン――全員が本部からデヴリンの指導の助けを得た。彼らは新しいお飾りの首相で、ベルギー人のお気に入りであり、かつてのカタンガの帝王、モイーズ・チョンベと協力した。（「チョンベはほとんど外部の支援を得ていなかった」とコーガンは半世紀後に書いた。「たとえば、ほかのアフリカ諸国は彼とかかわることを拒否した」。）アメリカはいまや、スタンリーヴィルの反政府勢力にたいして展開する準備のできたすばらしい兵力を有していた。増大するCIAの準軍事チームは、何百人という白人傭兵と協力していた。その大半は南アフリカとローデシアの人種差別政権の出身で、有名なコマンドー隊員の〝マッド・マイク〟・ホアにひきいられていた。コンゴ国内のCIAの空軍は、衝撃と畏怖をあたえる力を持っていた。パイロットにはCIA局員と請負業者、そしてピッグズ湾事件のキューバ人ベテランがふくまれていた。六月、モブツはアメリカ人パイロットふたりを説得して、三日間、反政府勢力の陣地を攻撃させた。統合参謀本部は、アメリカ人がアフリカ人にナパーム弾を投下している事実に国務省が嫌悪感を表明すると、きっぱりと撥ねつけた。

七月後半には、スワヒリ語で「ライオン」を意味する〈シンバ〉と自称していた反政府軍の最強勢力がスタンリーヴィルを包囲し、何百人というアメリカとヨーロッパの傭兵は、少数のアメリカ領事部とともに、彼らのなすがままになっていた。ゴドリー大使はアメリカ領事のマイク・ホイトに砦を死守するよう命じた。これは判断ミスだったことがわかった。ホイトとCIA基地の長デイヴィッド・グリンウィズ（副領事の偽装身分で活動）、CIAの通信担当官、さらに二名の職員は、街が陥落すると捕らえられ、冷戦で最初のアメリカ人人質事件を引き起こした。「とどまるのは無謀であることはわかっていた」とホイトは回想している。反政府勢力は、「アメリカ人が自分たちのくそ野郎リストに載っていることを」明々白々にしていたからだ。〈シンバ〉の指導者たちはホイトに、CIAの空軍を飛行禁止にしないかぎり、自分は殺されると警告する内容の電文をワシントンへ送らせた。デヴリンは即座にコンゴに戻り、人質を救出する作戦を指揮した。

「スタンリーヴィルは反政府勢力の手中にあります」とNSCのスタッフは八月六日、ジョンソン大統領に報告した。「中央政府はこれから数週間で崩壊するかもしれません。……共産主義者が近い将来、利用できるであろう本物の危機が存在します」。ホワイトハウスはすでに、ぴりぴりしていた。LBJは航空母艦と軍用機を派遣して、はじめて北ヴェトナムを攻撃しようとしていた。八月十日、デヴリンは首都のCIA支局から本部に電文で、もし潮目が変わらなければ、自分には「コンゴで共産野郎が好きほうだいできるとき」が予見できると報告した。「もし共産野郎が手早くやれば、共産野郎は連中の目標のために反乱軍政府を利用して、東、中央、西アフリカの多くの国で転覆活動[を仕掛けること]ができるかもしれません」。

大統領とマクナマラ国防長官、ラスク国務長官、そしてマコーンCIA長官は、翌日、NSCの会合で集まった。LBJは深く心を痛めていた。時間は残り少なくなっていると彼はいった。コンゴは救わねばならない。マコーンの指示で、デヴリンはコンゴの空軍から長距離爆撃機七機、軍用輸送機二機、戦闘ヘリコプター、パイロット、搭乗員を徴発する計画を書き上げた。地上戦はもっと大きな問題だった。「コンゴ軍はまったく役立たずで」と彼は書いた。「ベルギー人かほかの白人将校がいなければ、効果的な攻撃部隊を投入できません」。アメリカは「白人傭兵二百名を擁する三千名の部隊の創設を支援する」べきで、CIAがコマンドー隊員に報酬を支払うことになる。

これは、アフリカ系アメリカ人の米情報庁長官で、LBJの側近内で唯一の白人ではないメンバーであるカール・ローワンの目には、政治戦というよりは、帝国の復活のように見えた。彼は大統領にこう書いた。「アメリカの飛行機は、南アフリカと南ローデシアの傭兵がアフリカ人を殺すために使うベルギー製の銃を運びこんでいます」。そして、彼はこう指摘した。「コンゴの現在の状況を救うことで……われわれはアフリカ全体をめぐる戦いに敗れる可能性があります」。デヴリンとCIAは、この道徳上の泥沼を漕いで進みつづけた。彼らは、白人傭兵には現金を、モブツには七十五万ドルをじゃんじゃんつぎこむようもとめ、ホワイトハウスはこれを承認した。それから将軍は自分のスパイと警護隊のためにさらに三千五百万ドルを要求した。モブツの警護隊はベルギー人によって増強されることになる。ゴドリー大使は、このすべてに面食らった。八月十九日、彼はワシントンに打電して、「われわれはじきに自分たちが、アメリカから資金提供を受けた秘密警察……によっててこ入れされた少数派の政権を、独自で、あるいはベルギーと協同で、全面的に支援し」、そして「この広大な大陸のすべてではなくても大半に逆らって」、アパルトヘイト体制と手を組んでいる「ことに気づくかもしれません」と警告した。この事実は、モスクワとワシントンとの板挟みになったアフリカ諸国のあいだですぐに忘れられることはなかった。アメリカ国内で公民権運動が頂点に達したとき、アメリカはアパルトヘイトの秘密部隊と手を組んで、アフリカで植民地主義の旗を身にまとっていた。

十一月二十四日、アメリカのC－130輸送機十二機が、五百四十五名のベルギー軍パラシュート隊員をスタンリーヴィルに運んだ。CIAの爆撃機が反政府勢力の陣地に航空攻撃をかけたあと、ベルギーのコマンドー隊員と十八名のキューバ人からなるCIAの攻撃隊が街を武力で占領し、〈シンバ〉兵を何百人と殺戮した。二名のアメリカ人をふくむ二十一名の人質が殺害された。領事とCIA局員たちは解放された。その二日後、ホイトとグリンウィズはニューヨーク行きのエールフランス機上でシャンパンを飲んでいた。大統領はテキサス州の牧場で知らせを聞いた。そこで選挙の地滑り的勝利の余韻に浸っていたのである。LBJはこの作戦に強い疑念をいだいていた。彼はコンゴと、ことによるとアフリカ大陸を、第二のヴェトナムにしたくなかった。しかし、結局、自分に選択肢はないと思った。CIAが、アフリカにおける共産主義の国際部隊——じきにカストロの元帥チェ・ゲバラを司令官として、破滅的な任務でひきいられることになる——は、コンゴを手に入れようとするのをけっしてやめないだろうと報告したからだ。

　じきにCIA長官となるリチャード・ヘルムズは、自分の局員が事のなりゆきをコントロールする手段を持っている国が、自分の目の黒いうちに共産化することを望んでいなかった。彼は一九六五年春、デヴリンを本部のオフィスに呼び寄せた。ヘルムズは社交上の魅力をすべて身につけ、それを補完する厳しさも持っていた。彼はデヴリンがコンゴに戻るというのはたぶん名案だろうと認めた。デヴリンはそう思わなかった。彼はヴェトナム戦争でCIAの戦いにくわわりたかった。ヘルムズは彼にアフリカに戻るよう命令せざるを得なかった。この命令は幸先がよかった。七月十九日、帰任したばかりのデヴリンは、ふたたびモブツと食事をして酒を飲んだ。将軍はたずねた。デヴリンは情勢をどう思うか？　彼がいっているのは政治情勢のことだった。傀儡の大統領と首相は、モブツがコルク栓をしたガラス瓶のなかの二匹の蠍で、おたがいが相手を始末しようとしていた。

　首都の緊張は雨季がはじまる十月後半には危険な状態に達しつつあった。CIA局員と彼の重要な資産（アセット）〔隠密工作などに利用できる外部の個人、スパイ。この場合はモブツ〕は、十一月十九日の夜、反省会を開いた。「モブツはデヴリンのほうを向いて、個人的なアドバイスを聞かせてもらいたいと述べた。彼はデヴリンに友人として話していることを強調した」と支局長は電文で報告した。モブツは紛争を完全に解決することを提案した。「モブツはべつのクーデタを起こしたくはない、くりかえす、起こしたくはない、と強調した。しかし、現在の政治的行き詰まりの妥協的解決手段を見いだそうとすることが自分のつとめであると確信しているといった。それゆえに、彼はデヴリンに解決策を提案できるかとたずねた」。彼はゴーサインを期待していた。デヴリンはこう報告した。「支局は軍司令官としてのモブツにたいする満足のいく代替案をなにも知らないがゆえに、そしてモブツの長いあいだの協力に鑑みて……支局はモブツに手を貸すことは合衆国政府（USG）の責務であると考える」。彼らは二日後の十一月二十一日にふたたび会った。モブツはただちに十万ドルをもとめた。デヴリンはこの要求こそアメリカが同国の運命に影響をおよぼす最後の機会だと報告した。

「コンゴの危機」と、NSCの補佐役のロバート・〝ブロートーチ・ボブ〟・コーマーは、ほぼ同じ時刻、バンディに書き送った。「モブツが鍵です。彼はたぶん妥協案を強要できるでしょう。この目的を達成するために、おそらく心付けのための新しい請願が三〇三にまわってくるでしょう」。三〇三委員会――旧スペシャル・グループ――は、バンディとCIA、国務省、国防総省のナンバー・ツーたちからなっていた。これは主要な隠密工作のための情報センターだった。四人は電話で会議を開いた。バンディは自分のスタッフからの詳細なメモを手にしていた。メモはこう結論づけていた。「われわれはモブツを後押しできる。われわれはクーデタで彼を後押しすることか、あるいは彼にできる最良の処方をまとめさせることができるだろう。……彼はすでにこちらの息のかかった人間である。彼は軍を（われわれの手助けで）掌握している。彼は現在の混乱状態でもっとも思慮のある指導者であることを証明している。現時点で、彼はわれわれより状況の裏と表をよく知っている」。モブツは、彼をあやつれると思っている者たちをあやつる達人だった。

十一月二十五日の午前五時、モブツは自分がコンゴを掌握し、大統領と首相を退陣させたと発表した。デヴリンは十一時三十分、彼に会いに行った。モブツは政治家気取りで、自分はアメリカが自分の政権をすぐに承認しないかもしれないことを理解しているといったが、自分が生きのびるためにアメリカの支援をあてにしていると強調した。デヴリンのほうは、CIAにこう打電した。「モブツはKUBARKが提供できるあらゆるアドバイザーを派遣してもらえればうれしいと語った。彼はとくに情報省を指導するためのアドバイザー［と］彼に助言をあたえる政治アドバイザーの必要性に言及した。……彼は現在と将来の助言と指導をKUBARKに期待していると強調した。……彼は支局との密接な仕事上の関係を維持することを望んでいる」。CIA本部は返信して、仕事をみごとにやってのけたことでデヴリンを賞賛し、ひきつづきモブツを最大限支援するよう指示した。局長は十二月十三日、続報を送った。彼はモブツが「コンゴにおける西側最後の希望」であると書いた。

こうしてひとつの国の緩慢な死がはじまった。

モブツが権力を握って最初にしたことのひとつは、五万人の群衆の前で、元閣僚四人を絞首刑にすることだった。CIAはその後、すくなくとも二年間、彼を給与支払い名簿に載せていた。じきに彼はCIAの金が必要でなくなった。モブツはコンゴの富――ダイヤモンド、銀、金、銅、コバルト、錫、ウラニウム、亜鉛など――を産みだす鉱山を再開させ、それからその富の支配権を握った。一九七〇年には、それらの富は彼だけのものだった。ダイヤモンドは「モブツのためにベルギーへ空輸された」と、一九七〇年から一九七五年までアメリカ大使館で使節団の副団長だったマイクル・ニューリンは語った。黄金はスイスへ行った。そしてモブツはダイヤモンドと黄金だけではなく、富をしぼり出せるものすべてと、外国為替と国の市場操作からの収入の最大の分け前を自分のものにした。

「モブツと彼の裕福な親族と取り巻きによる国内投資は存在しなかった。彼らはすべてをくすねた」とニューリンはいった。「たぶん傍受によってだろうが、われわれは中央銀行が銀の預け入れを、国立銀行の銀の預け入れ全部を、ジャージー・シティのある店先に送りだそうとしているのを発見した」。一九七三年には、モブツは国内の主要な外国所有企業――工場、農場、卸売会社――のすべてを完全あるいは部分的な管理下に置いて、彼の私企業にした。彼はいまや国家の収入の半分あるいはそれ以上を着服していた。一九七〇年代の末には、彼は世界で屈指の大富豪だった。彼のふえつづける富は最終的に五十億ドルと見積もられた。彼は自分の実際の敵や仮想敵を好きなように投獄した。ひとはある日、モブツの大臣になり、翌日には、死に瀕した囚人になることもありえた。彼は新レオポルド王になっていた。

ラリー・デヴリンはこの汚職のカーニバルでリングサイド席を取っていた。彼は一九七四年、アフリカ部門の長としてCIAを引退したあと、自分が混乱と共産主義から救った国に戻ってきた。以後、多年にわたり、モーリス・テンプルズマンのアフリカにおける首席ビジネス代理人をつとめた。テンプルズマンは、すばらしく裕福なベルギー系アメリカ人のダイヤモンド商で鉱山業の中心的人物、モブツの匿名出資者、ジャクリーン・ケネディ・オナシスの長年の仲間、そして晩年には、ビル・クリントン大統領の主要な資金提供者で親友だった。デヴリンは二〇〇八年に亡くなる直前、自分のCIA勤務について誇らしげに語った。「あの当時、われわれはソ連がアフリカを、いやアフリカのひじょうに大きな部分を乗っ取るのをふせいだ。われわれは政治戦に従事していた。そして、そのすべてに勝ったわけではない。だが、こいつには勝ったんだ」。

モブツは冷戦が終わるまでアメリカに気に入られ、汚職と人権侵害にもかかわらず、主としてCIAとの関係のおかげで、アメリカの軍事および経済援助を受けつづけた。CIAがアンゴラの反政府指導者ジョナス・サヴィンビのような、同局が支援するアフリカの自称指導者に武器を提供したいときには、モブツが積み替えのための飛行場を提供した。彼はアフリカでCIAが支援する政府や反乱を後押しするために部隊を送り、アメリカの情報機関のための重要な交換台をつとめた。人権を外交政策の指針にしたジミー・カーター大統領でさえ、彼を栄誉礼とドラムロールとファンファーレ付きでホワイトハウスに迎え入れた。(この訪問のさい、国務省の高官ふたりが、友好的な賭けをした。CIAの隠密工作の責任者の息子フランク・G・ウィズナーは、経験豊富なアフリカ専門家のウィリアム・C・ハレップを相手に、モブツが大統領執務室で愛想をつかされ、もはや歓迎されなくなっていることに一ドルかけた。ハレップは、人権がアメリカの外交政策でほとんど優先されない証拠として、その一ドル札を額に入れてそれから四十年間ずっと机の上に飾っていた。)

「モブツはとてつもないカリスマ性と人を引きつける力、魅力を持っていた。彼は優秀な謀略家で陰謀家でもあった」と一九七九年から一九八二年までアメリカ大使だったロバート・オークリーはいった。「われわれが彼の国に提供している援助について、彼がなにかいったり、興味をしめしたりしたことは、一度も思いだせない。彼は感謝の念も関心もいだかなかった。彼はひたすらもっと援助をほしがった」。モブツはブリュッセルの〈ソシエテ・ジェネラル〉の助けで自国の富を盗んだ、とオークリーはいった。〈ソシエテ・ジェネラル〉は、ベルギー植民地時代の財産の持ち株会社、国王直属の財布、モブツの金を洗濯するコインランドリー、そして彼の略奪品の大半の保管庫を次々につとめた。「彼はこうした違法な利益の一部をベルギー人の仲間と分け合っていたので、国民をのぞく全員が利益を得ていた」とオークリーはいった。彼とその取り巻き連中が彼の権力の略奪品を享受しているあいだに、彼の国のもっとも基本的な社会基盤は芯から腐り、ジャングルは首都以外の街や都市を飲みこみはじめ、彼の兵士たちは市民を容赦なく弾圧した。一九八六年十二月、レーガン大統領との会議に先立って用意されたモブツにかんするCIAの公式評価は、彼がアメリカから受け取ってきた揺るぎない支援の論理的根拠をしめした。「モブツ大統領は、アメリカの国家安全保障上の目標を支援する点において、疑いなくアフリカで類を見ない」と評価ははじまっている。「そして、彼の政治的な死はアメリカに深刻な影響をあたえ、アフリカにおけるもっとも親しい友人を失うこととなるだろう」この気持ちはおたがいさまだった。「モブツは、彼の政権が重大な脅威に直面したとき、アメリカが彼の要求にくりかえし応じてきたことを理解しており、彼はこれを特別の関係と見なしている」。CIAは、モブツがホワイトハウスに来たら、「アフリカの指導的政治家として認める」よう提言した。

レーガンは彼をそのように認めた。その三年後、元CIA長官のジョージ・H・W・ブッシュ大統領は、彼をとくに盛大に歓迎した。ブッシュはモブツをアメリカのもっとも古く重要な盟友のひとりと呼んだ。しかし、モブツの富が拡大にするにつれて、彼の残酷さも増していった、とレーガン政権下でアメリカ大使だったブランドン・グローヴはいっている。「彼の安月給あるいは無給の兵士たちによる略奪や蛮行、強姦にたえず苦しむ村々や地方の人々は、モブツと、とくに彼の軍隊をひじょうに恐れていた。兵士たちは食糧を盗んで村人から自分たちの〝給料〟を取り立てていた」。モブツは巨大な専用船カマニョラ号を持っていて、コンゴ川上でレーガン政権のCIA長官ウィリアム・ケイシーとブッシュ政権の国務長官ジェイムズ・A・ベイカー三世を出迎えた。スイスとフランスとスペインとイタリアには宮殿を、パリのフォッシュ通りにはすばらしいアパルトマンを所有していたが、それでもまだ足りなかった。彼は熱帯雨林にヴェルサイユのような宮殿を建設した。コンゴ北西端の先祖の村バドリテに、イタリア大理石と緑のマラカイト造りで、ディスコや核シェルター、ルイ十四世時代の家具、コンコルドが発着できる空港をそなえた巨大な宮殿を造り上げたのである。彼は、このバドリテのオズの国でどんどん長い時間をすごすようになり、そのいっぽうで、「学校や機能している病院、道路、飲料水、衛生、電気、住宅、そのほかのなにかを提供するようなことは、ほとんどなにもしなかった」とグローヴはいった。モブツは誰にたいしても説明責任があるとは思わなかった。「民主主義的な制度や人権の尊重は、彼の計画のなかには居場所がなかった」。ケネディ以降のあらゆる大統領が彼をアフリカにおけるアメリカの政治戦の道具と見なしてきた。そして彼らの揺るぎない支援が、彼を守り、あらゆる証拠にもかかわらず、世界の目に映る彼のイメージを輝かせてきたのである。

「ふりかえれば、歴史家たちはこういうと思う。『アメリカは、こんな独裁者と、これほど長く、どうして手を結ぶことができたのだろう？　ソ連との対決があったからだろうか？　結局は見かけ倒しだとわかった理由が？』」。しかし、そういう情勢だったのだ」と、レーガン政権とブッシュ政権でアメリカ大使だったビル・ハレップはいった。ハレップがその職を離れてから二年後の一九九三年、同国がみじめな荒廃状態におちいったとき、彼はモブツを、「自国の民族、軍事、地域政治をあやつる天才」だったとふりかえった。「彼はアメリカ合衆国……国家安全保障会議、国務省、ＣＩＡ、そして国防総省をあやつる天才でもあった」。彼はこうつづけた。

われわれが国連の場で諸問題にアフリカの支持あるいは手助けを必要とするとき、モブツ将軍はつねにそこにいた。われわれの関係はけっして一歩通行ではなかった。たとえば、安全保障理事会でイスラエルをなにかの機構から除外する評決があったり、われわれが朝鮮半島やプエルトリコ、あるいはなんであれ当時の典型的な問題をどうにかするための支援を必要としたりした場合には、われわれはつねにモブツ大統領をたよりにできた。

だから、アメリカがこのまれに見る、専制主義的で、利己的な独裁者を受け入れた理由はたくさんあったのだ。しかし、これらはまぎれもない事実であり、これがわれわれの活動のやりかただった。彼のたぐいまれな才能の一部はアメリカを利用することであり、彼が権力を握っている唯一の理由は彼がアメリカの息のかかった人間だからであることはあきらかである。

この論理的根拠は冷戦の終結によって打ち破られた。そのころには、コンゴもまた荒廃していた。アメリカと親善を結んでから三十七年後の一九九七年、モブツは武装反乱に直面して逃亡し、やがて亡命中に死亡した。コンゴは空前絶後の紛争に突入した。九カ国が戦い、五百万人が死亡または負傷したアフリカの世界大戦である。われわれの息のかかった人間がその武器の山を築き、その導火線に火をつけたのである。

第5章　〈ヴォイス・オブ・アメリカ〉

冷戦後に大人になったアメリカ人は、過去をふりかえって、こう思うかもしれない。われわれが支援していたのはどういう人々だったのだろう？　われわれは結局、なにに勝ったのだろう？　民主主義の勝利はいまどこにあるのだろう？　この強烈な光に照らされると、長い闘争も愚行（ファリー）に思えるかもしれない。

当時、アメリカのために政治戦を戦っていた多数の人々には、そのように思えなかった。アメリカ人はスターリンと同盟を結んでヒトラーと戦った。そして、いま彼らがクレムリンと戦うために、イラン国王やモブツのような手合いと悪魔の取り引きを結んだとしても、それらはすべて神と祖国のより大きな栄光（グローリー）のためだった。彼らは自分たちが善と悪との戦いに従事していると純粋無邪気に信じていた。もし彼らの信念が揺らぐことがあっても、ＦＤＲがしばしば引用した古いバルカン半島の格言に慰めを見いだすことができた。「子供たちよ、重大な危険にさいしては、橋を渡りおえるまで、悪魔とともに歩むことも許されるものだ」。そして、彼らはいつか橋を渡って新しい世界に入れると信じていた。

しかし、彼らは悲しいことに、自分たちの敵が軍事力だけでは打ち負かせないということを知った。ヴェトナム戦争はもっとも苦い教訓だった。それは政治戦であり、武力で勝つことはできなかった。すくなくともアメリカの指導者たちの一部は、政治戦の勝利あるいは敗北が、アメリカの戦力よりも、それが戦われている土地の人民の戦意に左右されることを理解するようになる。この闘争のもっとも長く輝かしいものは、千年のあいだに地上のどの場所よりも多くの戦争を見てきた国で、四十年以上にわたってくりひろげられた。その国の国歌はこうはじまっている。「ポーランドはいまだ滅びず」。

かつて十七世紀には、ポーランドはヨーロッパ最大の国家だった。それがスウェーデン人とトルコ人とロシア人から全戦線で攻撃を受け、その後、ロシアとプロイセンとオーストリアの君主国によって分割されて、第一次世界大戦終結まで、百四十年にわたって地図上から姿を消した。ヒトラーとスターリンは一九三九年、いっしょにポーランドを侵略した。それからナチ・ドイツ軍はスターリングラードへ向かう途中、ポーランドを抜けて東へ進撃し、ソ連赤軍は押し返してベルリンへ進撃した。ポーランド軍各師団は一九四三年から一九四五年までアイゼンハワー将軍の指揮下で戦ったが、祖国をほぼ完全な破壊から救うことはできなかった。終戦時、ワルシャワには、積み重なった石材はほぼひとつもなく、どの石材もポーランド人の血にまみれていた。都市も町も村も消えた。人口の五分の一にあたる六百万人のポーランド人が戦争で亡くなった。死者のうち三百万人はナチに殺戮されたユダヤ人だった。ポーランドはホロコーストの中心地だった。百五十万人のポーランド人はシベリアの強制収容所で苦しみ、命を落とした。それでもポーランド人は、ソ連が彼らを手中におさめたあとも、けっして征服されなかった。「共産主義はポーランド人に適していない」とスターリンは一九四四年にいった。「連中はあまりにも個人主義的すぎる」。

ポーランド人はキリストの殉教と復活というプリズムで自分たちの歴史を見ていた。彼らは美しき敗者で、ロマンティックな夢想家、東ヨーロッパのアイルランド人だった。彼らのアメリカとの結びつきは不変だった。第二次世界大戦終結時、アメリカには五百万人のポーランド移民が暮らし、その数は以後の歳月にさらに一千万人増えていた。ヨーロッパのポーランド人亡命者は、誕生したばかりのCIAのために必死になってレジスタンス軍をつとめようとした――そしてCIAも彼らを利用する決意だった。もしアメリカが共産主義を押し返すという夢を実現するつもりなら、ポーランドはどこよりもいいスタート地点に思えた。

CIAは一九四七年の発足時から、ロンドンの亡命評議会をつうじて〈自由と独立運動〉――そのポーランド語の頭文字はWiNだった――と呼ばれる地下軍隊を動員できると信じていた。隠密工作の責任者、フランク・ウィズナーは、共産主義者の抑圧にたいして反乱を起こすことができる二万人の準軍事戦闘員と十万人の支持者に武器をあたえて、訓練をほどすことを構想した。ひとりのポーランド人は、WiNが破壊したソ連戦車の写真を持ってロンドンに現われていた。彼はそれをポーランド軍の元将軍に渡し、将軍はCIAに支援をもとめた。ロンドンの亡命者たちとCIAは、反乱の気運が高まっていることをつたえるポーランド国内からのメッセージのたえまない流れを受け取った。一九五〇年以降、CIAはそれに応えて、すくなくとも三十数名のポーランド人愛国者を、武器や秘密無線機、スパイ装備、さらに約五百万ドル分の現金と黄金とともに、鉄のカーテンごしにパラシュート投下して、WiNを支援した。すると、トルーマン政権末期の一九五二年十二月二十八日、ポーランドの国営ラジオが衝撃的なニュース速報を流した。

WiNは、囮だった――ソ連とポーランドの情報機関の創作だった。彼らは最初からずっと欺瞞工作を監督し、あやつってきたのである。これは冷戦初期で一、二をあらそうアメリカの諜報活動の大失敗となった――当時、ドイツ駐在の若きCIA局員だったジョン・マクマホンは、その五十年後、

CIA副長官として引退したあとで、「前代未聞の大失態」だったといった。WiNは、テッド・シャクリーという新米CIA局員にとって初の任務で、五年間のたくらみと何百万ドルもが裏切り行為で失われたという現実と葛藤する同僚たちの姿は、彼の記憶に焼きつけられた。じきに彼は反撃の機会を得ることになる。

ワルシャワのアメリカ大使館が、欺瞞工作を詳細につたえるポーランド国営ラジオの報道をワシントンに伝達すると、その知らせは、国務省の政策立案部門でジョージ・ケナンの後任をつとめるロバート・ジョイスを激怒させた。彼は、政治戦を開始した当初から、ケナンとCIAと密接に協力してきた――そして、その結果がこれだった。「この事件がひどい失敗を意味していることは指摘するまでもない」と彼は一九五二年の大晦日に書いた。彼はポーランドでも、ソ連圏のほかのどこでも、「全体主義警察国家の腕前は、〝レジスタンス〟がおそらく、奴隷化された人々の心のなかにしか存在し得ない程度まで、小説『一九八四年』の効率に近づきつつある」と指摘した。

民衆の心をめぐる戦いは全面的に行なわれていた。その六カ月後、ミュンヘンで、ズビグニュー・ブレジンスキーというできたてほやほやのハーヴァード卒の博士が、ポール・ヘンジーというべつのハーヴァード卒業生と〈ラジオ自由ヨーロッパ〉の本部で面会した。ヘンジーは同局の副政治アドバイザーをつとめていた。ふたりは終生の友人関係を開始し、その同盟は四半世紀後の国家安全保障会議までつづくことになる。そこでふたりは独自のレジスタンス細胞を結成した。ブレジンスキーは一九二八年、ワルシャワ生まれで、ヒトラーとナチ党が権力を握ったときドイツに駐在していたポーランド外交官の息子だった。彼の博士論文はスターリン帝国の進化を論じるもので、ポーランドの苦しみは彼の世界観を形づくった。ヘンジーは一九二四年、ミネソタ州レッドウッド・フォールズのちっぽけな集落で生まれ、アイゼンハワーの軍隊に従軍し、復員軍人援護法（GIビル）のもと、ハーヴァードで修士号を得ていた。この制度はCIAの保育器の役目をはたし、彼は朝鮮戦争勃発四日前の一九五〇年六月二十一日に職務についた。ブレジンスキーとヘンジーはともに二十代の野心的で冒険好きの男で、巨大な政治戦の活動の渦中にいることにわくわくしていた。ブレジンスキーは自分の同僚を大いに賞賛した。「わたしは最初から、当時スターリンの支配下にあった東ヨーロッパの人々の自由という大義への彼の献身と、真実をつたえるラジオ放送は最終的に共産主義者の権力独占を解消することができるという彼の認識に感銘を受けた」。

ジョージ・ケナンは〈ラジオ自由ヨーロッパ〉を構想し、フランク・ウィズナーがその誕生を助け、アレン・ダレスがそれを育てた。ケナンは、東欧から逃れた亡命者や移民の活力と知力を利用したいと願った。ウィズナーとダレスはそれらをアメリカ占領下の西ドイツに集め、電波に乗せて、鉄のカーテンの向こうへ送り返すのを助けた。一九四九年、当時、私人で、強力な影響力を持つホワイトハウスのアドバイザーであり、強力な指導者を欠いたCIAの実質上影の長官だったダレスは、海外に巨大な隠密部門を持つニューヨークの公共団体として〈自由ヨーロッパ全国委員会〉を創設していた。委員会は〈ラジオ自由ヨーロッパ〉に資金を調達するためにCIAから何百万ドルも受け取った。同局は何百人、のちに何千人もの被雇用者に給料を支払い、ミュンヘンの優雅なイギリス庭園の端に本部を作って、放送電波でつたえられるテーマを生みだした。最初の番組は一九五〇年七月四日に放送され、一九五一年にはスターリンに軍事支配されたポーランドほか四カ国にとどいていた。長年のうちに、放送は、もっともいいときには、ニュースと娯楽番組、政治風刺、プロパガンダのすばらしい混合になった。最悪のときには、悪意に満ちたものになりえた——ある〈ラジオ自由ヨーロッパ〉の幹部がいったように、毒物製造工場に。五〇年代の自由ヨーロッパ委員会の理事たちは、混乱を作りだすことを切望した。彼らは、ラジオをなによりもまず、もっとも戦闘的な政治戦の武器と見なし、槍を鋭利にすることを望んでいた。

「最初のころの放送では、彼らは実際には自分たちがなにをやっているのかわかっていなかった」と、のちに〈ラジオ自由ヨーロッパ〉ミュンヘン本部の保安責任者になったリチャード・カミングズは語った。「すべてが行き当たりばったりだった。彼らは気にしなかった。ただなにかを向こうに流していただけだった。わたしにいわせれば、あれはプロパガンダだった。〝フェイクニュース〟と呼んでもいい」。

ポーランド人たちは、それでも信心深く耳をかたむけた。〈ラジオ自由ヨーロッパ〉は空中に大聖堂を作りだした。彼らはヤン・ノヴァクの声を聞いて熱狂した。彼は一九四四年のナチにたいするワルシャワ蜂起の英雄で、〈ラジオ自由ヨーロッパ〉ポーランド語放送の新しいディレクターだった。一九五二年五月、聴取者への最初のコメントで、彼は時代の精神をとらえた。「闘争は森や通り、あるいは地下ではなく、ポーランド人の魂で戦われているのです——ポーランドの家の四つの壁の内側で。わたしたちがこの〈ラジオ自由ヨーロッパ〉の放送電波でくわわりたいのは、その闘争です」。彼のアメリカ人の監督役たちは、もっと詩情を少なく、辛らつな言葉をもっと多く望んでいた。「ポーランドで破壊工作を提唱してはどうだろう」。ニューヨークのある自由ヨーロッパ委員会の理事は一九五三年七月、単刀直入にたずねた。ミュンヘンではポール・ヘンジーが、ワシントンの「心理戦士」と、彼らの「馬鹿げて」「突拍子もない」暴力の扇動に不満をぶちまけた。この戦いは一進一退だったが、終わることはなかった。

〈ラジオ自由ヨーロッパ〉のポーランド語放送の歴史上もっとも衝撃的な声は、一九五四年秋に放送された。その声は、ポーランド秘密警察の高官であるヨセフ・スヴャトロのものだった。公安省の第十局の副局長として、国家の敵を取り押さえる責任を負うスヴャトロは、恐るべき評判を獲得していた。彼は、スターリンの寵を失ったポーランド共産党の前書記長ヴワディスワフ・ゴムウカ（ゴムルカ）と、ポーランドの大司教ステファン・ヴィシンスキ枢機卿を逮捕していた。その後、一九五三年十二月に、スターリン死後の自分の将来に不安をいだき、占領下のベルリンでアメリカに亡命した。

CIAはテッド・シャクリーを派遣して彼に面会させた。ふたりは四カ月間、フランクフルト近くの防諜用邸で話し合い、亡命者は自分がソ連の監督者のもとで命令されて行なった汚れ仕事を詳細に説明した。くだくだしい話がえんえんとつづいた。シャクリーはゴムウカが生きているか知りたがった。スヴャトロは彼が第十局の別荘に心地よく身を隠しているといった――そして、ポーランド共産党の反スターリン派も健在であると。これはCIAにとって吉報だった。「もしポーランドの指導部に動揺があるなら、われわれは鍋を煮立たせたままにしておきたかった」とシャクリーはのちに書いている。そこでCIAはスヴャトロを飛行機でアメリカに送り、はるかに徹底的な聴取のあとで、〈ラジオ自由ヨーロッパ〉のニューヨーク事務所にやった。彼の録音証言をポーランドに向けて再生するつもりだった。最初のテープは九月十七日にミュンヘンのヤン・ノヴァクのオフィスにとどいた。

「秘密警察と党の内幕」は、一九五四年十月、放送され、週に一回、七十七週にわたってつづいた。一九五五年二月、CIAと〈ラジオ自由ヨーロッパ〉は、番組のテキストを載せたパンフレットを八十万部印刷して、気球の大艦隊でポーランドに送りこみはじめた。ワルシャワとモスクワはこの工作を主要な脅威と見なし、ポーランドの主権の侵害にあたるとワシントンに正式に抗議した。スヴャトロの暴露話はポーランド共産党を芯から揺るがした。その結果、第十局は廃止され、秘密警察の人民委員は投獄されて、保安部の長は面目を失って解任され、恐怖省内にパニックの波がつたわった。ある〈ラジオ自由ヨーロッパ〉の二十一世紀の研究者は、この番組がうたがいなく、「国際放送の歴史のなかで、敵対的な政権に影響をおよぼすもっとも成功した例」だったと書いた。その後、CIAは一九五六年六月、フルシチョフの秘密演説とスターリン批判を放送して、火をつけた。放送は辛辣なコメントとともに際限なくくりかえされ、東欧におけるその効果は衝撃的だった。放送は六月二十八日、ポーランドの都市ポズナンで蜂起を引き起こした。

ポーランド人は地下レジスタンスを組織する方法を知っていた。ワルシャワ蜂起はわずか十二年前だった。そして、このレジスタンスには聴衆がいた。何百人という外国人が毎年恒例の国際見本市でポズナン市に来ていたのである。そのなかにはワルシャワのアメリカ大使館の経済専門家、リチャード・E・ジョンスンもいた。ジョンスンと大使館の同僚は六月二十七日の夜、ナイトクラブにいて、闇商人のテーブルで酒を飲んでいた。「夜が深まって、打ち解けた雰囲気になり、もう少しシャンパンの杯を重ねたところで、彼はわれわれにこうささやいた。『ねえ、この場所は明日には空高く吹き飛ぶんですよ』。われわれはいった。『どういうことだね?』『そう、連中が通りにくりだして、大騒ぎを起こすんです』」。翌朝早く、〈ZISPO〉製造工場の労働者たちが、ゼネストを宣言し、市の中心部に行進して、そこでほかの工場からきた多数の労働者と合流した。

「群衆は十万人にふくれ上がった」とジョンスンは回想した。「一部は刑務所を襲って、収監者を解放した。ほかの者たちは、西側のラジオ放送を妨害するのに使われていた政府庁舎の屋上の機器を破壊した」。妨害アンテナを破壊したデモ参加者たちはくりかえしどなった。「われわれは外の世界を聞きたい!」。そして「われわれは自由がほしい!」。アメリカは旗幟を鮮明にした。大使が不在だったので、ワルシャワの代理公使が、左右のヘッドライトの上にはためく星条旗をひるがえした大使館のリムジンで、騒然とした街に乗りつけた。彼の受けた指示は、できるだけこれ見よがしに行動することだった。彼はポズナンの通りを行ったり来たりして、アメリカの存在を感じさせた。このジェスチャーがアメリカの支援の限界だった。

その日の午後遅く、ポーランド軍を指揮するソ連の将軍が、二個機甲師団と二個歩兵師団を市内に送りこんだ。KGBとポーランド秘密警察に支援された一万の兵士は、蜂起を容赦なく鎮圧した。彼らはすくなくとも五十七人のデモ参加者を殺し、六百人にけがをさせ、さらに数百人を拘束して、市の支配権を取り戻した。ポズナンは世界の新聞の一面と〈ラジオ自由ヨーロッパ〉が声高に報じるトップニュースとなった。国家安全保障会議では、ポーランドの殉教の血はアメリカにとって恩恵だというのが共通認識だった。アレン・ダレスは、いささかスターリンばりに、卵を割らねばオムレツは作れないものだと述べた。ニクソンは、「アメリカの国益の視点からいえば、ソ連の鉄拳がふたたびソ連圏に振り下ろされることになっても、完全な罪悪とはいえないだろう」といった。

ポーランド共産党は、ホワイトハウスや国務省、CIAがひどく驚いたことに、民衆ではなく自分自身を厳しく取り締まった。一万五千部の秘密演説の口述録がポーランド各省庁と国内の知識人層に出回っていた。エリートの多くは、可能なときには〈ラジオ自由ヨーロッパ〉もひそかに聞いていた。モスクワからの軍事侵攻の大きな危険を冒して、党は反体制派の側についた。「ポーランド政権は、ここでモスクワで緊急の問題を引き起こしたにちがいない、予期せぬポズナンの暴動によって完全に動揺」と、ワルシャワのアメリカ大使館はワシントンに報告した。その指導者たちは、「労働者の不平のもとを正し、一般大衆の支持をもとめ」ざるを得なくなっていた。党自体は、もっとも熱心なスターリン主義者を粛清して、守旧派の政治的犠牲者を復権させ、ポーランドの政治局に復職させて、憎むべきソ連の元帥を国防大臣の職から解任することで、ポーランドの自由への苦しく長い道のりの第一歩を踏みだした。

十月、党は新しい指導者を選出した――ヴワディスワフ・ゴムウカを。彼は数週間前、フルシチョフの秘密演説の放送後、自宅監禁を解かれていた。フルシチョフ自身は、ワルシャワにひそかに到着し、ポーランド駐留ソ連軍部隊に警戒態勢を取らせて、ゴムウカが権力を握るのを阻止しようとした。十月二十日、新指導者はポズナン蜂起を、「社会主義の根本原則をねじ曲げたこと」への労働者の正当な反応と形容した。彼は「ポズナンの痛ましい悲劇を帝国主義者の工作員のしわざと表現しようとするお粗末なこころみ」を非難した。大混乱の原因は、「われわれ自身に、党指導部に、政府に見いださねばならない」。彼は、フルシチョフのさらに上を行って、ソ連の体制自体の悪を糾弾した。そして、驚くべきことに、〈ラジオ自由ヨーロッパ〉の放送を妨害する政府のこころみを中止した。

ワシントンでは、ホワイトハウス、国務省、CIAが、ポーランドの自立をけしかける機会に飛びついた。十月二十三日、彼らは強固な経済援助計画を提案することに同意した。アイゼンハワー大統領は、その晩、選挙集会で〈アメリカ大工指物師合同友愛会〉の大会の演壇に立って、こういった。「ポーランド人のように、かつて自由を知っていた国民から、国家の独立を永久に奪うことはできません。……自由の記憶は銃の恐怖によって消えることはなく、自由への愛は暴君の力よりも揺るぎないのです」。大統領はフォスター・ダレスに、ポーランド人が、「われわれが彼らをNATOに組みこもうとするかもしれないとか、彼らをわれわれの同盟の一部にするかもしれないとかいった恐れを感じないようにする必要がある。われわれは彼らが確実に選択の自由を手にするようにしたい」と語った。アレンとフォスターのダレス兄弟は、大統領がポーランドのためにミニ・〈マーシャル・プラン〉を後押しすべきだと同意した。それがポーランド人に「この夏と秋におおやけにあきらかになった政治的態度をつらぬきとおす」ことをうながすであろうし、「ポーランドの努力にたいするアメリカの支援がポーランド問題におけるソ連の影響力をじょじょに弱める具体的な証拠」となるだろう、とアレンは兄に書いた。アイゼンハワー政権は五千五百万ドルの借款と、一億三千八百万ドル分の余剰農産物の提供に承認をあたえた。これは慈善ではなく、より大きなくわだての一部だった。アメリカはゴムウカと協力し、公式の外交や強化した情報戦、経済および技術援助、貿易最恵国の地位、文化プログラム、その他もろもろを利用して、ソ連圏の一枚岩を弱体化させるつもりだった。

ジョージ・ケナンが政治戦の開始を宣言してから十年間で、世界でポーランドほどその影響を経験した国はほとんどなかった。ケナンは一九五八年七月にCIAの顧問として同国を視察し、印象を手紙に書き記した。この手紙をアレン・ダレスはアイゼンハワー大統領にまわした。ケナンは「ポーランド人がいかにおとがめなしですんでいるか」に感銘を受けた——彼らの「完全な言論の自由」をふくめて。彼にはポーランドの知識人層が、いかなる「ソ連の力の本質についての幻想」からも完全に解き放たれているのがわかった。彼は政府がいまや「しっかりと西側のほうを向いている」と感じた。しかし、最終的に彼は、「こうしたことがあったからといって、ポーランドが現在、あるいは近い将来、共産主義者の政治支配を撥ねつけられるということにはほとんどならない」という印象を受けた。花のかぐわしい匂いをかいだとき、ケナンはあたりを見まわして葬式を探したのである。

アメリカの政治戦には、彼が見落としていた、あるきわめて強力な要素があった。流行に鈍感な人間には不可解な現象が。それはジャズだった。

「〈ヴォイス・オブ・アメリカ〉には、ウィリス・コノヴァーというディスクジョッキーがいて、夜の十時から朝の一時までジャズを流していた」と、当時ワルシャワの大使館の若い職員で、のちにアメリカ大使となったデイヴィッド・J・フィッシャーはふりかえった。「誰もが——これは重要な人物は誰もがということだが——その番組を聴いていた」。コノヴァーは共産主義世界ではスーパースターだったが、アメリカではまったくの無名だった。

〈ヴォイス・オブ・アメリカ〉は真珠湾攻撃のあと、はじめて放送された。最初の放送局長はジョン・ハウスマンというルーマニア移民で、驚くほど真に迫ったオーソン・ウェルズのラジオ放送〈宇宙戦争〉のプロデューサーとして名声を獲得し、のちにアカデミー賞受賞俳優となった。彼はアメリカのポピュラー音楽、主としてビッグバンド・ジャズをその電波がとどくかぎり世界中に放送した。ナチは、アフリカ系アメリカ人が作りだしてユダヤ人が広める文化的害悪として、ジャズを禁止した——彼らはこれを黒人音楽（ネーガームジーク）と呼んだ。ハウスマンはのちにこう回想している。「われわれは知らないうちに音楽をプロパガンダの道具として使っていた」。一九五三年、〈ヴォイス・オブ・アメリカ〉は、アイゼンハワー大統領によって新設されたアメリカ情報庁の放送部門になった。そのほかの部門には、印刷局、図書館、ドキュメンタリー映画がふくまれ、アイクはこれをアメリカの政治戦の友好的で開かれた顔にしたいと考えていた。情報と娯楽という形で、空腹な人々に食糧と菓子を手渡す、笑顔の兵士に。

コノヴァーは一九五五年にラジオに出演してから、死ぬまで、四十年間ずっと放送をつづけた。彼のウィスキーと煙草で燻したバリトンの声は、ワルシャワやプラハ、ブダペストやその先の市民にすぐおなじみになった。当時、これらの首都をおとずれたアメリカ人が、驚くほど英語らしい英語を話す見知らぬ人間と英会話をはじめ、どこでそれを習ったのだとたずねたところ、「ヴィリス・コノファー」という答えが返ってきたという例は、一件や二件ではすまなかった。テレビの取材記者で、のちの〈ヴォイス・オブ・アメリカ〉放送局長ジョン・チャンセラーは、コノヴァーを「われわれが〈ヴォイス〉で手にしていたもっとも効果的な道具」と呼んだ。無限の楽観的なエネルギーにあふれた曲、デューク・エリントンの〈A列車で行こう〉が、彼の番組の幕開きだった。彼は、デュークやビリー・ホリデイ、ルイ・アームストロング、ディジー・ガレスピー、セロニアス・モンクの音楽を――さらに重要なことに、そのインタビューを――映画と同様に力強く精神に変化をもたらす芸術形式の、それ以外の多くのクリエーターたちとともに紹介した。彼らの音楽は、まだ人種を差別しようとし、彼らをさげすんでいたアメリカでは、解放の力だった。ジャズは自由のサウンドだった。それはアメリカについて大半のアメリカ人が知っているより多くのことを世界に語っていた。

一九五九年前半には、コノヴァーはポーランドから訪問を請うファンレターを何袋分も受け取っていた。彼はその年の六月、ワルシャワに飛んだ。着陸して、飛行機の窓から外を見ると、何百人という人が見えた。何人かはカメラとテープレコーダーを持ち、女の子たちは花束をかかえていた。彼は思った。「あれが誰のためかは知らないが、その人が降りるまで待ったほうがいいな」。それから彼は、自分が最後に飛行機を降りる人間だと気づいた。群衆は熱狂した。その夜と翌晩、ミュージシャンたちが、ポーランド全土から自費でやって来て、国立フィルハーモニー・ホールで彼のために演奏して、彼の番組を聴いて学んだことを彼に披露しようとした。これでアメリカが民心を獲得しないというなら、民心をつかむことなど不可能だった。

ジャズには活力と精神力、社会的流動性の美徳があると、コノヴァーは波長が合わない人間のために説明した。ミュージシャンたちは歌とそのキー、テンポ、ハーモニーについて合意する。そして、「いったんそれについて、演奏の範囲について、意見がまとまってしまうと、彼らはなんでも好きなものを自由に演奏していい。そして、これはアメリカの構造と似ている」。ジャズは「アメリカでものごとが起きる様子の音楽的反映」だと、彼はポーランドから帰ってくると《ニューヨーク・タイムズ》紙に語った。「われわれはこちらではこのことを認めない傾向がありますが、ほかの国の人々は、この自由の要素を感じることができます。彼らは自由を愛するがゆえにジャズを愛するのです」。

コノヴァーがワルシャワを訪問してから数週間後の一九五九年八月はじめ、まったくちがう訪問者が到着した。リチャード・ニクソン副大統領は、大統領選に向けて世界中を歴訪していた。彼はゴムウカと四時間にわたって対話し、ゴムウカは彼に小言をいった。ポーランドの指導者は、〈ラジオ自由ヨーロッパ〉にたいする態度を変えていた。同局は彼が権力の座に登りつめるのを助けたが、いまや彼に辛辣な批評を浴びせていた。「〈ラジオ自由ヨーロッパ〉は考えを主張しているのではない」と彼はいった。「ポーランドのあらゆること、あらゆる人についての暴言をかさねているだけです」。しかし、ゴムウカは肩慣らしをしていたにすぎなかった。彼の声は大きくなり、顔は赤くなって、何世紀もの歴史が口をついてあふれだしはじめた。その歴史では、彼の国のどの世代の国民も、戦争あるいは外国の支配、あるいは両方をまぬがれたことはなかった。彼は自分と自分の国が、アメリカの政治力と軍事力に裏で後押しされた西ドイツの増大する力を恐れながら暮らしているといった。「ポーランド人は、親類や友人たちが壁の前で目隠しをされてドイツ人に撃たれるのを見てきました」と彼はいった。戦争はほんの十四年前に終わったばかりだ。彼とその国民は毎日、記憶とともに生きていた。「われわれは踏みにじられたくないのです」と彼はニクソンにいった。「わたしは戦争が正しいとは思わないし、フルシチョフが正しいとも思わない。どんな戦争も自殺行為でしょう。しかし、自殺したい人々がいるのです。結局、世界はひとつになるにちがいないし、そうなるでしょう。その世界が社会主義か資本主義かをいま話し合ってもむだです」。

　ポーランドの指導者は鉄のように冷たいと感じたニクソンは、彼を温めようとした。「もしかしたら、両方ということもありえます」とニクソンはいった。「状況は変わりますから」。

　アイクの弟でもっとも信頼の置けるアドバイザーのミルトンは、ニクソンに同行していたが、大統領のためにゴムウカの主張を明確に説明した。〈ラジオ自由ヨーロッパ〉の放送は、怒りと恐怖をかき立てることで、ポーランドの共産主義指導者たちの立場を有利にしつつあると、彼は大統領に書き送った。ポーランド人は平和に暮らしたがっていた。彼らが憎むドイツ人と、彼らが恐れているだけのソ連人のうちで、彼らはソ連の力にたよるしか選択肢はないと信じていた。

大統領はこの警告に目を通して、それに同意し、それをアレン・ダレスにまわした。ダレスはラジオの調子と趣旨を変えるためにほとんどなにもしなかった。彼はアイゼンハワーに、「〈ラジオ自由ヨーロッパ〉は、いっぽうでポーランド人の命を奪うポーランド国内の暴動を煽ることを避け、そのいっぽうでアメリカが彼らの最終的な解放の希望を捨てたという印象をポーランド人にあたえないようにするという、綱渡りをしなければなりません」と一度ならず断言した――そして、自分はその綱を渡りつづけると。

「われわれはポーランドをモスクワから引き離すために最善をつくしています」とアイゼンハワーは一九六〇年八月、ホワイトハウスに集まった議会の指導者たちに語った。「われわれはここで少し、あそこで少し、できることをやっているのです」。しかし、こうした努力はじきに沈滞気味となり、ほとんど停止した。アメリカは一九六〇年代にはポーランド国内の政治戦をきわめて低調な状態にたもっていた。ワルシャワは毎年ジャズ・フェスティヴァルを、ポズナンは見本市を開き、アメリカ大使館の職員はポーランドの同役とスコッチやウオッカを飲みかわしたが、ニクソンが一九六八年にふたたび大統領選に出馬し、勝利をおさめるまで、ほとんどなにも変わらなかった。そのころには、〈ラジオ自由ヨーロッパ〉とCIAの結びつきが調査ジャーナリストによって暴露され、その信頼性に傷がついていた。ポーランドの恐るべき秘密警察の長は、KGBの新議長ユーリ・アンドロポフとぴったり歩調を合わせて協力し、主敵であるアメリカと「西側のイデオロギー的・政治的破壊工作の中心」――とくに〈ラジオ自由ヨーロッパ〉――にたいする合同作戦を実施しはじめていた。そして、アメリカは、ポーランドの人々が一九六八年に世界を震撼させた広範囲の学生暴動の第一波でふたたび立ち上がったとき、背を向けていた。大統領が一九七二年春にワルシャワを再訪する準備をしていたとき、彼のいちばんの関心事は、ポーランド国民の運命ではなく、ポーランド人票だった。ポーランド民族の三分の一がいまやアメリカで暮らしていた。「われわれがワルシャワに入り、なんらかの幸運で、すばらしい歓迎を受けたら、それがわれわれにとってなにを意味するか考えてみたまえ」と、ニクソンは首席補佐官のＨ・Ｒ・ホールドマンにいった。「ペンシルヴェニア州に影響をおよぼす、オハイオ州に影響をおよぼす、イリノイ州に影響をおよぼす、そしてミシガン州に影響をおよぼすんだ」。

リチャード・ニクソンの大統領任期は、ソ連との緊張緩和(デタント)を追求することと、最初から絶望的だったヴェトナムの戦争の悲惨な遂行、そして最後はウォーターゲートの悪質な犯罪についやされた。彼が一九七四年八月に失脚するころには、彼の政権の病(やまい)は、国家安全保障の機関と政治戦の手段におよんでいた。上院はこうした機関と手段を一九七五年に調査して、カストロとルムンバの暗殺未遂と、グアテマラとイランの自由選挙で選出された指導者にたいするクーデタの手配、ＬＳＤを使った驚くべきマインドコントロール実験を暴露した。そして上院は、ＣＩＡとＦＢＩがかわるがわるアメリカ人をスパイし、彼らの手紙を開封して、家に侵入していたことをつきとめた。トルーマンからニクソンにいたる歴代大統領の命令で、ＣＩＡとＦＢＩは自国民にたいして政治戦を遂行していたのである。これらの驚くべき新事実は、それがアメリカ人にあたえた衝撃以上に、ＫＧＢにとって天からの贈り物だった。それは、政治プロパガンダと、世界が見るアメリカのイメージを破壊することをねらった巧妙な偽情報工作に十年分のネタを提供することになる。

上院の手厳しい公式報告書に直面したホワイトハウスは、一九七六年、アメリカの政治戦をほとんど停止した。そして、ジェラルド・フォード大統領がアフリカでゲリラ部隊への武力支援の大がかりな隠密工作を開始しようとすると、議会が嗅ぎつけて、資金を打ち切った。一九七七年一月十三日、ニクソン政権の嵐にもまれた生存者たち――ヘンリー・キッシンジャー国務長官、ドナルド・ラムズフェルド国防長官、ホワイトハウスのディック・チェイニー首席補佐官、そしてジョージ・H・W・ブッシュCIA長官――は、フォードとともに国家安全保障会議の最後の会合に集まった。彼らは失望して戦場を見わたした。

CIAの隠密工作能力はそこなわれていた。「われわれにもはやその力はない」とキッシンジャーはなげいた。

「ヘンリー、きみのいうとおりだ」とブッシュはいった。「われわれは隠密工作分野で役立たずであると同時に臆病になっている」

「最近では、多くのことが提案すらされていない。われわれはそれを実行することはおろか、話し合うことさえ恐れているからだ」とキッシンジャーは悲しんだ。ブッシュの返事は、今日にいたるも機密扱いのままだ。

ジミー・カーター大統領はその一週間後、宣誓就任した。彼は一九七六年十一月の選挙でからくも勝利したが、そのひとつの大きな要素はフォードが大統領候補討論会で犯した大失敗だった。フォードはポーランドと東ヨーロッパがソ連に支配されていないと断言したのである。彼はたぶん、ポーランド国民とその隣国の国民は自分たちが隷属しているとは思っていないといいたかったのだろう。彼らは抑圧に直面しても強い精神と一体感を持ちつづけていると。もしそうなら、そのニュアンスはアメリカ国民には通じなかった。

カーターは、トルーマンやアイゼンハワー同様、ポーランドと東欧におけるソ連の支配を弱体化させようとして、人権の名においてそれをやろうとした。彼はすでにその目標を推進するために政治戦を利用する気満々だった。そして、ニクソンとフォードを合わせたのとほぼ同じぐらい多くの隠密工作に署名した。彼は、アメリカとソ連と、アルバニアをのぞくヨーロッパのすべての国が署名した、一九七五年のヘルシンキ合意のレンズを通して、政治戦を見ていた。その合意は、明白な言葉で、国境を越えた人々と思想の自由な動きについて述べていた。簡単にいえば、カーターはソ連の征服体制を破壊するためにアメリカの思想を利用できると考えていた。そして、そうした思想をつたえるためにCIAを使おうと。しかも、彼は前任者たちが思いつかなかった方法でそれをやるつもりだった。のちのCIA長官と国防長官で、当時はNSCのスタッフとして勤務するCIAの分析官だったボブ・ゲイツは、彼を、トルーマン以降はじめてソ連政府の正当性に直接異議を申し立てた大統領だと考えた。

大統領には、その目的を追求するのに最適の人物がいた。ポーランドの愛国者である。ズビグニュー・ブレジンスキーは、国家安全保障問題担当補佐官で、彼は当時トルコのCIA支局長だった級友のポール・ヘンジーを雇って、NSCで自分といっしょに勤務させた。ふたりはすくなくとも一件のCIA隠密工作プログラムが当時の大変動を生きのびていたことを発見してよろこんだ。フォード政権下の一九七六年、年間約四百万ドルが、主として鉄のカーテンごしに禁制の書籍や文献を密輸することで、ソ連国内と東欧の反体制派を支援するのについやされていた。「より大きな市民的自由のために戦うポーランド国内の反体制派の活動は……過去一年で大幅に増加している」と一九七七年二月にCIAは指摘した。これがブレジンスキーの想像力に火をつけた。彼は局の分析官たちに完全な報告書を要請した。それは四月にとどけられた。「ポーランドの状況は東欧で群を抜いてもっとも不安定である」と彼らはいった。「指導部は……殉教者を作りだす可能性のある直接対立は避けねばならないと切実に感じている」。ブレジンスキーはこの一節に印をつけて、報告書を大統領にまわした。

不安定な状況は、少なからず、アーヴィング・ブラウンが監督した隠密工作に端を発していた。ブラウンはブリュッセルで、アメリカ最大の労働組合同盟であるＡＦＬ－ＣＩＯ（アメリカ労働総同盟産業別組合会議）のヨーロッパ代表を長年つとめてきた。彼は一九四七年にアメリカが西ヨーロッパに小麦と武器を運びこんでいたとき、ＣＩＡの交渉窓口をつとめ、筋骨隆々の港湾労働者を雇って、共産主義者の労働組合オルグによる妨害工作から作戦を守っていた。ブラウンは一九四八年、ケナンによってＣＩＡの隠密部門を運営する候補者の最終リストに載せられたが、フランク・ウィズナーにその座を譲っていた。それから数十年、彼は〈ＡＦＬ－ＣＩＡ〉と呼んでいいかもしれない活動を運営して、アメリカの情報局員との協力のもと、反共産主義の労働組合を強化するために働いた。「わたしはアーヴィングがポケットに一文もＣＩＡの紐つきじゃない小銭を入れずにいるところを見たことがないと思う」と、トム・ブレイデンは回想している。ブレイデンは一九五〇年代にＣＩＡの国際組織部門を運営し、アーヴィングと世界中の労働組合にたいする彼の支援に、豊富な資金を提供しつづけた。

一九七七年前半には、ブラウンはポーランドのＫＯＲ——コミテト・オプロヌイ・ロボトニクフ、つまり〈労働者擁護委員会〉——のために現金と通信装置の供給ルートを運営していた。これは、抗議活動のせいで政府に投獄あるいは解雇された労働者を援助するために創設された新しい地下グループだった。金と物資はＫＯＲが地下印刷所と、学生が組織する一連の講義である〈飛ぶ大学〉を運営するのに役立った。そこではおおっぴらに議論しては危険な、自由にかんする考えが話し合われた。ＫＯＲの指導者たちは、ミュンヘンの〈ラジオ自由ヨーロッパ〉のポーランド人スタッフとの連絡網を持っていた。彼らは、ロンドンとパリにいるポーランド人亡命者に電話をかけて、自分たちの活動とそれを弾圧しようとする政府の動きについて、〈ラジオ自由ヨーロッパ〉への情報を提供しつづけた。亡命者たちはそれを受けて、ミュンヘンに電話をかけ、〈ラジオ自由ヨーロッパ〉はその情報を逆にポーランドへ放送して、レジスタンスについての知識の輪を大幅に拡大した。AFL－CIOの長年の会長、レイン・カークランドはこれを、のちに〈ソリダルノスチ〉――自主管理労組の全国組織である〈連帯〉運動――となる運動の種と考えた。「ポーランドには〈連帯〉の先駆者があった」と彼はいっている。「ポーランドでKORと呼ばれた隠密組織のようなものだ。われわれはパリ事務所のアーヴィングをつうじて彼らと接触していた」。KORは〈連帯〉の知的核となった。そして〈連帯〉は、ほとんど誰も想像できなかったような勢力となった。

ブレジンスキーは一九七七年六月、カーター大統領に、ポーランドで政治戦の機が熟していることを思いださせた。「あそこで爆発が起きる可能性は、無視できません」と彼は期待をこめて書いた。彼はCIAが鍋をかき混ぜるためになにをしているかとたずねた。心に痛手を負った同局が、もっと本腰を入れよという大統領の命令に応じるには数カ月かかったが、翌年中にCIAは何十万冊という書籍と定期刊行物を送りだした。「こうしたプログラムは、われわれのどんな兵器にもおとらず、わが国の防衛に貢献する――それにくわえて、その費用は鶏の餌程度ですむ」とポール・ヘンジーは指摘した。

一九七八年十月十八日、ブレジンスキーは、CIAの文芸プログラムの受益者のひとりが、その配布者に礼状を送ったことを知ってよろこんだ。ポーランド語と英語の書籍と雑誌をたくさん郵便で送ってくれたことへの感謝を記したはがきを。礼状の差出人はクラクフの大司教、カロル・ヴォイティワ枢機卿だった。その二日前、枢機卿は新教皇に選出されていた――衝撃的な出来事である。アメリカ大使館のリチャード・ヴァーデン報道官はこう記憶している。「国営放送の毎晩のニュース放送を見ていると――やっているのはそれだけだ、放送は国家の独占状態だった――アナウンサーがこういった。『そしてローマでは、きょう、クラクフのカロル・ヴォイティワがつぎのローマ・カトリック教皇に選出されました』。ふくみのある中断があって、それからこんなふうにつづいた。『さて、つぎは、最新のトラクター生産のニュースです……』。アナウンサーはまだどんな指示も受けていなかったのだ。誰も彼に、このニュースをどう考えたらいいのか、それが党と国にとってなにを意味するのかを告げていなかった」とヴァーデンはいった。「だが、ポーランドの民衆はなんの疑いもいだいていなかった。クラクフでは人々は通りと広場に押し寄せ、教会の鐘が――以前には百年に一度だけ、第二次世界大戦終結のときにしか鳴ったことがなかった鐘もふくめて――その夜はひと晩中、鳴り響いた」。

教皇が一九七九年六月に九日間の日程でふたたびポーランドを訪問したとき、何百万という人々が彼を歓迎した。彼のメッセージは短くて深かった。恐れることはありません。彼は共産党指導者のエドヴァルト・ギエレクのとなりに立ち、教会の役割は、人々にもっと自信を持たせ、もっと勇敢に、もっと自分の人権を意識するようにさせることだと述べた。彼は工業都市ノヴァ・フタにおける演説で、労働者の権利を支持し、「人をたんなる生産の手段と見なしたり、あるいは人が自分自身をそう見なしたりする」考えを非難した。これは共産主義者の教義への直接攻撃だった。この突破口をくぐり抜けて、カーターは年末にポーランドを訪問し、ギエレクと彼の大臣たちだけでなく、教会の指導者たちと反体制派とも会うことを強くもとめた。ブレジンスキーは自分のつとめを果たして、ポーランドの伸張する急進的な労働運動の指導者たちとのひそかな接触を確立した。

ポーランド経済は一九八〇年はじめから急激に落ちこんだ。部分的には、国王を失脚させ、数十年にわたるペルシア湾におけるアメリカの支配をおびやかしたイラン革命のあとの、世界的なオイルショックの結果だった。七月一日、ポーランド政府は全国で食糧価格を値上げし、国内を席巻した一連のストライキと作業中止と作業遅延の口火を切った。〈ラジオ自由ヨーロッパ〉はポーランドの聴取者に、臨時労働委員会の要求について、最新の情報をつたえつづけた。委員会は経営側および政府と交渉して、より多くの賃金と権限をあたえるよう要求していた。〈ラジオ自由ヨーロッパ〉はいまやポーランドのほぼ半分の家庭にとどいていた。さらにポーランド政府にも情報をつたえつづけていた。ポーランドの政治局の八月の会議で、国防大臣のヴォイチェフ・ヤルゼルスキは、長いこと綱渡り状態がつづいている経済危機の性質について、政府の文民指導者たちが彼ら自身と国民をあざむいていると非難した。「二年前、われわれはわが国の負債が百七十億に達したといったが、われわれはそれを〈自由ヨーロッパ〉から知ったのだ」。

　グダニスクのレーニン造船所のストは八月十四日にはじまった。労働者たちははじめて、政府の支配から独立した職種別労働組合を組織することを認めるよう要求した。彼らはレフ・ワレサ〔正しいポーランドの発音ではヴァウェンサ〕という三十六歳の電気技術者にひきいられていた。彼は四年間、KORと密接に協力し、その活動のせいで解雇され、逮捕されて、投獄され、秘密警察に監視されていた。政府は報道管制を敷き、グダニスクと国内のそれ以外の場所とをつなぐ電話線を遮断して、ストのニュースが広まるのをふせごうとした――むだなジェスチャーだった。「〈ラジオ自由ヨーロッパ〉のおかげで、グダニスクやポーランド全土、そして世界中の人々が、われわれがストに入っていることを知ってしまった」と、主要な組織者のひとり、ボグダン・ボルセヴィッチはいった。彼はそののちポーランド上院の議長をつとめ、数時間だけ、大統領代行をつとめることになる。

　ワレサはほとんど一夜にして、ポーランド全国でストライキを引き起こし、労働者と大学や教会の支持者たちが協力し合った。「ポーランドで起きていることは、東西関係に、さらにはソ連圏自体の将来にさえも、広範囲にわたる影響を引き起こすかもしれません」とカーター大統領は八月二十七日、イギリスのマーガレット・サッチャー首相に書いた。もっとも可能性の高い結果は、「暴力抜きの、当局とポーランド民衆との和解をともなうでしょう。そうした和解はポーランドの体制の性格を変えることもじゅうぶんありえます」と、カーターはつづけた。その三日後、世界があっと驚いたことに、政府は反体制派労働者の要求をほとんど受け入れた。彼らは独立した労働組合を結成する権利とストライキ権――ソ連支配下にある国では革命的な考えである――を勝ち取っただけでなく、報道機関を利用する権利、政府の検閲の緩和、そして家から出られない人たちのための、日曜のミサのテレビ・ラジオ放送も獲得したのである。グダニスクで一致を見た公式合意は、全国テレビで放映された。ワレサは大きなペンで署名した。九月十七日、約三百万人の労働者を代表する三十あまりの新しい独立ポーランド労組が、〈連帯〉の名のもとで団結した。

ブレジンスキーは〈連帯〉をソ連の力への直接的な脅威と見なした。赤軍はモスクワの権威をふたたび確立するためにポーランドに侵攻するだろうか？　一九五六年にハンガリーで、一九六八年にチェコスロヴァキアで、一九七九年にアフガニスタンでやったように？　彼はその疑問を九月二十三日、国防長官と国務副長官、統合参謀本部議長代理、そしてCIA長官のスタンスフィールド・ターナー提督が出席するホワイトハウスの会議で持ちだした。彼はソ連軍部隊の動きにかんする情報と、軍事介入のためのアメリカの不測事態対応計画を再検討したかった。ターナーは、アメリカのスパイ衛星が、たぶん二週間の余裕を持って警告を発するのに間に合うように、ソ連軍師団の準備を探知できるといった――上空の雲が鮮明な写真の撮影をじゃましないかぎりは。CIAはブレジンスキー同様、ポーランドの出来事を共産主義体制全体への挑戦と見ていた。その分析官たちは、クレムリンが東欧全体とソ連自体にまで反響する「波及効果」を恐れているといった。

ロナルド・レーガンがジミー・カーターを叩きつぶした一九八〇年十一月の選挙の日、ＣＩＡは鉄のカーテンの向こうでもっとも価値が高い情報源からもたらされた恐るべき報告に釘づけになった。ワルシャワのＣＩＡ支局は、リシャルト・ククリンスキ大佐から警告を受け取っていた。大佐は十年近く、アメリカのスパイたちにひそかに協力していた。ポーランド参謀本部付きの将校として勤務し、ヤルゼルスキ国防相の副官と、ワルシャワ条約機構統合軍の総司令官であるソ連のヴィクトル・クリコフ元帥との連絡将校をつとめていた。五十歳のチェーンスモーカーで、疲れを知らない報告者だった。彼はソ連とワルシャワ条約機構の極秘軍事文書——戦争計画から武器のデータまで——の複写を三万枚以上ＣＩＡに渡していた。彼は、凍った湖を春の雪解けに歩いて渡る男のように、ごくそっと歩いた。もし見つかったら、彼は裏切り者として絞首刑にされるだろう。

彼は六枚の手紙を送って、自分と同僚将校の小さなグループがポーランドに戒厳令を敷く計画を作成するよう命じられたと、アメリカ側に警告していた。彼は手紙と、自由を一時停止する布告の草案の写真を、秘密の隠し場所である、情報受け渡し地点（デッド・ドロップ）にとどけ、ワルシャワ駐在のＣＩＡ局員がそれを発見した。十一月、ＣＩＡの分析官たちは、ソ連軍部隊の動きをとらえたスパイ衛星の偵察写真画像を——上空のじゃまな雲がしばしば地形をおおい隠すため、モザイク画の断片を——くわしく調べ、大佐の至急報の行間を読み取ろうとした。感謝祭の日、彼らはホワイトハウスに包み隠さず、ポーランドの民衆が弾圧の打撃をこうむる可能性が高まりつつあると告げた。ソ連と東欧にかんするＣＩＡのトップ分析官に任命されたばかりのボブ・ゲイツは、モスクワがポーランド人の勝ち取った新しい自由を容認できないと見ていると書いた。十二月二日、ターナーＣＩＡ長官は大統領にこういった。「ソ連がポーランドへの軍事介入のために軍を準備していると思います」。

それから十二月の五日朝早く、「極至急!」と題したクリンスキからの特別緊急通信がCIA本部にとどいた。彼はソ連が七十二時間以内に十五個師団、二個チェコスロヴァキア師団、一個東ドイツ師団をもってポーランドに侵攻することを決断したと報告した――二十五万人以上の大部隊だ。十二月六日、土曜日の午後、ターナーは自国のトップの国家安全保障当局者たちに、ソ連が「月曜か火曜に、ポーランドに突入するだろう」と語った。日曜日、彼は、ソ連のポーランド侵攻の準備がすべて完了し、まさにその夜、最終的な「侵攻の決断」が下されたといった。大統領はこれらの言葉を反映した公式声明を出した。

しかし、それらはなにひとつ真実ではなかった。その週末、曇っていたのはポーランドとソ連西部の上空だけではなかった。大統領とその国家安全保障チームの頭は閉塞状態だった。彼らはくたびれはて、屈辱を味わった者たちだった。イランではアメリカ人の人質たちが三百九十九日間も拘束されていた。人質救出作戦は大惨事に終わっていた。ソ連が一九七九年十二月にアフガニスタンを侵略したときには、CIAは警告を受けていなかった。ターナーとCIAはソ連の差し迫った軍事行動の明確な証拠を見抜けなかったことで当然ながら批判された――そして、彼らはそのあやまちを二度とくりかえさないつもりだった。彼らはかわりにべつのあやまちを犯した。というのは、もしソ連が一九八〇年十二月にポーランド侵攻を検討していたとしても、それはターナーの判定のときには、すでに取りやめられていた。ソ連はポーランドの将軍たちに、自分たちで〈連帯〉に対処させることに決めていた。重要なことに、そして決定的なことに、いまや政治局で支配的な発言力を持つKGBのアンドロポフ議長が侵攻に反対していた。クレムリンはたしかにポーランド国内で軍事演習を実施する計画を持っていたが、これらの軍事演習はつねに戒厳令施行のための隠れ蓑として意図されていた。二週間後、空が短時間、晴れたとき、アメリカの偵察衛星は、ロシア西部のソ連三個自動車化ライフル師団しか戦闘即応状態になっていないことをあきらかにした。

軍事演習は一九八一年三月二十三日、ポーランドではじまった。CIAはふたたびソ連の侵攻が間近に迫っていると報告した――これもまた、まちがい警報で、しかもポーランド情勢の進展にかんする諜報活動の最後の失策ではなかった。ポーランドの状況はワシントンで、深まりゆく恐怖感を投げかけた。「世界的な緊張の影、誤算の危険、さらには超大国間に起こりうる軍事紛争さえ」と、ボブ・ゲイツは書いている。レーガン政権はヨーロッパ駐留のアメリカ軍部隊を増強し、新型核兵器を展開させるための不測事態対応計画を大急ぎで完成させた。ククリンスキは四月二十六日、長年のCIA工作担当官デイヴ・フォーデンに宛てた手紙で、ポーランドの政治情勢が悲観的で、軍事情勢は絶望的だと報告した。「われわれポーランド人はみずからの自由のために戦わねばならないと理解しています」と彼は書いた。「小官は依然として、貴国がその自由のために戦っている者全員にあたえる支援が、われわれをその目標に近づけるであろうと確信しています」。

その支援はいまや多くの発信源からもたらされた。カーター大統領は経済援助を年間七億一千五百万ドルに増額して、ポーランドを世界でもっとも多くアメリカの財政援助を受ける国にしていた。〈連帯〉とKORは、AFL-CIAから増大する支援を受けていた。〈ラジオ自由ヨーロッパ〉はポーランドの人々にレフ・ワレサと同国の苦難を毎日報じ、体制の欠陥を暴露することに力を尽くしていた。アメリカ大使館の職員は政府上層部の文官だけでなく、〈連帯〉やカトリック教会の指導者たちとたえず密接に連絡を取っていた。教皇は戦略と戦術にかんして〈連帯〉に助言した。そして、ポーランドの共産党はその階層を大改革して、急進派と穏健派を昇進させ、選挙改革を導入しはじめた。こうした若い芽は、弱々しかったが、かたくなな悲観主義者のゲイツはその春の暗がりのなかに一条の光を見た。「わたしが見るところ、われわれは戦後期で屈指の重大な変化を目撃しているのか宛てて書いた。

にける、これから十年間の大規模な変化の前兆となるかもしれない」と彼はケイシーＣＩＡ長官に

もしれない。それは、もし阻止されなければ、スターリンがソ連国内と東欧の両方で作りだした体制

ククリンスキは戒厳令の施行が迫っていると報告しつづけた。布告はいつでも印刷にまわせる状態で、投獄されることになる六百人の人々のリストがすでに用意されていた。それから九月十五日、彼はＣＩＡに緊急警報を送った。秘密警察が〈連帯〉に潜入していて、政府の計画が、その暗号名〈春作戦〉とともに反体制派に漏れていることを知ったのである。その秘密を知りうる人間は少数で、容疑者探しはすでにはじまっていた。十一月二日、ククリンスキ大佐は上司たちに呼びだされた。上司たちは、独自の情報源からＣＩＡが計画をつかんでいることはわかっていると彼にいった。彼はその場では逮捕されなかったが、じきにそうなるのではないかと恐れた。そこでワルシャワ支局に自分と妻とふたりの息子を救ってくれるようもとめた。ケイシーはフランシス・ミーアン大使に電文を送り、脱出作戦が差し迫っていることを通知した。その五日後、支局長はボルボでククリンスキ一家をひろって、大使館へつれていき、外交官プレートをつけたバン車内の荷造り用木箱に一家を詰めこんだ。バンはポーランドと東ドイツを走り抜けて西ベルリンに入り、それから軍用機が一家をアメリカに運んだ。一家が着陸するころには、ヤルゼルスキ将軍は、大佐がスパイであり、アメリカはきっと自分の戒厳令計画を手に入れていて、ＣＩＡと国務省とホワイトハウスはそれゆえ自分がそれをいまにも実行しようとしていることを知っているにちがいないと気づいていた。

それでも弾圧が十二月十三日にやって来たときには、それはワシントンのほぼ全員にとって衝撃だった。ＣＩＡは——ククリンスキの警告にもかかわらず——ポーランド人が戒厳令を敷くとは思っていなかった。信じられないことに、同局は彼の報告を、国務省の誰にも、ホワイトハウスでは国家

安全保障担当補佐官のリチャード・アレンたったひとりにしか、教えていなかったようだ。アレンは贈収賄スキャンダルに巻きこまれたあと、休職していた〔ナンシー・レーガンのインタビューを手配した謝礼として日本の雑誌社から千ドル受け取った疑いがかけられた〕。ソ連担当幹部分析官のダグラス・マキーチンは、過去にさかのぼる徹底的な再検討の結果、CIAの誰も証拠を分析していなかったことを発見した。分析が欠如していたために、「人間の精神構造の欠陥と、官僚的な縄張り主義、不十分な意思の疎通、そして単純な注意散漫が、勝手にその損害を引き起こしたのである」。こうした不手際は、諜報の歴史ではおよそめずらしいものではない。9・11委員会は、同時多発テロ攻撃の成功にとってきわめて重要だったものとして同様の失敗を挙げている。アメリカの情報機関は知識を先見の明に、先見の明を行動に変えていなかった。もしその英知があったなら、〈連帯〉に事前に警告し、もしかするとポーランドの民主主義の弾圧と、そこから生じる人々の窮状を未然にふせいだかもしれない。冬の終わりには、一万人以上の人々がポーランドで政治犯となり、何十人という活動家やスト中の鉱山労働者が治安部隊と秘密警察に殺害され、〈連帯〉運動は地下深くに追いやられて、指導者たちは投獄され、その資産と資金は没収されて、事務所は閉鎖された。

　クリスマスの時期に、レーガンはソ連のブレジネフ書記長に、怒りに満ちた書簡を送った。「ポーランドにおける最近の出来事は、アメリカ国民とわたしの心を失望で満たしています」と書簡ははじまった。「十二月十三日の戒厳令施行以来、ポーランド国民のもっとも基本的な権利は毎日、侵害されています。合法的手順抜きの大量検挙。過密状態の監獄と凍てつく留置所への労働組合指導者と知識人の監禁。集会と結社のあらゆる自由の停止。そして、最後に、治安部隊による市民への残虐な暴行」。ソ連の指導者の反応は、捕虜収容所と同じぐらい冷えきっていた。

　翌年、レーガン政権は思いだしたように、カーターとブレジンスキーが築いた基礎をもとにして、〈連帯〉を支援する大がかりな隠密工作を構想し、実施しはじめた。その全貌はいまだ書かれていない。鍵を握る重要な文書は——国家安全保障会議の会合の議事録や、国務省の記録、ＣＩＡの隠密活動部門のファイルは——事実から四十年近くたっても、依然として機密扱いのままだ。しかし、重要な要素は明白だ。アメリカは、ポーランドを解放するための政治戦に何千万ドルもつぎこんで、流血を除いて自国が自由に使えるほとんどあらゆる手段を使いはじめたのである。

レーガンの国家安全保障チーム最上層部の混乱は——国家安全保障担当補佐官ふたりと、ＣＩＡ副長官、国務長官の矢継ぎ早の辞任は——隠密工作につぎこまれる金とエネルギーに匹敵した。ビル・ケイシーはＣＩＡ長官としてはじめて閣僚級の地位を得た。彼は道徳心のない人物で、規則や法律をそれが折れるまで曲げた。レーガンの選挙運動本部長で、彼の信頼を得ていたが、信頼すべき人物ではなかった。政権の最初の数カ月で、彼は、キューバとニカラグア、中米全域、そしてアフリカの大半を狙った好戦的な隠密工作と、ソ連のエネルギー・パイプラインに破壊工作を実施する大胆な計画を開始する許可を得た。この計画は、シベリアにおけるマルウェア〔悪意のあるコンピューター・プログラム〕攻撃へとつながり、宇宙衛星から見える爆発を引き起こした。しかし、彼は最初、〈連帯〉への秘密支援を控えた。やがてアメリカは、のちにポーランド駐在アメリカ大使となったトーマス・Ｗ・サイモンズ・ジュニアが「ＡＦＬ－ＣＩＯを大いに利用した……〈連帯〉にたいする秘密援助のひじょうに強固な計画」と呼んだものを産みだすことになる。

一九七九年十一月以来、ＡＦＬ－ＣＩＯの会長となったレイン・カークランドは、最初に行動に出た。彼はケイシーと協力して、ＡＦＬ－ＣＩＡの秘密組織を生き返らせた。

「われわれはルートを開拓して、かなりの物資とかなりの資金を地下に送りこんだ。それをやるためには、〈ソリダルノスチ〉のブリュッセル事務所への資金提供をはじめ、いくつかの代替手段があった」とカークランドは説明した。「そして、われわれはそれらを地下活動の時代、ずっと生かしておいた」。ＡＦＬ－ＣＩＡは、ポーランドのレジスタンスに流れる情報伝達機材の供給ルートに、すくなくとも四百万ドルをつぎこんだ――ビデオカメラ、カセットレコーダーとテープ、印刷機、コピー機、カーボン紙、新聞印刷用紙、〈ハーシー〉のチョコシロップの瓶に隠した印刷インクに。一九八二年の夏には、新たに配布される何十という地下新聞の費用をまかなっていた。地下新聞は、国営テレビへの真っ向からの異議申し立てと見なされた。テレビでは軍服を着た将校がだらだらとしたニュースをロボットのようにつたえていた。アーヴィング・ブラウンは、亡命した〈連帯〉の活動家ミロスラフ・ドミニチクを雇って、彼に暗号名――〈コールスロー〉――をあたえ、ポーランドに機材を密輸する彼の活動に資金を提供した。〈コールスロー〉は同様に、支持者に金を出して、観光客としてロンドンに旅行させ、印刷機を分解させて、部品ごとにひそかにワルシャワに運びこませた。「戒厳令中に西側から手に入れた印刷機は、戦時中の機関銃か戦車に匹敵したかもしれない」と、ヴィクトル・クレルスキという地下組織の重要メンバーはいった。

ポーランドの戒厳令は、〈ラジオ自由ヨーロッパ〉の再活性化をもたらした。〈ラジオ自由ヨーロッパ〉は、ホワイトハウスがＣＩＡの支援という公然の秘密を認めたのち、一九七四年から議会によって公的に資金を提供されていた。レーガンは六月、〈ラジオ自由ヨーロッパ〉とそのロシア語版の相棒である〈ラジオ・リバティ〉に二千百三十万ドルをつぎこむ秘密国家安全保障命令に署名した。資金は彼らの番組制作を強化し、送信施設の出力を増加させ、ワルシャワとモスクワの電波妨害を打ち負かす能力を向上させた。局はいまや強力な自由の増幅装置で、ストやデモの呼びかけを伝達し、急増する聴取者にとどく地下ニュース速報を放送した。ワレサはのちに、〈ラジオ自由ヨーロッパ〉は〈連帯〉の文化省と情報省をつとめたと述べた。〈ラジオ自由ヨーロッパ〉のポーランド語放送の新任ディレクター、ズドジスラフ・ナイデルは、〈連帯〉の協力者だった。しっかりとした文書による証拠は、彼が現金やラップトップ・コンピューター、ハードドライブ、テープレコーダーを〈連帯〉の運び屋の手にこっそり渡していたことを示唆している。CIAの隠密プログラムのあらゆる特徴をそなえた工作である。政権は彼を反逆の罪で裁判にかけ、本人欠席のまま死刑を宣告した。彼の活動は戒厳令を有名無実にした。

レーガン政権の著名なカトリック信者たちは、頻繁にローマに飛んで、教皇にポーランドの政治的、軍事的、諜報的状況をつたえつづけた。これらの使節の顔ぶれは、ヨーロッパと中東への隠密飛行の途中でよくヴァチカンに立ち寄ったケイシーや、ニクソン政権とフォード政権でCIA副長官をつとめ、十数回、教皇をたずねては、教皇の仕事言葉である完璧なイタリア語で話をした、移動大使のヴァーノン・ウォルターズ将軍、国家安全保障担当補佐官のウィリアム・クラークと後任のバド・マクファーレン、そしてポーランド系アメリカ人で、核兵器削減交渉の責任者エドワード・ロウニーなどだった。彼らは、ほかの情報データとともに、〈連帯〉への支援の報告や、東欧におけるソ連の核兵器のスパイ衛星画像をたずさえていた。アメリカが戦略核兵器を増強し、西欧に強力な核兵器システムを大胆にも配備したとき、しばしば軍拡競争に反対する発言をしていた教皇は、反対しなかった。

レーガン大統領は一九八二年六月七日、教皇と一対一で会談した。ふたりとも前年に、六週間ちがいで、暗殺未遂事件を生きのびていた。レーガンは、ふたりには神秘的なつながりがあって、ふたりとも神聖な目的のために死をまぬがれたのだと信じていた。公式な筆記録は存在しないが、のちに在教皇庁アメリカ大使をつとめたトーマス・メラディによれば、ふたりは国家の運命について話し合ったという。「大統領は、教皇が、いつの日か東ヨーロッパは自由になり、東ヨーロッパは西ヨーロッパといっしょになるだろうと語ったという話を読んだことがあると、教皇に持ちかけた。そしてレーガン大統領は、『聖下、それはいつでしょうか?』とたずねた。すると教皇はいった。『われわれが生きているあいだにです』。大統領は椅子から飛び上がらんばかりになって……教皇の手を取り、『力を合わせてやりましょう』といった」。

ホワイトハウスとCIAと教皇と〈連帯〉を結びつけた大戦略とされるものについては、いろいろといわれているが、実際には、それは根本的には情報共有関係だった。アメリカは、ポーランドとその奮闘、そしてソ連にかんする秘密を教皇にあたえ、その知識で武装した教皇は、それを〈連帯〉の指導者たちと教会の支持者たちに伝達した。〈ラジオ自由ヨーロッパ〉と同様、教皇は政治戦の中継局だったのである。

一九八二年の五月と九月、レーガンはソ連と東ヨーロッパにたいする隠密工作と外交政策をみちびく秘密命令に署名した。それらは一九四八年にまでさかのぼるジョージ・ケナンのドクトリンの力強いくりかえしだった。最初の命令は、アメリカが「ソ連の支配と軍隊の駐留の拡大を封じこめ、押し返す」ことを意図していると宣言していた。つぎの命令は、「ソ連から比較的独立して見える」東ヨーロッパの国々を、「その国民の親西欧的姿勢」を強め、モスクワへの政治的依存を弱めて、西ヨーロッパの自由諸国との結びつきを強化することによって、支援することを狙いとしていた。ポーランドはあきらかにその支援の第一候補だった。政権は反対派へのネジを締めつけつつあった。十月、政府は〈連帯〉を非合法化し、KORの重要メンバーを反逆罪で訴追した。

十一月四日、大統領はホワイトハウスのシチュエーション・ルームで、国家安全保障計画立案グループと会議を開いた。これは主要なCIAの工作を許可する組織で、そのメンバーにはケイシー、ブッシュ、キャスパー・ワインバーガー国防長官、ジョージ・シュルツ国務長官が顔をそろえていた。その日のレーガンの日記からは、ポーランドが議題だったことがわかる。グループは、〈連帯〉

が戒厳令の終わりを模索して、政治犯の釈放を勝ち取るのを助けるために、同組織を支援する秘密政治戦プログラムを検討して承認した。ソ連占領下のアフガニスタンでイスラム教徒の聖戦士の手に武器弾薬を密輸するＣＩＡの世界規模の工作とちがって、これは繊細な工作で、完全に秘密でなければならなかった。これらの命令により、〈ＱＲ／ヘルプフル〉という暗号名をあたえられたＣＩＡの工作が開始された。

レーガンは勝手に突き進み、手綱が必要だったと、シュルツ国務長官はいった。「〈ソリダルノスチ〉の場合には、大統領にこういう必要があった。『ここはひとつ、慎重に行きましょう。われわれは第三次世界大戦をはじめるつもりはないのですから。だから、あまりやりすぎないようにして、でも圧力をかけるんです』」。ＣＩＡの熱心な隠密工作と直接結びつけられたら、〈連帯〉は壊滅させられるだろう。レフ・ワレサと彼の支持者には、銃は必要なかった。彼らに武装暴動を起こすことはできなかった。そんなことをすれば叩きつぶされるだろう。彼らに必要なのは、代わりの世界を作りだす手段だった。するどい文章や痛烈な寸評、辛辣な皮肉、民主主義の理想、真実に満ちたプロパガンダ、そして厳然たる事実を印刷し、放送して、政府統制下のメディアを不定期にハッキングすることによって当局に楯突くことができる、カウンターカルチャーである。ポーランドにおける地下政治戦の武器は、出版の自由の道具だろう。一九八三年一月から、ＣＩＡはその武器庫に、わかるかぎりでは、二千万ドルもつぎこんだ。局は〈連帯〉に、資金にくわえて、西ヨーロッパの主要都市――なかでもパリ、ロンドン、ローマ、西ベルリン――からワルシャワへの地上供給路を利用して、ストックホルムからグダニスクへの海上輸送路を確立し、最新の印刷および放送能力を提供した。

最初の大成功は、言論の自由のための新しい周波数だった。局は一九八二年、ＡＦＬ－ＣＩＯは、地下の〈ラジオ連帯〉のために、起業資金と機器を提供していた。局は一九八二年、秘密警察に簡単に探知されないように、移動する車やバンから、低出力の移動放送を開始した。ＣＩＡは一九八三年、もっと野心的な印刷放送活動のために、技術を提供し、専門知識をつたえて、その能力を拡大した。激怒した当局は、監視と強制捜査を強化して反撃した。彼らの捜索の規模——とレジスタンスの規模——は、秘密警察の記録であきらかになった。それによれば、この二年間で、政府は百三十万枚のビラと八十二万八千五十冊の書籍と雑誌、オフセット印刷機九台、〈ゼロックス〉・コピー機七台、五十万枚近い文書を押収した。送信機はついに見つけられなかった。ＣＩＡが〈連帯〉の供給源ではないかと疑った政府は、アメリカ大使館で外交官の隠れ蓑を利用して活動するアメリカの情報官を追放しはじめた。これはむだだとわかった。ＣＩＡは、地下レジスタンスに金と物資をとどけるとき、つねに安全器（カットアウト）——第三者の仲介役——を使ったからだ。

　政権は一九八三年夏に規則を修正した。六月に、教皇がポーランドに戻ってきて、ワルシャワとクラクフで何百万人という群衆の歓迎を受け、人海のなかにひるがえる〈連帯〉の旗に迎えられて、レフ・ワレサと面会していた。教皇が訪問するときはいつものように弾圧が数日間やんだ。今回、彼の影響力は長つづきした。教皇が去ってから数週間後、政府は戒厳令を解除した。もっとも〈連帯〉の禁止と、メディアと大衆の統制は依然として残っていたが。ワレサは十月、ノーベル平和賞を受賞し、アメリカはこの機会を利用して、彼の大義への支援を強化した。十一月、米議会は、海外の民主的権利の原則を支援して、「ソフトパワー」を発揮する目的で作られた機関、〈アメリカ民主主義基金〉を創設した。いまや〈ラジオ自由ヨーロッパ〉を監督する運営委員会の一員となったカークランドは、基金創設の影の推進力で、その理事長の親友だった。基金の最初の資金提供には、ＡＦＬ－ＣＩＯの〈自由労働組合協会〉への一千三百八十万ドルがふくまれた。協会は最初から〈連帯〉を支援し、〈ＱＲ／ヘルプフル〉と緊密に連携して活動してきた。資金はたえず惜しみなく注がれた。基金は時間をかけて、ざっと四千万ドルを自由ポーランドの大義につぎこんだ。

〈連帯〉は一九八四年後半から一九八五年前半以降、CIAの技術で一連の破壊的な打撃をお見舞いした。組織はいまや、一・六キロの到達距離を有する移動式の秘密テレビ放送機のネットワークを持っていた。政府の放送に割りこんで、電波をつうじて〈連帯〉の旗を降り、本物のニュースを報道して、つぎの抗議運動を発表することができるゲリラ放送局である。《ニューヨーク・タイムズ》のワルシャワ支局長マイクル・カウフマンは、ある夜、活動家の家に招待されたとき、ちょうど国営放送の七時のニュースがはじまって、画面に「〈連帯〉は生きている」の文字が現われ、つづいてアナウンスの声が視聴者に、三十分後に、ある周波数で〈ラジオ連帯〉を聴くようもとめるのを、驚きとともに見守った。「たくさんの警察車のサイレンが聞こえ、運転席に小さな円盤状の方向探知機をつけた青いトラックが通りすぎるのが窓から見えた。『警察はかっかしているんですよ』とホスト役のひとりがいった」とカウフマンは報告した。「『連中はわれわれが連中のテレビに割りこめるのが信じられないんです。われわれの送信機の場所をつきとめようとしていますが、そいつを見つけることはないでしょうね』」。

CIAは一九八〇年代中期、数百万ドル分のビデオデッキ、ビデオカメラ、カセット、無線傍受装置と送信機、コンピューターとフロッピーディスク、コピー機、オフセット複写機をポーランドに密輸した。積荷はポーランド、東ドイツ、ソ連のスパイ機関の最大限の努力にもかかわらず到着した。約四百種の地下定期刊行物がいまやポーランドの都市にあふれ、もっとも人気が高いものは三万部単位で印刷されて、ゆっくりと燃えるレジスタンスの炎を広めるのに役立った。

カウンターカルチャーは、一九八六年九月、ヤルゼルスキが投獄された地下活動家の大半を恩赦にしたとき、大勝利をおさめた。〈連帯〉はいまやおおっぴらに活動する道を探しもとめはじめた。一九八七年春には、〈ラジオ連帯〉はポーランド全土の聴取者にとどいていた。〈連帯テレビ〉は毎晩ニュースに割りこんで、教皇が再訪する前夜の大衆デモを訴えた。そして、教皇は、六月の第二日曜日にグダニスクの大群衆の前で野外ミサを開いたとき、大胆な新しいやりかたではっきりと訴えた。「毎日、わたしは、みなさんのために祈っています」と彼はいった。「毎日、わたしは自分の祖国のために、働く人々のために、そして、このとりわけ重要なポーランドの象徴、〈連帯〉のために祈っているのです」。

モスクワでは新指導者がワルシャワ条約機構加盟国とソ連と全世界の政治風景を変えはじめていた。ミハイル・ゴルバチョフが直面したやっかいなジレンマは、ソ連の体制をいかに破壊することなく変えるかだった。その体制を改革し再編する彼のペレストロイカ計画は、一九八七年はじめに、官職を共産党員以外の人々に解放し、要職については秘密投票で複数の候補者による選挙を行なうことによってはじまった。これははじまりにすぎなかった。ゴルバチョフは共産主義のひどい経済的、文化的、政治的矛盾の一部に対処しようとしはじめた。いまやCIAの副長官になっていたボブ・ゲイツは、米議会に、この変化がソ連とその衛星国に緊張と混乱を引き起こしつつあると報告したが、CIAはその半分も知らなかった。ゴルバチョフは一九八七年五月の秘密会議で、ポーランドと残りのワルシャワ条約機構加盟国の指導者に、ソ連は二度とふたたび、東ヨーロッパの蜂起を叩きつぶすために軍事的に介入しないと告げていた。そして、いまやポーランド国民は、ふたたび蜂起しつつあった。彼らが一九四四年、一九五六年、一九六八年、一九七〇年、一九七六年、一九八〇年に、そして過去何世紀も、そうしたように。しかし、今度は誰も彼らを鎮圧することはできなかった。

一九八八年には、八年間で最大のストとデモがやって来た。賃上げの要求ではじまった抗議は、〈連帯〉をふたたび合法化する嘆願へとエスカレートし、街角の移動戦になった。ヤルゼルスキ将軍は、赤軍が自分を権力の座につけつづけるつもりはないことに気づいた。彼はポーランド政府がその敵と話し合う必要があることを知った。年末前に、ワレサは国営テレビで共産主義労組の委員長と討論していた。そして、一九八九年一月には、ヤルゼルスキは、もし党がただちに〈連帯〉を合法化しなければ辞任するとおどしていた。そこで、秘密警察の司令官で、政権内で二番目の実力者であるチェスラフ・キシュチャク内相が、自分が長いこと対立してきた人々と話し合いはじめた。一九八九年二月六日、彼はワルシャワの宮殿で円卓会議のグループを招集した。五十五人が集まった。半数は党の指導者たちで、残りの半分は〈連帯〉のメンバーと、ひと握りの教会のオブザーバーだった。ヤルゼルスキがじきに話し合いにくわわって、対話は四月五日までつづき、彼はワレサに、仲間にならないかと誘った。彼は、自分が犯罪者や反革命主義者として忌み嫌っていた人々が同胞であることを知った。

これは精神の革命だった。著書『ザ・ホーンテッド・ランド』のなかで、ジャーナリストのティナ・ローゼンバーグは、ふりかえって、「円卓会議がいかに衝撃的だったかを思いだすのは」むずかしいと書いた。「一九八九年四月には、非共産主義のポーランドは考えられなかった。ベルリンの壁とソ連は依然として崩せないように見えた」。政府はその月、〈連帯〉を合法化し、選挙を実施して、権力を分け合うことに同意した。六月四日の投票は真に自由とはいえなかった。党は下院〈セイム〉の三分の二近い議席を保証されていた。しかし、〈連帯〉は争われた百六十一議席のうち百六十議席を、そして新設された上院では百議席のうち九十二議席を獲得した。妥協にかんする友好的な話し合いは、平和な革命に直結した。一九八九年八月、両陣営は連立政権を樹立した。〈連帯〉はいまや本物の政治権力を手にした。そして、その権力をソ連帝国全域の志を同じくする人々と分かち合う決意だった。〈連帯〉はバルト諸国——リトアニア、ラトヴィア、そしてエストニア——とウクライナ、ベラルーシ、モルドヴァのソヴィエト社会主義共和国の独立運動と連携した。ストを起こしたソ連の炭鉱労働者を直接支援した。そのスタイルと威勢、戦略、そして戦術は、シベリアの鉱山からハンガリーとチェコスロヴァキアの首都まで、そして冷戦の闘鶏場である、分断されたベルリンで、民主化運動を引き起こした。

CIAはそれがやって来るのに気づかなかったが、KGBは気づいた。〈連帯〉政権がポーランドで具体化してから数日後、ソ連の情報機関は、「ソ連政府の強制的な転覆を引き起こそうと画策する敵対勢力」と戦う新しい局を創設した。ソ連の党高官はすでに政治局に、「ポーランドの『経験』を見れば、わが国がどこへ向かっているかはわかる」と警告していた――そして、それは「大惨事の方向」だった。ワルシャワのソ連大使館はクレムリンに、「〈連帯〉はその経験を積極的に宣伝して、『ポーランド・モデル』を、『時代遅れの社会主義体制』と闘うもっとも効果的な手段として発表している」とつたえた。KGBの高官は、「〈連帯〉はポーランドの社会主義を弱体化させるために、アメリカの支援でこの戦略を遂行し、アメリカ人たちはいま、ポーランド人にわが国で同じことをさせたがっている」と不吉につけ加えた。

クレムリンの支配にたいする〈連帯〉の抵抗の波及効果が大きな波となって、一九八九年十一月九日にベルリンの壁をぶち破ると、それがソ連の終わりのはじまりだった。その同じ日、ウラジーミル・プーチンは東ドイツのドレスデンで勤務する三十七歳のKGB中佐で、忌み嫌われ恐れられた情報治安組織の国家保安省〈シュタージ〉の地方本部から緑の芝生をへだてたアンゲリカシュトラーセの優雅な家を拠点としていた。じきに東ドイツの国民は自分たちの抑圧者に怒りの矛先を向けた。一九九〇年一月十五日、約二千人のデモ隊がドレスデンのシュタージ庁舎に押し入り、荒らしまわった。彼らはそれからKGB支局に向かってきた。プーチンは彼らとソ連の秘密のあいだに立っていた。

「よかろう、ドイツ人たちは自分たちのＭＧＢ［国家保安省］をばらばらにした」と、プーチンは十年後、ロシアで権力を握る準備をしているとき、自分の伝記作者に語った。「それは彼ら自身の国内問題だ。しかし、われわれは彼らの国内問題ではなかった。この群衆は深刻な脅威だった。われわれの建物には文書があった。そして、誰もわれわれを守るために指一本あげなかった。

しばらくして、群衆が怒りだすと、わたしは出ていって、人々になんの用かとたずねた。わたしはここがソ連の軍事組織だと彼らに説明した」とプーチンは回想した。「すると誰かが叫んだ……『とにかく、あんたらはここでなにをやってるんだ？』。それはまるで、『おまえたちがなにをたくらんでいるのか知っているぞ』といっているようだった。……この連中は好戦的なムードだった」。プーチンは上司に電話をかけて、建物を守るために武装した兵士の一隊を送るようたのんだ。「するとこういわれた。『モスクワからの命令なしではなにひとつできん。そして、モスクワは沈黙している』。

数時間後、わが軍の連中がやっと到着した。そして、群衆は散っていった。しかし、『モスクワは沈黙している』というあの問題――わたしはそのとき、国はもはや存在していないという感じを受けた。すでに姿を消したのだと」。

四十五年にわたり、アメリカの政治戦は、この勝利を手に入れようとしてきた。いまこそ勝利のとき、栄光のとき、そしてなんでも起こりうるという気分のときだった。しかし、それは、モスクワの夏のようにあっという間に過ぎ去っていく、はかない心象だった。プーチンはアメリカにたいする復讐をくわだて、そして二十一世紀、それを成し遂げることになる。

第6章 じつに汚い手

ウラジーミル・プーチンは、ドイツ軍がレニングラードの街をほぼ破壊してから八年後に、荒廃したこの都市で誕生した。ヒトラーの長い包囲攻撃によってもたらされた苦しみと死は、古今の市街戦の歴史上、類を見なかった。百五十万人が空襲や砲撃、飢餓で命を落とした。レニングラードで死んだり負傷したりしたロシア人の数は、第二次大戦におけるアメリカとイギリスの全死傷者数合計より多い。プーチンの話によれば、彼の母マリアは、飢え死に寸前で、隣人たちが彼女を通りの死体といっしょにならべたところ、誰かが彼女のうめき声を聞きつけたという。

この破壊された世界の子供が、レニングラードＫＧＢの産物となる。彼は高等学校のときからスパイ機関に入ることを望んでいた。それは、調理されるキャベツや共同トイレの悪臭につつまれた灰色のコンクリート製共同住宅の狭くて凍える部屋から抜けだす唯一の確実な道、権力や特権とは無縁の若者がソヴィエト・ロシアの政治のつるつるすべるポールをよじ登る唯一の方法だった。そのことがすべての中心だった。

プーチンは一九七五年に入局した。その二年前、彼はあるＫＧＢ職員に入局したいという希望を明らかにしていた。彼は自分の生まれ故郷の東端にあるオフタ川ぞいの第四〇一ＫＧＢ学校で訓練を受け、それからの十年のほとんどを、レニングラードで対外情報官としてすごした。彼の勤務時間のすべてではないにしろ大半は、アメリカ領事部のアメリカ人にたいするスパイ活動をともなった。領事館はロシア革命の余波で打ち壊されてから五十五年後の一九七三年、ワシントンとモスクワの見せかけの緊張緩和(デタント)の幕開けに、厳かに再開していた。

「レニングラードはモスクワよりずっと荒っぽいKGBの街だった、ずっとだ」と、オクラホマ州タルサの住人で、一九八〇年から一九八三年まで、アメリカ大使館での三度の勤務のうちの一度目を経験した国務省の政治担当官、G・ウェイン・メリーは語った。「わたしは合計で約三カ月のレニングラード勤務中に、モスクワのほぼ三年間よりも多くの身体的いやがらせを受けた。彼らはわれわれ領事館員に一連の当て逃げ寸前の接触を仕掛けた。わたしは標的のひとりで、ナンバープレートを隠した彼らの車にあやうくぶつけられるところだった。レニングラードのKGBは本物のくそ野郎だった」。六人のKGB局員が、レニングラードのアメリカ外交官ひとりひとりに、相手がスパイという想定で、二十四時間の息がつまるような監視を行なった。局員たちは、子供を後部座席に乗せたアメリカの外交官の車を市の郊外で道路の外に飛びださせた。定期的に共同住宅のアメリカ人の部屋に押し入って、彼らの持ちものを調べた。午前三時に電話をかけてきて、自分たちがKGB時間で活動していることを知らせた。アメリカの外交官にいやがらせをしていないときは、おとり作戦でアメリカのビジネスマンを追った。彼らは、人をあやつったり、脅迫したり、ゆすったりする才能を持つならず者だった。プーチンは、ちょうどドレスデンに配属されてソ連が崩壊をはじめるのを目にするまで、二十代なかばから三十代なかばにかけて、この文化の一部だった。

世紀の変わり目にプーチンがロシアの支配者になったあと、彼が最初にやった公的な行為のひとつは、KGBの旧本部にユーリ・ウラジミロヴィチ・アンドロポフの生涯と業績を讃える記念の銘板をふたたび設置することだった。彼はのちに、昔のボスを賞賛する高さ三メートルの像を発注した。これはじつに彼らしかった。アンドロポフが彼を作ったからだ。プーチンは彼の信奉者だった。彼はアンドロポフ時代のKGBでもっとも成功をおさめた卒業生であり、あらゆる重要な面でアンドロポフの後継者だった。最初はスパイの長として、それから国家の最高指導者として。

一九五六年のハンガリー蜂起中、同国駐在ソ連大使だったアンドロポフは、怒れる民衆が憎まれ恐れられた秘密警察のメンバーを絞首刑にするのを見たことがあり、この蜂起の経験が彼を形づくったように。ちょうどドレスデンで、シュタージと彼らのソ連政治委員にたいする暴動がプーチンを形づくった。アンドロポフは、反革命とソ連の戦車と兵士による侵攻、ハンガリーのレジスタンスの粉砕、ハンガリー首相の投獄と処刑を調整し、この業績は彼をソ連の継承者のすべりやすい階段の上へと一気に押し上げて、一九六七年、ついに彼はKGBの議長になった。彼は十五年にわたり、世界史上もっとも手ごわい情報機関を指揮し、一九八二年、ソ連の支配者になった。KGBの議長としての彼は、少しだけやさしく寛大なスターリンだった。国家の敵を何百万人も殺害し、さらに何百万人をシベリアの収容所に送ったりはしなかった。長年のあいだに数十万人を逮捕して、もっとも政治的に有名な者や社会的に望ましくない者を、いわゆる精神科病院での拘禁に追いやっただけだ。ソ連国外とより大きな世界全体では、彼はモスクワの政治戦の手段をより強力に、より激しくした。彼の不朽の遺産は、KGB流の政治戦の持続的な力である。

政治戦のロシア語版は、「アクチヴヌイイェ・ミレプリヤーチヤ」——積極的手段——である。ふたつの用語は、部分的には同じ任務を指しているが、ロシア人とアメリカ人ぐらいちがっている。二十世紀のアメリカの政治戦は、冷戦を勝つための戦略の一部だった。ソ連の積極的手段は、政治的な敵をあざむき、判断をあやまらせ、驚かせ、破壊工作を行ない、ときには殺害することを目的とした多種多様な戦術だった。それはクレムリンのDNAにおける二重らせんだった。欺瞞は、主敵であるアメリカを転覆させる戦いにおいて、えり抜きの武器だった。

アンドロポフは、積極的手段を専門とするKGBの部門――〝A局〟――をまるごと創設した。CIAは、一九八〇年代前半に、約一万五千人の職員がA局で勤務し、毎年約四十億ドルを使っていて、おおむねCIAの隠密工作部門の規模に匹敵すると見積もっていた。KGBの対外情報部門である第一管理本部の全情報官は、時間の二十五パーセントを積極的手段の考案と実施にあてるよう命じられていた。

アンドロポフのことをなにも知らないアメリカ人でも、A局の活動の側面についてはおぼえがあるだろう――CIAがケネディ大統領を殺害したとか、FBIがマーティン・ルーサー・キングを暗殺したとか、陸軍が細菌研究所でAIDSウィルスを発明したとかいった、アンドロポフの局員と工作員が放送し、出版して、長く記憶にとどめさせた、あらゆる嘘を聞いたことがある人ならみな。一九八〇年代、彼らは、アメリカが白人には無害だが黒人には致命的な病原菌を開発していて、こうしたウイルスは、アパルトヘイトの南アフリカの監獄でアフリカ人に、イスラエルの監獄ではアラブ人の収監者にテストされているという、タス通信の一九八四年の報道のような無数の嘘を作りだした。タス通信は、ロシア語の通信社で、世界有数のニュース通信社でもあった。彼らは、アメリカがガイアナのジョーンズタウンで虐殺を行ない、大規模な生物戦プログラムをひそかに維持して、アフガニスタンで赤軍と戦う聖戦士に化学兵器を供給しているという、全世界に広まった報道を作りだした。これらの嘘のすべてと、さらに多くの嘘は、世界の見るアメリカのイメージを傷つけることを意図した、巧妙に作り上げられた偽情報だった。

「ソ連情報機関の核心は」、引退したKGB少将のオレグ・カルーギンが冷戦後に語ったところによれば、諜報活動ではなく、転覆工作だった。「西側を弱体化し、NATOを「分断」して、連合国のあいだに不和を広め、ヨーロッパやアジア、アフリカ、ラテンアメリカの人々の目に映るアメリカを弱体化させ、それによって戦争が実際に起きたときにそなえて地ならしをするための積極的手段」である。

ロシアにおける偽情報の利用は、すくなくとも、皇帝の秘密警察と、彼らが作りだした、ユダヤ人による世界支配の陰謀を説明した悪名高い毀損文書『シオンの長老たちの議定書』にまでさかのぼる。この文書は、ナチ党やサウジ人、アメリカの陰謀論者にそろって愛され、いまもなおインターネットで出回っている。アンドロポフの積極的手段部門は、そんな露骨な種類の仕事のはるかに先を行っていた。もっとも、露骨な仕事にもひじょうに熟達していたが。アンドロポフのKGBは、歴史の流れを、それを書きかえることで変え、外国政府の政策と市民の思考を、それをねじ曲げることで形づくろうとした。機会があれば不正なやりかたで選挙に勝ち、できるときには敵の同盟を弱体化させて、折りを見ては外国の指導者の信用を傷つけ、その政治制度をむしばんだ。こうした策略はKGBでプーチンの教育カリキュラムの核心だった。

情報収集活動の大目的が汝の敵を知ることならば、積極的手段の目的は敵をつぶすことだった。KGBは政治的転覆とあらゆる種類のプロパガンダを利用した。権力者のすぐ近くには自国の利益になるような影響力を行使できる人物がいた。秘密のラジオ放送局があった。反政府運動や敵対勢力、政党にたいして、秘密の政治的経済的支援を送るという手を使った。ホワイトハウスとCIAも冷戦で同様の手段（インストゥルメント）の多くを使ったが、クレムリンとKGBはより大きなオーケストラを持っていた。

アレン・ダレスにはCBSニュースと《タイム》誌に友人がいた。彼は、CIAの利益に奉仕するように、彼らをつついたり、丸めこんだり、ときには引き入れることができた。ユーリ・アンドロポフはソ連最大の世界的報道発信源、《プラウダ》とタス通信を掌中におさめていた。彼らはニュースを歪曲し、海外で日常的に勤務する何千というスパイのために隠れ蓑を提供した。ダレスは小さな出版社と小規模出版の雑誌を運営していた。アンドロポフは、アジアとアフリカ全域と、西ヨーロッパにも、少なからぬ数のそうした人間がいた。ダレスには〈文化的自由のための会議〉があり、反共産主義的な文芸会議や政治討論会を後援した。アンドロポフには、アメリカの帝国主義の手ごわい敵で、ジャン＝ポール・サルトルやパブロ・ピカソがメンバーに名をつらねる〈世界平和評議会〉があった。CIAはクレムリンの指導者たちを中傷する文書を捏造しなかったが、一九五六年のフルシチョフの秘密演説に手をくわえるという考えをもてあそんだことはあった。KGBはアメリカ大統領やアメリカ大使、アメリカ国旗を中傷した。KGBが真に秀でていたのは、偽造文書の作成においてだった。KGBは、CIAの極秘報告書や《ニューズウィーク》誌全号のでっち上げはいうまでもなく、アメリカが教皇の暗殺計画に加担していたことをしめす国務省の電文を捏造し、南アフリカの人種差別主義者の白人政権を支援するアメリカの極秘作戦をでっち上げ、集団虐殺を容認するアメリカ陸軍の野戦マニュアルを偽造した。

アンドロポフは一九七三年、KGBのてっぺんの止まり木から政治局にくわわり、政治戦に何十億ルーブルもつぎこんだ。プーチンがレニングラードKGBに勤務していたころには、積極的手段はソ連の外交政策のきわめて重要な部分となっていた。アンドロポフは絶好調で、アメリカにたいするその活動で成功をおさめていた。彼はCIAから大きな後押しを得ていた。まず一九七〇年代中期のアメリカ上院の手によるCIAの悪事の暴露から、そしてなによりも、彼の最大の宿敵であるジェイムズ・ジーザス・アングルトンから。

アングルトンはアメリカ情報機関のエイハブ船長で、ソ連の欺瞞工作という白鯨を二十年間追いかけていた。彼は一九五四年以降二十年間、ＣＩＡの強力で最高の地位にある対敵諜報スタッフを単独で支配してきた。ＣＩＡの公式史家は、このような想像力をかき立てる人物像を描いている。

彼は背が高く、痩せて、猫背だった。頬がこけた青白い顔をして、高くとがった鼻と大きな口が特徴だった。縁が太い特大の眼鏡に、黒のスーツ、ホンブルク帽、くたくたのオーバーコートという出で立ちで、古い黒のメルセデスベンツのセダンを運転していた。彼は午前遅くに対敵諜報スタッフのつづき部屋にやって来て、晩遅くに引き揚げた。カーテンにつつまれた彼のオフィスは照明が薄暗く、煙草の煙が濃厚にただよい、散乱したファイルや書類だらけだった。彼の昼食〝時間〟は、しばしば午後に入ってもまだつづき、おもにワシントンのレストランで提携機関の連絡役や工作上の接触相手、職場の同僚とすごした。彼の食べる量（幽霊のような外見にもかかわらず）と酒量は並はずれていて、職歴の終わりごろには、たぶんアルコール依存症だった。……彼は秘密主義で疑い深かった。アングルトンは自分自身とスタッフを神秘の雰囲気でつつみこみ、要注意すぎて打ちあけられない暗い秘密や、隠された陰謀の知識をほのめかしていた。

アングルトンは自分の黒いスーツの腰ポケットから対敵諜報活動を動かしていた。彼がカーテンにつつまれた煙たい部屋でなにをしているのか、実際には誰も知らなかった。ＫＧＢの欺瞞工作に執着する彼は、「中国やチェコ、東ドイツ、キューバがもたらす脅威を大部分無視していた。アングルトンの在職期間中、そうした国々はＣＩＡ内に工作員を置くか、あるいはＣＩＡが彼らに反抗していると考えていたスパイをすべて二重スパイにしていた」。アメリカの対敵諜報活動におけるこの持続的な危機は、アングルトン時代が去っても長くつづいた。

アングルトンはソ連の積極的手段を理解していたごく少数のアメリカ人のひとりだった。しかし、彼はその基盤の上に、そびえ立つ憶測の教会を築いた。アングルトンは、KGBがCIA内の二重スパイ（もぐら）の一団を指揮して、ソ連の軍事力にかんするアメリカ人の認識を操作していると信じていた。彼は、一九六一年以降CIAに駆けこんだソ連のあらゆる亡命者は、モスクワのために活動する二重工作員（ダブル・エイジェント）だと考えた。そして、これらの二重スパイと二重工作員が巨大で恐ろしい陰謀の一部であることを、ほとんど疑いのない問題として確信していた。彼らの目的は、ホワイトハウスと国防総省とアメリカの情報機関関係者をあざむき、アメリカ大統領をデタントの妄想に誘いこんで、NATOの連帯をぶちこわし、ソ連の勢力に対抗する西側の決意を打ち砕くことだった。アングルトンの二重スパイ狩りは、CIAの隠密工作本部のソ連部門に所属するすべての高官の経歴を傷つけるか、台無しにした。それからアングルトンは自国の政府と戦争をはじめた。デタントはごまかしだった。軍備管理は自殺行為だった。一九七〇年代中期にCIA長官だったウィリアム・コルビーはKGBの協力者だった。CIAと西側同盟国の情報機関がソ連について知っていることはほとんどすべて――彼が知っていることをのぞけば――まちがいだった。「ソ連圏の接触相手をつうじて西側の手に入った情報の大部分は、概して嘘っぱちで、ソ連圏の戦略的偽情報操作の影響力を高めるための組織的なほどこし以上の意味はありません」と彼はホワイトハウスにいった。彼だけがアメリカにたいするこの陰謀の深さを理解していた。そして彼だけが国家を救えた。アングルトンは一九七四年末、《ニューヨーク・タイムズ》の報道によって、彼のスタッフが二十年間にわたってアメリカ人の第一種郵便を開封し、CIAの憲章に違反して、反戦左派をスパイしていたことがあきらかになったあとで解雇された。彼は酔っぱらって息巻きながら去って行き、組織としての知識も彼とともにドアから出ていった。二重スパイ・ハンターのアングルトンは、ひいき目に見ても、半分イカれていた。本部での全体くとも半分は正しかった。

的な共通認識では、彼は正気を失っていた。しかし、積極的手段の熱心な分析者として、彼はすくなくとも半分は正しかった。

アングルトンの恥辱ではじまったCIAの違法行為の発覚は、CIAの歴史のもっとも暗い章を暴露する議会の公聴会へと直結した。この公聴会はアンドロポフの想像を越える大当たりであることがわかった。アメリカはヴェトナム戦争に負け、その軍と情報機関は混乱し、CIAの評判はずたずたになり、彼のKGBの長い全盛期は目前だった。上院がカストロとルムンバの暗殺計画を暴露するのに乗じたアンドロポフは、すぐさま、四十五人の外国指導者を殺害する過去十年間のCIAの陰謀をあばくと称する長期間の偽情報工作を開始した。一九七八年、アンドロポフは政治局の新しい閑職から、ソヴィエト共産党の国際情報部を開設した。同部はKGBを利用して、西側にたいする世界的なプロパガンダ攻勢を開始した。海外の約七十の共産党にくわえ、全世界の偽装団体や民族解放運動とも連携して活動した。

一九七〇年代の末、アメリカにたいする積極的手段が倍増に倍増をかさねるいっぽうで、ソ連の欺瞞工作の詳細な研究はアメリカの情報機関にとって二線級の任務だった。ひと握りのCIA分析官が何千人というKGB職員の活動を担当しなければならなかった。しかし、これらの分析官は自分たちのやることに長けていた。

ソ連のアフガニスタン侵攻から六週間後の一九八〇年二月六日、CIAの隠密工作部門の長ジョン・マクマホンは、下院情報委員会の非公開聴聞会で、ソ連の積極的手段について宣誓証言した。とっくの昔にやるべきだった討論である。「外交政策の遂行におけるプロパガンダと隠密工作の重要性に鑑みて、ソ連はその計画に多額の資金を進んで投じています」とマクマホンはいって、三十億ドルから四十億ドルとのおおまかな推定を挙げた。「さらに、ソ連はその計画を遂行するために工作員と組織、技術施設の世界的なネットワークを確立しています。そのネットワークは、規模と有効性の点で、世界の主要国とくらべて、どこにもひけを取りません」。彼はその野心的な目標を列挙した。

ソ連をおびやかすと思われるアメリカの軍事的ならびに政治的プログラムに反対する、世界とアメリカ両方の世論に影響をおよぼすこと。アメリカが好戦的で、植民地主義的で、帝国主義的国家であるとしめすこと。アメリカを同盟国と友好国から孤立させること。アメリカと協力する者の信用を落とすこと。アメリカの政策と目標は開発途上国の野心と相容れないものであるとしめすこと。西側の情報機関の信用を落とし、弱体化させ、その要員を暴露すること。ソ連のある政策の好戦的な性格にかんする世界の意見を混乱させること。ソ連の外交政策の遂行に好ましい環境を作りだすこと。

マクマホンはつづけて、アンドロポフ時代の新しく気がかりな展開を報告した。ＫＧＢはいまや、これまでよりはるかに高品質の「技術的に高度な偽造」を作りだしていた。新しい偽造は、彼によれば、「ソ連がそれを西側の非共産主義メディアに吹きこんでも、もっとも懐疑的な受け取り手以外は本物と思うだろうと期待できるほど、真に迫っています。……さらに、ふたつの例では、ソ連の偽造屋は、誤解をあたえる偽の声明文を、直接、アメリカ大統領と副大統領によるものであるとしました。これは彼らが過去には、やるのを控えていたことです」。その後まもなく、カーター大統領の報道官は、記者会見を開き、アフリカにたいする悪辣で人種差別的なオーヴァル・オフィスの政策を記した偽の極秘大統領覚書を見せて非難した。ＫＧＢは、偽の国家安全保障会議の文書を作って、仲介役（カットアウト）をつうじてサンフランシスコの名もないアフリカ系アメリカ人向け新聞に送りつけていた。それは「アフリカの黒人とアメリカの黒人を対立関係に置くカーターの秘密計画」という一面大見出しの下に掲載された。タス通信はその記事を取り上げて、各ソ連大使館に送り、各大使館はそれを世界中に再配布した。ホワイトハウスの記者団はそれに類するものを見たことがなかったが、これはアメリカで一日だけニュースになった。しかし、このなかに、モスクワからのフェイクニュースにたいするアメリカ初の攻撃の起源があった。

それは一九八一年のレーガン政権スタート時にはじまった。これはCIAのある研究を基礎として、極秘よりさらに上の機密取り扱い区分をあたえられ、アレグザンダー・ヘイグ国務長官によって依頼されて、ビル・ケイシーCIA長官によって署名され、〈ソヴィエト積極的手段〉というタイトルがあたえられた。この研究の中心となる著者は、ソヴィエト／東ヨーロッパ部門の経験豊富な隠密活動担当官、ディック・メルザーンで、彼はその後、〈連帯〉を支援してCIAの〈QR／ヘルプフル〉作戦を動かした。デニス・クックスという才能ある国務省の役人は、ケイシーとヘイグの承認を得てはいたが、一貫した命令はなにもないまま、〈積極的手段作業部会〉を開始した。五十歳のクックスは、専門職の外交官で、国務省の小さいが高度に熟練した情報調査局で調整担当国務副次官補をつとめていた。彼の仕事には、CIAとの連絡を維持することもふくまれていた。彼はCIA（メルザーンをふくむ）や国務省、FBI、国防総省、アメリカ情報庁、国家安全保障会議から専門家を集めた。そして、仕事に取りかかり、世界中からKGBのA局の毒の果実を集めた。

「これは新機軸だった」とクックスは回想している。「過去には、アメリカが偽情報操作に対抗する件では」、国民の知識も理解もなしに、ひそかに独占的に「CIAがこれをあつかっていた。……国務省の通常の態度は、『われわれはその種のことにコメントして、それがさもりっぱなことのように思わせたくない。われわれは偽造にはコメントしない』だった」。彼はアメリカがまったく新しい取り組みをして、広報外交であきらかにされた事実を政治戦の力と合わせて、クレムリンの嘘つき省と戦う必要があると考えた。クックスはこの任務のために急ごしらえの頭字語を考えだした。RAP（ラップ）。まず〝報告（レポート）〟せよ。海外のアメリカ大使館と公使館は、見つけられるあらゆるフェイクニュースと偽造を集めた。それから〝分析（アナライズ）〟せよ。これは作業部会のスタッフとCIAが行なった。「しだいにパターンができてくるのがわかった」とクックスはいった。「われわれはなにが起きているのかについて、ずっと明確な全体像をじょじょに作り上げた。さらに偽情報操作と戦う新しい戦術を作り上げた」。そしてそれが〝公表（パブリサイズ）〟せよ、だった。「プロパガンダとちがって、偽情報は嘘だ……偽造と吹きこまれた嘘のニュース記事で人々をあやまった方向にみちびくことを意図して行なわれる」と彼はいった。「ジャーナリストとメディア関係者は、ソ連が偽情報を広めるために利用する主要な媒体だ。われわれはそれを公表することで、そういうことが起きているという事実にたいして人々を敏感にさせようとするつもりだった。さらに、われわれは騒ぎ立てれば騒ぎ立てるほど、ソ連が成功する可能性は低くなると信じていた。注目を集めれば集めるほど、こちらはより多くの成功をおさめるだろうと」。

　アメリカでは一九八四年が近づきつつあったが、まだ党が人々の認識を支配しコントロールするジョージ・オーウェル作の暗黒郷、『一九八四年』ではないと、クックスは主張した。冷戦の緊張が高まる時代に、彼は聴衆たちに冷静さを失わないようにと忠告した。偽情報を民主主義への攻撃とみとめたが、悪の帝国がアメリカの国民を悩ますことができるという不安を、それがアメリカの政治という舞台で人形劇を演じられるだけの強いあやつり糸を持っているという不安をはねのけた。その不安は、三十年たって、まぎれもない現実となった。

　一九八一年十月九日、作業部会は最初の報告書を一万四千部、出版した。『ソ連の積極的手段　偽造、偽情報、政治工作』は、わずか四ページの長さだったが、包括的で説得力のある文書だった。報告書はこうはじまっている。「一九七九年後半、ソ連の工作員たちは、アメリカがメッカの〈グランド・モスク〉占拠の張本人だという偽の噂を広めた」。〈グランド・モスク〉は実際には、ウサーマ・ビン・ラーディンの先駆者ともいうべき救世主的なサウジ人の一団に占拠されていた。しかし、その年の十一月二十一日、パキスタンのラジオ・アナウンサーは、パキスタン対インドのクリケットの試合を放送中、事件はアメリカに責任があるという噂を取り上げてつたえ、パキスタンの首都でイスラム教主義の学生グループを激怒させた。グループはイスラマバードのアメリカ大使館を襲撃して火を放ち、海兵隊の衛兵一名、パキスタン人職員二名、アメリカ人請負業者一名を殺害した。偽情報は、批判しないまま放っておくと、致命的になりえた。

《ニューヨーク・タイムズ》と《ワシントン・ポスト》は、作業部会の成果を報じた。議会が注目した。下院情報委員会は、ふたたびソ連の偽情報操作にかんする公聴会を開いた。議長をつとめるマサチューセッツ州選出のエドワード・ボーランド下院議員と同僚たちは、クックスとその仲間たちを賞賛した。それ自体が目新しいことだった。省庁間作業部会は、ワシントンですばらしい名案が死んでいく場所だった。アメリカ政府の歴史は、とりとめのない議事録や形式ばった報告書、実を結ばなかった勧告でいっぱいだった。積極的手段作業部会は、秘密と嘘にたいする力強い攻撃を開始しつつあった。

クックスは、地方巡業に出て、偽情報にたいする攻撃を直接、世界中の聴衆にとどけようと決意した。一九八三年春、作業部会のメンバーたちは、ラテンアメリカと、フェイクニュースの有害な影響がもっとも大きかったインドやエジプト、サウジアラビア、ケニア、モロッコ、イタリアといった国々におもむいた。「われわれは小さな真実普及隊とともに世界をまわった」とクックスはいった。

通常は、彼自身と、国務省のソ連政府研究者一名、アメリカ情報庁から誰か、そしてCIAの分析官一名からなる一隊は、三年間で約三十カ国を訪問し、情報当局者や外務省、ジャーナリストたちに状況を説明した。

彼らと国務省および国家安全保障会議の同僚たちは、KGBではなくクレムリンから出たとりわけオーウェル的な嘘にも反撃をこころみなければならなかった。一九八三年九月一日、ソ連の軍用機が、ニューヨークからソウルへ向かう大韓航空〇〇七便を空対空ミサイルで撃墜し、乗っていた二百六十九人全員を死亡させた。同機は日本海上空でソ連領空に入ったところだった。乗客のなかには、超保守派でジョージア州選出のアメリカ下院議員、ラリー・マクドナルドもふくまれていた。ソ連は〇〇七便が軍事スパイ任務についていたと主張し、アメリカが戦争をはじめようとしたと非難した。アンドロポフはこの非道な行為が起きたとき、もはや責任者ではなかった。依然としてソ連の支配者だったが、腎機能障害でモスクワの病院に入院したばかりで、結局、生きて退院することはなかった。

一九八三年の夏と秋、核戦争の恐怖は、キューバのミサイル危機以来、過去二十数年間のいかなるときよりも高まった。レーガンは核兵器の世界に革命を起こす「平和の楯」構想を発表して、国防総省をびっくり仰天させていた。〈戦略防衛構想〉――最初は「スターウォーズ」計画と呼ばれていた――は、宇宙ベースのレーザーと粒子線で、飛来するソ連の大陸間弾道核ミサイルを飛行中に叩き落とすという夢のような構想だった。この技術上の夢物語を追いもとめて、一九八〇年代に数百億ドルがむだについやされたが、この構想は、政治戦と心理戦の武器の役目ははたした。ソ連に恐怖を引き起こしたからである。アンドロポフはこれを軍事的精神病の兆候と呼んだ。彼はレーガンが本気で核戦争を戦って勝つ準備をととのえつつあると信じた。クレムリンとKGB内のほぼ全員が、NATO

とアメリカは警告ぬきでいつでもその戦争を仕掛けられると思った。NATO本部では一九八三年十一月にアメリカの図上演習が行なわれ、防衛準備態勢でもっともレベルが高いDEFCON1の対ソ核攻撃のシミュレーションで幕を閉じた。アメリカ政府は第三次世界大戦に向けたこうした演習が引き起こす深い恐怖にわざと気づかないふりをした。彼らはワシントンとモスクワを、偶発的なハルマゲドンの引き金を引く瀬戸際まで危険なほど近づけた。

戦争の恐怖は一九八四年二月、アンドロポフが死去したあと、いくぶんおさまった。翌年のソ連の指導者は、同じぐらい病気がちなコンスタンチーン・チェルネンコだった。このぱっとしない便利屋は、体調が悪すぎて、国を統治できなかった。この権力の空白期間に、政治局でもっとも影響力があった人物は、KGBの長、ヴィクトール・チェブリコフだった。その春、彼は、一九八四年の大統領選挙でレーガンを敗北させることを意図した、強力な一連の積極的手段と政治的影響力工作に乗りだした。驚くべきことに、ホワイトハウスは、主として積極的手段作業部会の創設メンバーで国家安全保障会議のヨーロッパ・ソ連問題担当部長をつとめるジョン・レンクザウスキーのおかげで、KGBがやってくるのを予見した。一九八四年八月、彼はNSCの上司であるジョン・ポインデクスター提督に警報を発した。KGBの職員たちは一九七六年、レーガンが共和党の大統領候補指名を争って敗れたとき、ヨーロッパ全土とインドで反レーガンのネタを吹きこんだことがあった。いまや彼らはふたたびそれに取りかかっていたが、今回ははるかに大規模で、アメリカ国内でも実施した。

「政権はアメリカの選挙プロセスに介入しようとするソ連の活動に懸念を深めている」と、レンクザウスキーは書いている。「ソ連はアメリカの有権者に影響をおよぼすために大量の資源をついやしている。……彼らの活動はわが国の内政への干渉にあたるだけでなく、国際情勢を大いに悪化させている」。その報告が国家安全保障会議の秘密につつまれた領域から出ることはなかったが、これは来たるべき事態の前兆だった。

もし積極的手段作業部会に盲点があったとしたら、それはソ連のフェイクニュースが、最良の偽情報がつねにそうであるように、ときおり事実にもとづいていることに気づかなかった点だった。レーガンを戦争屋と表現するKGBのプロパガンダは、彼がアメリカの中距離弾道核ミサイルを、クレムリンから一千六百キロ離れたNATOの領土に配備しつつあるという現実に根ざしていた。作業部会は、〈連帯〉とCIAとのつながりを露骨に示唆するAFL‐CIOのアーヴィング・ブラウンからの偽の手紙を非難した――しかし、作業部会の中核メンバーであるディック・メルザーンは、その口に出せない秘密が事実であることを知っていた。作業部会はもうひとつの偽造文書を糾弾した。一九四七年にJ・エドガー・フーヴァーFBI長官から下院非米活動委員会に送られたとされる手紙である。その偽造の手紙にはFBIと映画俳優組合の会長――ロナルド・レーガン――との結びつきと、共産主義者のハリウッドへの浸透を暴露するさいにレーガンがFBIに協力したことが書かれていた。だが実は、レーガンは当時、T‐10という暗号名までついたFBIの本物の情報提供者だった。

ソ連の偽情報がアメリカと世界を出し抜くのにいっそう巧妙になるのにつれて、作業部会はその穴を探しだすのにいっそうの奮闘を強いられた。部会は細部への細心の注意によって、そうした戦いにたいていい勝利をおさめた。ナチュラルなアメリカ英語を流暢にあやつれるソ連人はほとんどいなかった。彼らの情報官はイギリス英語で教育を受けていた。イタリアの新聞が、NATOの軍用機が訓練演習中にイタリアの民間機を撃墜したと説明する、偽造されたアメリカ軍の覚書を掲載したとき、部会は、軍事演習を意味する英語「マヌーヴァー」のつづりが、その文書では、アメリカ式のmaneuverではなく、イギリス式のmanoeuvreになっているのに気づいた。偽物だ！　また彼らは〈ノースロップ・コーポレーション〉がレーガン政権の賛同を受けて、武器禁輸に違反して南アフリカにジェット戦闘機を売ろうとしていることを証明するとされる、公式文書と見られる手紙を子細に調べた。手紙は、アメリカらしくない一節「権限のある機関（コンピテント・ボディーズ）」を使っていた――「国家保安機関」を意味するKGBの専門用語、「カンピテントヌイイ・オールガヌイ」の直訳だった。偽物だ！　クックスと仲間たちは、同種の言語的鑑識術を使って、アメリカを教皇暗殺未遂と結びつけようとするKGBの悪質なたくらみを暴露した。「連中はローマの大使館の電報を偽造していた」と彼はいった。彼らは、ぶざまな翻訳や、陳腐な公式見解の硬直化した構文をふくむ、「技術的な誤りを指摘して、偽の電報を叩きのめさねばならなかった」。

作業部会の最大の一撃は、一九八四年のロサンゼルス夏季オリンピックの準備期間中におとずれた。ソ連はKKK――あるいは、KGBの表現によれば、「クー＝クラックス・クラン」で、ハイフンの使いかたがまちがっているのは、これが偽造であると大声で叫んでいるのも同然だった――の名前で、二通の悪質なビラをひそかに発行した。「アフリカの猿どもよ！　ロサンゼルスでは大歓迎がおまえたちを待ち受けているぞ！」と一通目のビラははじまっていた。「われわれ自身のオリンピックの聖火が、おまえたちを灰になるまで焼きつくすために待っている。アメリカの真の愛国者にとって最高の賞は、アフリカの猿をリンチにすることだろう！」。ビラには、絞首刑の縄からぶら下がったチンパンジーの絵が描かれ、首には「ニガーを吊せ」と書いたボードがかかっていた。ビラはワシントンDCの外から、アフリカ十カ国のオリンピック委員会に郵送された。アフリカ全体と日本、韓国、マレーシア、香港に送られたもう一通にはこうあった。「もしおまえたち雑種犬どもがアメリカの夏季オリンピックに生意気にもやって来たら、撃ち殺されるか吊されるだろう。オリンピックの金メダルはすべて白人専用だ！　黒人と有色人種に死を！」。憎悪のメッセージはタス通信によって取り上げられ、世界中で大々的に報じられた。しかし、ものの数日で、積極的手段作業部会からの鉄壁の報告のあと、ウィリアム・フレンチ・スミス司法長官はおおやけに、この罵詈雑言をソ連の偽情報として糾弾した。

この確信は、積極的手段作業部会のＦＢＩ代表であったジム・ミルバーンという対敵諜報部員からもたらされた。彼には完璧な情報源があった。ひそかにＦＢＩのために働くワシントンのソ連大使館所属のＫＧＢ局員である。男の名はセルゲイ・マトーリンといい、公式には情報部門に配属された下っ端外交官だったが、実際にはモスクワが、冷戦を戦うアメリカの計画を理解するのに役立つ政治情報を収集する使命を帯びたスパイだった。彼は十八カ月前、友好的な説得と脅迫の組み合わせによって、ＦＢＩに抱きこまれていた。しかも、彼は人種差別的なパンフレットを書くのを自分で手伝っていた。対敵諜報活動がこれほどすばやい結果と明快な勝利を産みだすことはまれである。

その八カ月後、マトーリンはオルドリッチ・エイムズに裏切られた。エイムズは、アルコール依存症で、世をすねたＣＩＡ本部の職業情報官で、信じられないことに、隠密工作本部のソ連部門の対敵諜報部の長の地位に登りつめていた。エイムズはアングルトンの悪夢である二重スパイだった。彼は二百五十万ドルとひきかえに、ＣＩＡあるいはＦＢＩのためにひそかに働くソ連人十人の正体を売りとばし、その全員が反逆罪で裁かれて、略式処刑された。彼はアメリカの軍事および情報収集の政策と計画を暴露する大量の秘密を引き渡した。それらはまわりまわって、ＫＧＢが、ソ連の軍事力にかんするアメリカ人の認識をゆがめる偽情報を、アメリカに供給することを可能にした。まさに二十年前、アングルトンが恐れていた事態である。ミルバーンは、エイムズをついに追いつめて逮捕したＦＢＩ捜査官チームの一員になった――エイムズがＫＧＢのためにＣＩＡのファイルをあさりまわってから優に九年が経過したあとで。

エイムズがこれほど長いあいだまんまとアメリカの情報機関に妨害工作をつづけてこられたのは、

部分的には、局員のひとりが裏切り者になりうることを想像できなかったCIAの集団的な欠陥のせいだった。局はエイムズを捕まえる多くの機会を逃していた。そのなかには、二回のおざなりな嘘発見器テストや、彼が新たに手に入れた富への財務調査を終えられなかった四年越しの失敗、そして、やっと彼に焦点を合わせたときには、CIAの対敵諜報部員同士の連絡の欠如がふくまれた。しかし、以下の問題は、それよりもっとひどかった。いったいどうしてエイムズのような男が王国の鍵を持つような地位に登りつめられたのだろう？（これと同じ質問は、エドワード・スノーデンについてもされることになる。CIAと国家安全保障会議からもっとも慎重な扱いを要する機密情報を何テラバイトも盗みだし、二〇一三年、プーチンのロシアに逃亡して温かく歓迎された二十九歳の高卒のシステム・オペレーターについて。）エイムズには、「熱意が皆無で、規則や要求をほとんど守らず、自己規律もほとんど欠如し、秘密保全意識もほとんど持たず、管理者や任務にほとんど敬意をはらわず、よい労働習慣をほとんど持たず、友人もほとんどなく、誠意や信頼性や分別の面では評判が悪い」という長い経歴があったと、CIAの監察官は彼の逮捕後、報告した。「それでも、彼の管理職たちは、彼の低い生産性を大目に見て、彼が失敗したときには尻ぬぐいをし、選び抜いた言葉で彼を賞賛して、ほめ言葉とともにつぎの管理職に順送りすることに甘んじていた」。彼の怠惰とアルコール依存症は、大目に見られ、その甘さが、「CIAのもっとも慎重にあつかうべきソ連の資産(アセット)のほぼ全員を裏切るのに打ってつけの位置にある」地位への彼の昇進につながったのである。

エイムズは一九八〇年代にソ連のためにスパイをした唯一のアメリカ人ではなかった。海軍准尉のジョン・ウォーカー・ジュニアは、アメリカの安全な軍事通信システムにかんするもっとも慎重にあつかうべき情報をモスクワに売った諜報組織をひきいていた。ロナルド・ペルトンは、ソ連をターゲットとする国家安全保障局の最高機密計画の詳細を引き渡した。エドワード・リー・ハワードは、

ＣＩＡの秘密をＫＧＢに売って、モスクワに亡命した。アメリカはソ連の偽情報にアウトを宣告するのには長けていたが、ソ連の諜報活動に対抗することや、はかりしれない損害をこうむる前にアメリカ人の工作員がスパイ活動をするのをふせぐことには、見たところ無力だった。

一九八四年に専門知識と影響力の頂点に達した積極的手段作業部会は、困難な時期に直面した。クックスは、世界中のアメリカ大使館をスパイとテロリストの攻撃から守る責務をあたえられ、国務省の極秘任務のために去った。彼の後任は、のびのびになった退職の時期が迫った熱意のない官僚だった。さらに、ＣＩＡのビル・ケイシーは、自分の局の人間をホワイトハウスに送りこんでいて、そこで作業部会の才能の一部と、一時はその考えの大半を横取りした。ウォルター・レイモンドは二十八歳のＣＩＡの元局員で、隠密工作とプロパガンダ・キャンペーンに深い経験を有していた。レイモンドは一九八三年四月にＣＩＡから公式に退職していたが、ケイシーに報告をつづけた。彼は国家安全保障問題担当大統領特別補佐官と、国家安全保障会議の国際通信情報担当上級部長の肩書きを持っていた。彼は、広報外交や心理作戦、政治戦に焦点を当てた省庁間作業部会を動かしていた。

レイモンドは〈ソヴィエト政治活動作業部会〉を創設した。偽情報という道具を使って、ＫＧＢに反撃をくわえ、クレムリンを弱体化させることを目的とした血気盛んなレーガン大統領の側近の一団である。一九八三年十二月の第一回会合の議事録からは、「ソ連の積極的手段をソ連人にお返しして――攻勢に出て――彼らに代償をはらわせ」なければならないという、彼らの共通の信念がうかがえる。レイモンドの最大の後援者で、もっとも親しい協力者は、ＮＳＣスタッフの豪腕の海兵隊員オリヴァー・ノース中佐と、右翼のキューバ人亡命者で、国務省で広報外交課を担当していたオットー・ライク〔日本では「ライヒ」と表記されることが多いが、アメリカでの発音は「ライク」である〕だった。議会の調査員たちはのちに、彼らの仕事に、ソ連人ではなくアメリカ人を狙ったプロパガンダというレッテルを貼り、中央アメリカにおける政治戦のための

「レーガン政権の政策の方向に、メディアと議会とアメリカ国民の意見を動かすために――CIAが外国における隠密工作でくわだてそうな」ことを実現しようとしていたと決めつけた。

レーガンは、CIAが後押しする寄せ集めの反政府勢力〈コントラ〉を支援するのにひたすら夢中になっていた。彼らはソ連が支援するニカラグアの指導者たち、〈サンディニスタ〉を打倒しようとしていた。サンディニスタは一九七九年に、アメリカが後押しする独裁者たちの四十年つづいた王朝を転覆させていた。ケイシーCIA長官が、戦争行為であるニカラグアの港湾内への機雷敷設を命じたとき、レイモンドの情報操作マシーンが動きだし、記者たちに、コントラがすぐれた軍事能力を実証するために自分たちでそれをやったと告げた。ライクの課はアメリカの報道機関に、サンディニスタ政権がソ連のMiGジェット戦闘機を受領することになっているというでっち上げの主張をはじめとする、偽のニュースをリークした。NBCニュースは、一九八四年の大統領選の報道にそのニュースを割りこませ、議会でアメリカの航空攻撃を要求する声を上げさせた。これは、アメリカの聴衆の心を標的にした、ホワイトハウスの偽情報プログラムの一面にすぎなかった。このプログラムは、中央アメリカでソ連の共産主義を押し返すという大統領の使命の庇護のもとで、ケイシーによって指導され、レーガンの国家安全保障会議によって監督されていた。

レイモンドとライクとノースは、「隠密工作の経歴を持つCIAの高官と、国防総省所属の軍事情報および心理工作の専門家とともに、国内の政治プロパガンダ工作を開始して関与することに深くかかわっていた」と、下院外交委員会はレーガン政権の終わりに公表した報告書で結論づけた。大統領とCIA長官は、彼らの局と職員をつうじて、CIAのスパイ技術の道具でアメリカの世論を操作していた。彼らは、リンドン・ジョンソンとリチャード・ニクソンがその政権時代にやったように、アメリカ国民にたいして政治戦を仕掛けていた。ちがいは、前任者たちが国民をスパイするために国家安全保障体制を使ったのにたいして、レーガンは国民に嘘をつくためにそれを使ったことだった。

コントラのための活動は、陰に日向に五年間つづいた。そして、見るも無惨に失敗した。一九八四年に議会が〝自由の戦士たち〟への資金を断つと、CIAとNSCは、ケイシーとノースにひきいられ、スパイと詐欺師の同盟に助けられて、その禁止令を迂回しようとしたところを捕まった。彼らは何百万ドル分もの武器をイラン革命防衛隊に売却して、その利益をくすね、返す手でそれをコントラに渡していた。誰もこの大失態を言葉でごまかせなかった。これはアメリカの法律をやぶり、アメリカの外交政策に違反して、良識の命令を台無しにし、レーガン政権をぐらつかせた。〈イラン・コントラ〉事件は一九八六年十一月に浮上しはじめ、ホワイトハウスの手のこんだ隠蔽工作をかいくぐって、レーガン政権を汚名で包みこみ、その政治戦戦士を捜査と起訴に追いこんだ。（その六年後、レームダック化したジョージ・H・W・ブッシュ大統領は、ウィリアム・P・バー司法長官の助言で、事件で有罪判決を受けたCIAとNSCと国務省の高官六人と、公判を待っていたレーガン政権の国防長官キャスパー・ワインバーガーに恩赦をあたえた。これによって、隠蔽工作は完了した。バーはトランプ政権下でその要職に復帰した。）

〈イラン・コントラ〉事件の嵐が巻き起こる三日前、《プラウダ》は、ひと握りのドルとひきかえに、にんまりするアメリカの将軍に大きな試験管を手渡すマッドサイエンティストを描いた、露骨な一コマ漫画を掲載した。試験管はただよう鉤十字でいっぱいで、「AIDSウィルス」という大きなラベルがついていた。その上のキャプションにはこうあった。「現在まで既知の治療法が見つかっていない恐ろしい病気、AIDSウィルスは、一部の西側研究者の意見によれば、国防総省の研究所で作りだされた」。手のこんだ作り話がいっしょについていた。偽情報キャンペーンは、一年以上も気づかれずに、異議も唱えられずにつづき、いっぽうでもともとの積極的手段作業部会はガス欠で息切れし、そのNSCの片割れはアメリカ人向けの嘘をでっち上げていた。

KGBは一九八五年九月、東ヨーロッパの同盟国スパイ機関に指示を送っていた。「われわれは、近年のアメリカにおける危険な新しい病気『後天性免疫不全症候群——AIDS』の出現と……それにつづく、西ヨーロッパ諸国をふくむ他国への大規模な拡散に関連した一連の積極的手段を実施している。これらの手段の目標は、この病気がアメリカと国防総省の秘密機関による新型生物兵器の秘密実験の結果が制御を失ったものであり、［これは］国防総省のまたべつの新型生物兵器実験」——とくにフォート・デトリック基地の遺伝子工学実験——「の結果であるという、われわれにとって好ましい意見を海外で作りだすことである」。

ソ連の文化エリートが愛読した週刊誌《リテラトゥールナヤ・ガゼータ》は、一九八五年十月、「西側のパニック、あるいはAIDS騒ぎの裏に、なにが隠されているのか」と題した記事を掲載し、この話はじょじょに何百万人もの頭に染みこんでいった。東ドイツのスパイ組織シュタージは、ソ連と関連のある情報機関に、「アメリカの対立と軍拡の政策と戦う」と題した世界的な計画案を送った。それによれば、「〈デンヴァー〉作戦には、生物兵器の研究、製造、使用から生じる人類への危険を暴露し……世界で反米感情を強化して、アメリカ国内の政治的議論の口火を切る目的があった」。東ドイツは、「AIDSがアフリカではなくアメリカ発祥であり、AIDSがアメリカの生物兵器研究の産物であることを証明する科学的研究などの資料を発表する」つもりだった。ブルガリアのスパイ組織はアメリカと西ヨーロッパと第三世界で偽情報の流布を取りあつかった。

作り話は世界中に広まった。それは、ロンドンのタブロイド紙《サンデイ・エクスプレス》や、マドリッドの雑誌《インタビュー》、そしてアルゼンチンの日刊紙《ディアリオ・ポプラル》などの出版物に取り上げられた。タス通信はそれから《ディアリオ・ポプラル》の記事を再送し、同紙がネタ元であるように見せかけた。これはすぐさまインドやパキスタン、インドネシア、フィリピン、ニュージーランド、ナイジェリアに跳ね返った。この件におけるKGBの関与は、気づかれていなかった。同局はマフィアが資金を洗浄するように、偽情報を洗浄していた。一九八六年には、この話は、アメリカはもちろん、すくなくとも六十カ国で登場していた。二十一世紀の世論調査は、何百万人ものアメリカ人がいまだにそれを事実だと信じていることを示唆している。

大きな嘘は、積極的手段作業部会を活性化させるのに役立った。部会は新しい指導者のキャスリーン・ベイリーのもとで立ち直った。ベイリーは威勢のいい三十七歳のテキサス人で、政治学者の教育を受け、アメリカ情報庁の副部長としての二年の経験と、核拡散問題にかんする前職の経験から、アメリカの情報関係者との強い結びつきを持っていた。彼女は一九八五年末に指揮を引きついだ。「正直なところ、わたしは、それを引きつぐまでは、積極的手段作業部会のことを知らなかった」とベイリーはいっている。「わたしのレーダーには引っかかっていなかった。作業部会は一九八五年中、まったく姿を消していた。わたしの仕事はそれをふたたび立ち上がらせることだった」。作業部会は、指導力の欠如と、国務省の上層部からのあてにならない支援、そしてレイモンドと彼の秘密プロパガンダ・キャンペーンに才能とエネルギーを横取りされたせいで、行き詰まっていた。「わたしはウォルト・レイモンドと彼のNSCの活動は不法な工作と考えた」と彼女はいった。「『自分たちも積極的手段をやろう』というのは、わたしにとって、合法的ではなかった。わたしはアメリカ政府が積極的手段タイプの戦争にかかわるべきだとは思わなかった。われわれが誰かを打倒しようとしているのでないかぎり、わたしはそれが好ましいとは思わない。ロシア人には欺瞞工作のための専門部局がある。われわれにはない」。彼女はNSCでレイモンドが議長をつとめたいくつかの会議に出かけ、不吉な前兆を感じて帰ってきた。「彼はレーガン政権とロナルド・レーガン自身にひじょうに影響力が強かった」が、彼女はホワイトハウスにおける彼の活動からつねに距離を置いていた。

KGBのAIDS欺瞞工作は彼女を驚嘆させた。「わたしは愕然とした」と彼女はいった。「わたしは腹が立った。じつにおぞましいと思った。とくに一コマ漫画には衝撃を受けた。みごとだった。完璧にすばらしかった。あらゆる言葉が衝撃を運んできた。あらゆる側面が――将軍、鉤十字、手から手へと渡される金。……われわれはこうなったらとことんやって、自分たちでこれを公表し、ソ連がじつに汚い手を使っているということにした」。

《プラウダ》の一コマ漫画は、ソ連にたいする作業部会最大のカウンターパンチの表紙であり、最大の呼びものだった。一九八七年八月に出版された百一ページからなる嘘とプロパガンダのごく詳細な要約である。要約が暴露した偽造文書には、対ソ先制核攻撃戦略についてのレーガン政権の研究を詳述した偽のNSC覚書や、チェルノブイリ原子力発電所の事故からの放射性降下物を誇張する、でっち上げのアメリカのプロパガンダ・キャンペーン、アフリカ全土の反共ゲリラへのアメリカの支援にかんするモブツ将軍の偽の報告書がふくまれた。要約は、ほぼ毎日のようにくりかえされる、世界中の印刷および放送媒体によるAIDS捏造報道を丹念に記録していた。そして、ソ連がアメリカによる生物戦についての偽情報を全世界に広めていると報告した。「朝鮮の出血熱やキューバのデング熱［そして］ニカラグアのウイルス性脳炎」をはじめとして、「国防総省の細菌学者は伝染病を引き起こしている」と、そうしたフェイクニュース記事のひとつは書いている。べつの扇動的な嘘は、一九七〇年代に南アフリカとローデシアの人種差別的な白人政権が創設したアフリカの凶悪なゲリラ部隊、RENAMO（モザンビーク民族抵抗運動）にたいするCIAの支援を詳述していた。その無分別な暴力は、何十万人もの民間人を殺害していた。CIAは、ケイシー長官の強い希望にもかかわらず、主としてアフリカ駐在のアメリカ大使たちの主張のせいで、RENAMOを後押ししていなかった。しかし、無数のアフリカ人と何百万人というアメリカ人は後押ししていると思っていた。報告書の一章には、スタニスラフ・レフチェンコのインタビューがふくまれていた。レフチェンコは一九七九年にアメリカに亡命したとき、東京でソ連のジャーナリストのふりをしながら、積極的手段を担当していたKGBの少佐だった。「ソ連は七十年近く、西側をだましてきた」と彼はいった。その事実について、「疑いなく、ヨーロッパにもアメリカにも、無知なままの人間が、依然としてかなりの数いる」が、「完全に無知な人間の数は、じょじょに減りつつある」と彼はつけくわえた。

報告書はアメリカの国民や議会、ホワイトハウス、そしてクレムリンのあいだに多くの読者を獲得した。そのひとりが、ミハイル・ゴルバチョフだった。

このソ連最後の指導者は一九八五年三月以来、権力の座についていて、その後の二年間で、彼は前例のない存在であることがあきらかになっていた。一九六〇年代と一九七〇年代にソ連体制の階層をぐんぐん昇進し、その昇進はアンドロポフの政治的支援と個人的な友人関係で加速されていたが、彼はほとんどあらゆる重要な点で、前任者たちとはちがっているようだった。彼は街角で立ち止まって人々と話をした。政治局で新しい発想や開かれた討論を推奨した。彼は人間の顔を持った社会主義だった。一九八七年のはじめには、彼はジュネーヴとレイキャヴィークでレーガンと会談していた。アメリカと核兵器協定の交渉をし、アフガニスタンから赤軍を撤収させる構えで、〝グラスノスチ〟つまり情報公開と、〝ペレストロイカ〟つまり改革という彼の政策によって、腐敗した政治と痩せこけた自国経済を変えようとしていた。

彼がやっていなかったのは、KGBが積極的手段を利用するのを改めることだった。一九八七年十月、ジョージ・シュルツ国務長官とフランク・カールッチ国家安全保障担当補佐官がモスクワにいて、クレムリンの聖エカチェリーナの間の壮麗さのなかで、国家の運命をゴルバチョフとエドゥアルド・シュワルナゼ外務大臣、そして共産党書記のアナトーリイ・ドブルイニンと話し合っていたとき、アメリカ人たちを仰天させたことに、ソ連の偽情報にたいするアメリカの反撃という議題が突如、持ちだされた。

会談は調子よくはじまった。にこやかに微笑むゴルバチョフは、心のこもった「それでは、先に進みましょう！」という態度を見せた。しかし、戦略兵器削減交渉やイラン・イラク戦争を取り上げる四時間半の会議のなかばで、ソ連の指導者は機嫌が悪くなった。「彼は興味深い文書を持っていた」と、二〇一六年に機密扱いを解除されたアメリカ側の議事録にはある。「彼はそれを長官につきつけなければならないと決めていた。国務省の出版物『ソ連の情報活動　積極的手段とプロパガンダにかんする報告書　一九八六〜八七年』」――ベイリーと彼女のチームの近作――「を一通かかげて、ゴルバチョフはここに『衝撃的な新事実』がふくまれていると主張した。とくに彼は、パンフレットの『ミシシッピー平和クルーズ』の扱いに注目した。これは、ジュネーヴ首脳会談中にゴルバチョフがレーガン大統領に、彼らが拡大することで合意した種類の民間交流活動の一例として推薦したものだった。いまやアメリカは、実際には、その同じ合意が――そしてその同じクルーズが――アメリカ人をあざむくためにソ連によって利用されていることを発見していた。ゴルバチョフは自分が大統領に挙げた例が調査報告書にふくまれるよう意図的に選ばれたのかとたずねた」。

シュルツは不意を突かれて、自分は報告書を見たことがないと答え、それは事実だったが、それをもらっていいかとたずねた。ゴルバチョフは、自分はこの一部しか持っていないといった。自分は関係を全面的に改善したいから、この報告書を取り上げたのだと、ゴルバチョフはいった。「モスクワには、アメリカにたいする憎悪をはぐくむことへの関心はありません」と彼はいった。「アメリカはソ連を〝敵〟と表現せずにはいられないのですか？　そうすることが〝ぜったい必要〟なのですか？

どういう種類の社会がそんな姿勢を必要とするでしょう?」。彼はソ連がじつはいまだにホワイトハウスから〝悪の帝国〟と見られているのだろうかと疑問を口にし、もしそうなら、「どうして国務長官が、自分が〝敵〟と見なす人々と交渉できるのでしょう?」と問うた。それからゴルバチョフは卑劣なパンチをくりだした。彼はシュルツの国務省自体が、「二年間の拡大する交流の進展をKGBの浸透と表現する、積極的手段を展開させている」といった。シュルツはいまや後ずさりして、ソ連のプロパガンダ担当者が長年実践してきた伝統的な「だったらあれはどうなんだ論法」のテクニックで反撃をこころみ、ゴルバチョフの主張が誤りであることを証明せずに、偽善者として彼の信用を落とそうとした。だったらソ連のアフガニスタン占領はどうなのですか? 大韓航空〇〇七便の撃墜はどうなのです? ゴルバチョフは応戦した。アメリカ政府は、撃墜される運命の旅客機を操縦していたパイロットの軍人恩給を、どれだけ支払ったのですかな? 「長官は、そのコメントにわざわざ答えるつもりはないといった。ゴルバチョフは、自分も長官の発言を無視するといった」。冷え冷えとした影がきらびやかな部屋を横切って降りた。

シュルツは埋め合わせをしようとした。彼は、モスクワとワシントンの関係を改善する以上に重要な使命があるとは思わないといった。しかし、ゴルバチョフは依然として息巻いていた。作業部会の報告書を振りまわし、こんなものをどうして出版できたのかとたずねた。「このような文書が信頼を生んだだろうか? 両国間の接触にはいくらかの改善があったし、ソ連側はそれを歓迎していた。しかし、アメリカはそれを恐れているようだ。そんな反応をするとは、アメリカはさぞかし弱いにちがいない。ゴルバチョフは、この辛辣な言葉のやりとりを、自分がはじめた調子で終わりたいといった――関係を改善する願いで。願いはソ連側にあった。アメリカはそれについてよく考えるべきだ。長官は自分も同じ意見だといった。ゴルバチョフは『よろしい。この件は忘れましょう』といった」。

忘れられることはなかった。シュルツはワシントンに戻ると、積極的手段作業部会を廃止することを望んだ。彼はゴルバチョフが自分に不意打ちを食らわせたこと、そして不意打ちとそれにつづく対決のせいで、慎重な話し合いが必要な交渉があやうく頓挫するところだったことに激怒した。彼の怒りはお門違いだった。報告書は、彼がモスクワに到着する前に、彼の状況説明書に入っていた。それに目を通す時間がなかっただけだった。「ジョージ・シュルツには大いに不満だった」とベイリーはいった。「彼は報告書に目を通しているべきだったし、ゴルバチョフを一喝して、われわれを支持すべきだった」。

ゴルバチョフはその七週間後、ホワイトハウスを訪問して、アメリカ大衆からの喝采の海をただよい、ワシントンの通りで「ゴルビー！　ゴルビー！」とくりかえし歓声を上げる群衆に出迎えられた。しかし、積極的手段はふたたび議題に上った。ゴルバチョフとそのチームは一九八七年十月十日、ホワイトハウスで、レーガンとブッシュ、シュルツ、カールッチ、コリン・パウエル、そしてアメリカ情報庁のチャールズ・ウィック長官とともに九十分間の会談をかねた昼食会の席についた。ウィックは、誰からいわれたのでもなく、タス通信とそれ以外に二社のソ連ニュース通信社の長と会ったことがあるが、彼らは「軍備縮小だけでなく、偽情報操作の終結もあるだろう」ということで意見が一致したと、口をはさんだ。ゴルバチョフはこの言葉をじっくりと考えた。「いいかえれば、両陣営ともまた心理戦について話したということですな」と彼はいった。筆記録は、「シュワルナゼは、軍縮はその同意よりも早く実現するでしょうなと冗談をいった」と記録している。彼はその点で完全に正しかった。

ソ連はアメリカにたいするもっとも攻撃的な積極的手段をたしかにやわらげた。ＣＩＡはそれを一部は積極的手段作業部会の努力のおかげだとした。しかし、アメリカは、ＣＩＡが十一月にホワイトハウスに報告したように、ソ連にたいする政治戦の活動を強化した。「われわれの改善されたプログラムは、現在のソ連の〝グラスノスチ〟政策と、通信技術の革命を利用するよう意図されている。このふたつの現象は、ソ連の聴衆に影響をおよぼすわれわれの隠密工作プログラムに前例のない機会を提供している」と、局のソ連部門は指摘している。「昨年、約五十万の書籍、定期刊行物、オーディオカセット、ビデオカセットがソ連と東欧国内でばらまかれた」。それだけではなかった。一九八八年七月のホワイトハウスのシチュエーション・ルームにおける隠密工作総括の事前配布資料は、その大部分が依然として機密扱いのままだが、CIAのウィリアム・ウェブスター長官が大統領とカールッチ、そしてパウエルに、同局が、極秘電子コンピューター出版のような、〈連帯〉を支援するのに使ったのと同じ手段の多くを利用していて、それをソ連にたいして使用していると語ったことをしめしている。彼はレーガンに、「表向きは共産主義青年組織が書いたことになっている」が、CIAが作成した「ロシア語のプロパガンダ・パンフレット」を見せた。「六千部がソ連に送りこまれ、ゴルバチョフの改革プログラムを支持すると主張していますが、実際には政権が容認するであろう内容をはるかに超えた民主的改革を要求しています」と彼は報告した。「パンフレットはおおっぴらに配布され、KGBの捜査を引き起こしました。われわれは最近、KGBから尋問に引っぱられた学生たちが、自分たちはパンフレットのメッセージを支持すると主張していることを知りました」。もしかすると学生たちは投獄されずにすんだかもしれない。その点について、記録はなにもいっていない。

積極的手段作業部会は、レーガン政権が終焉を迎えると、少なからず国務長官の敵意のせいで、分解しはじめた。ベイリーは軍備管理軍縮庁へ行った。彼女のもっとも優秀なスタッフはCIAとFBIで正規の職に戻った。連邦捜査局のジム・ミルバーンはオルドリッチ・エイムズを追いつめることに彼の人生を捧げた。ミルバーンの後釜に送りこまれたFBI捜査官は、陰気でむっつりとした男だった。対敵諜報活動のベテランで、作業部会の一部のメンバーが後年、彼のことをはっきり思いださせないほど特徴のない性格をしめしたが、ときどき会議の議長をつとめ、議会にたいする最終報告書の第一執筆者をつとめた。

彼の名前はロバート・ハンセンで、一九七〇年代後半以降、FBI内部からソ連のためにスパイ活動をしていた。オルドリッチ・エイムズと同様、ハンセンはひそかにFBIとCIAのために働いていたソ連の工作員をほぼ全員、裏切っていて、ふたりの裏切り者が提供した二重の証拠がおたがいを死へと追いやった。FBIは、セルゲイ・マトーリンとKGBの同僚二名の正体をあばいた人物を見つけだすために、ハンセンに、局内部へのソ連側の浸透を、わかっているものも疑われるものもすべて詳細に調べる任務をあたえていた。ハンセンは自分自身を探していたわけで、したがって彼の調査は腹立たしいほど要領を得ないものとなり、おかげで手がかりは失われた。自分の足跡を隠したハンセンは、モスクワのスパイとの密会の障害が取りのぞかれたのを知った。FBIのコンピューター・システムの比類ない利用能力をゆだねられた対敵諜報活動の監督者として、彼はKGBに、FBIが動かしている二重スパイ作戦の完全なリストや、同局がワシントンの新ソ連大使館の地下にトンネルを掘っているという警告、モスクワの通信を暗号解読できる国家安全保障局の能力の詳細な技術的説明、翌五年間のCIAの予算要求の正確な資料、そのほか多数を提供した。しかも、これは宝の山の一例にすぎなかった。ハンセンは、彼の裏切りが最初に具体化してから二十二年後の二十一世紀まで、逮捕されなかった。

モスクワのスパイと工作員は、冷戦の初期、敵のアメリカに圧勝していた。彼らは冷戦の末期、長い闘争の最後の戦いが終わりを迎えようとしていたときにも、圧勝していた。そして、レニングラードKGBの元局員がクレムリンで権力を握ったあと、ふたたびそうすることになる。

第7章 「黄金期の欺瞞に満ちた夢」

四十五年間の闘争のあとで、ソ連の凋落と崩壊は、アメリカの政治戦の勝利に思えた。アメリカは、アメリカ式資本主義とアメリカ式民主主義という同国の原則の二本柱を、消滅した帝国の版図と地球上のあらゆる場所全体に、自由に輸出できると感じた。ふたりのアメリカ大統領は、ソ連の衛星国と西側の一部の国々を解放する機会を見て取り、それに賭けた。一九九九年には、アメリカは依然として世界唯一の超大国としての役割で勝ち誇り、ポーランドとチェコ共和国とハンガリーをNATOに組み入れ、軍事同盟国にしていた。かつてはソ連支配下にあったさらに九カ国がNATOに加盟する準備をしていた。かつては共産主義の中心地だったワルシャワやプラハ、ブダペストはいまや、バルト海から黒海まで広がることになるアメリカの勢力圏内にあった。そして、モスクワ自体も依然として、争奪の対象だった。

この戦力の投射は、この十年間のアメリカ外交政策の大成功と見なされ、ワシントンでは政策上の統一見解としてタカ派にもハト派にも同じように受け入れられた。しかし、全員にではなかった。ジョージ・H・W・ブッシュ大統領下のCIA長官ボブ・ゲイツは、アメリカが危険なことに手を出していると考えた。「ロシアにとって特別な屈辱と困難のときに、NATOの拡大を東に向かって推し進めたことは、たとえゴルバチョフをはじめとする者たちがそれはすくなくともすぐに起きることはないと信じこまされたとはいえ、アメリカとロシアの関係をさらに悪化させただけでなく、彼らと前向きな取り引きをすることをずっと困難にしたと思う」と、彼はプーチンが権力を握った直後の二〇〇〇年に語った。「われわれは実際のところ、ロシア人たちの反感をひどく買った」。そして、九十三歳になっていたジョージ・ケナンは、「NATOの拡大は、冷戦後の全期間でもっとも致命的なアメリカの政策の失敗だろう。こうした決断は、ロシアの世論の民族主義的、反西側的、軍国主義的傾向を煽り、ロシアの民主主義の発展に悪影響をおよぼし、東西関係に冷戦期の環境を復活させ、ロシアの外交政策をわれわれにとって決定的に好ましくない方向へ押しやることが予想される」と警告した。彼はこれが新たな冷戦のはじまりになりうることを恐れ、その点において予言的だった。ケナンは帝国があとかたもなく消えたりはしないことを知っていた。

ゴルバチョフ以降のロシアの指導者たちは全員、それぞれがしだいに怒りの度合いを深めながら、アメリカが、外交よりも欺瞞によって、旧ソ連の領分へのNATOの拡大を達成したと信じていた。ボリス・エリツィンは、アメリカの戦略があかるみにでた直後、ビル・クリントンに直接いった。「なぜ不信の種をまいているのです?」と彼は雷を落とした。「歴史は、諸大陸と国際社会の運命をひとつの首都からなんらかの形であやつれるという考えが、危険な幻想であることをしめしている」。プーチンにつぐ権力者のドミトーリイ・メドヴェージェフはこういった。「われわれは……NATOが、そのミサイルをロシアの領土に向けた軍事圏［として］、際限なく東へ拡大することはないと保証された」。プーチンは、アメリカ人が「ソ連にたいする完全な勝利をもとめていた。彼らはヨーロッパの王座にひとりで座りたがっていた」と思った。

プーチンはアメリカの動きを、新時代のカモフラージュで偽装した冷戦の策略と見なした――二〇〇七年二月のミュンヘン安全保障会議で彼がいったように、「深刻な挑発行為」と。「そして、われわれにはこうたずねる権利があります。この拡大は誰にたいして意図されたものなのか？　そして、西側のパートナーたちがあたえた保証はどうなったのか？」。彼はそれ以来ずっと、復讐をくわだててきた。彼はアメリカがベルリンの壁を東のロシア国境まで移動させたと信じていた。そして、彼はそれを押し返しはじめた。ここ数年になってやっと、一九九〇年代の重要なアメリカ側の記録文書が機密扱いを解除され、いまやそれを読むことができるようになったので、われわれはアメリカにたいするプーチンの攻撃の起源をだんだん理解できるようになっている。

　冷戦は一九四五年七月に、アメリカとソ連がスターリンを満足させるような和平にたどりつけなかった結果、はじまった。その三年後、スターリンはポーランドとハンガリー、チェコスロヴァキアの支配を、それ以外の東欧とバルト諸国とともに確固たるものにした。それにたいし、封じこめと、アメリカの政治戦の開始、〈マーシャル・プラン〉、そしてＮＡＴＯの創設がもたらされた。それから四十年後、反政府勢力の〈連帯〉運動がポーランドで権力を握り、ハンガリー政府が対オーストリア国境で電気柵を撤去して、チェコスロヴァキアでは〈ビロード革命〉を作りだした詩人と政治理論学者と学生が共産主義者を権力の座から追いだした。一九八九年十一月九日にベルリンの壁がやぶられたあと、何万人という東ドイツ人が押し寄せて西側に加わるという意思表示をした。「ＮＡＴＯの力がこれらの東ヨーロッパの変化を可能にしたのです」と、ブッシュ大統領は、壁が崩れる直前の電話で西ドイツのヘルムート・コール首相に語った。歴史の潮流は分断されたドイツを再統合のほうへ押し流しつつあった。そしてＮＡＴＯ内で再統合されたドイツは、冷戦最大の戦利品だった。

　それは「ソ連最大の悪夢」でもある、とブレント・スコークロフト国家安全保障担当補佐官は十一月二十九日、ブッシュにいった。それは「ソ連の安全保障体制の息の根を止める」だろう。赤軍はその潮流を止めるために動くだろうか？　それが第三次世界大戦をはじめさせる可能性はあるだろうか？　ブッシュの国家安全保障チームがその恐ろしい可能性を検討しているとき、ドイツ国民は大ハンマーで壁を取りこわした。しかし、チームはじきに、自分たちの決定をゴルバチョフとソ連に指図できるという結論にいたった。ドイツはふたたびひとつの国家になる。

　この見通しは、世界中の心をよろこばせたわけではなかった。「われわれはドイツを二度、打ち負かしたのに、いま彼らは戻ってきました」。イギリスのマーガレット・サッチャー首相は、少なからぬ警告をこめて、ヨーロッパの元首たちに語った。フランスのフランソワーズ・ミッテラン大統領は、エリゼ宮の昼食会の席でサッチャーに、再統合されたドイツはヒトラーがかつてふるったよりも大きな影響力と国力を有するだろうと語った。「東西のほかのすべての指導者がそれに反対していた」とゲイツはいった。「フランスは反対だった。イギリスは反対だった。ソ連は反対だった。ポーランドは反対だった。チェコスロヴァキアは反対だった。ハンガリーは反対だった。イタリアは反対だった。われわれは完全に孤立していた」。一九八九年十二月のはじめ、ブッシュはマルタ海岸沖の嵐に翻弄される船上でゴルバチョフと会談した。ソ連の指導者が国連で冷戦思想を放棄する重大な演説を行なってから一年がすぎていた。「時代はわれわれに、伝統的なステレオタイプで時代遅れの見かたを捨てて、幻想から自分自身を解き放つことを余儀なくさせつつあります」と彼はいった。「いまや新しい世界が誕生しつつあり、われわれは未来への別の道を探さねばなりません」。しかし、ブッシュのホワイトハウスにとって、それは多くの点で失われた一年だった。ブッシュは、大統領に就任後数カ月間、躊躇して、モスクワの同格者を疑い、新しい世界がソヴィエト共産主義の崩壊から実際に誕生しつつあることをはっきりと理解できずに、彼が一九四五年以来歩んできたのとはちがう道に尻込みして、かわりにアメリカの外交政策の各面を苦痛なほどゆっくりと念入りに再検討することに着手していた。彼がバックミラーをずっと見ているあいだに、フロントグラスの外では、世界が永久に変わりつつあった。

いまやっと、彼はゴルバチョフと直接向き合っていた。「われわれは真摯に話し合い、ドイツの再統合の問題について議論しました」とブッシュは揺れる船の上でソ連代表団に語った。「われわれはこれがどれほど微妙で細心の注意を要する問題かわかっています」。なんといっても、ドイツは統合されていたとき、二千万人以上のソ連人を殺害していた。「われわれはドイツの再統合が、あきらかにみなさんの懸念されているような一九三七年から一九四五年の轍を踏むことをまったく望んでいません」。ジェイムズ・ベイカー国務長官は、大統領ほど慎重に言葉を選ばずにいった。「当時のドイツは西側の価値観と共通するものをなにも持ちませんでした」。ゴルバチョフはその言葉に腹を立てた。民主主義と情報公開がなぜ西側の価値観なのか、と彼はするどくたずねた。これはまさに自分の最高の目標でもあるのではないのか？　彼は単刀直入にいった。両陣営が自分たちの共通の土台と呼ぶべきものはなんでしょう？　ブッシュは適切な言葉を探した。ベイカーが助け船を出した。「妥協案として、たぶんこの積極的なプロセスは〝民主主義的価値観〟にもとづいて進んでいるといってよいのではないですか？」。そして、じれったいことに、筆記録はここで終わっている。

一九九〇年二月、ベイカーはモスクワを訪問し、ゴルバチョフをなだめた。「われわれはあなたがたと肩をならべて戦いました。われわれは力を合わせてヨーロッパに平和をもたらしたのです。残念なことに、われわれはそれからこの平和をお粗末に扱い、それが冷戦へとつながりました」と、ベイカーは、しだいに追いつめられていくソ連の指導者に語った。「いま、急激で根本的な変化がヨーロッパで起きているとき、われわれには平和を維持するために協力する絶好の機会があります。わたしはぜひともあなたに知っていただきたい。大統領もわたしも、いま起きているプロセスから一方的な利益を引きだすつもりはありません」。そして、彼ははっきりとこういった。「われわれは、もしアメリカがNATOの枠組みのなかでドイツに駐留しつづけるなら、NATOの現在の軍事的管轄区域は一インチたりとも東方へ広がることはないと保証されることが、ソ連だけでなく、ほかのヨーロッパ諸国にとっても重要であると理解しています」。

一インチたりとも東へは。アメリカはその点について、「絶対的な保証」をあたえたと、レーガン政権とブッシュ政権でモスクワ駐在アメリカ大使をつとめたジャック・マトロックは語った。ゴルバチョフはそれをはっきり聞いたし、くりかえし聞いていた。彼はこう応じた。「NATOの領域のいかなる拡大も受け入れられません」。彼は信用したが、たしかめなかった。彼が書面によるアメリカ側の保証を得ることはなかった。

コールは二週間後、ブッシュとブレインストーミングをするために大統領の山地の別荘キャンプ・デイヴィッドを訪問して、ふたりは意見の一致を見た。彼らはドイツ再統合の条件をモスクワに押しつけることに同意した。西ドイツに軍事力はなかった。しかし、膨大な経済的影響力があった。同国はソ連における最大の設備投資と合弁事業の源だった。ふたりは、コールが実質的に東ドイツを買い取って、資本を注入し、国内から撤収する費用をソ連に支払って、再統合されたドイツをNATOに引き入れることができるということで同意した。ベイカーはこの大きな一手を、史上最大のレバレッジド・バイアウト〔対象企業の資産を担保にした借入金による企業買収〕と陽気に見なした。ゲイツはのちに、これをソ連に賄賂を贈って追いだす計画と呼んだ。

「われわれはゲームに勝つでしょうが」とブッシュはキャンプ・デイヴィッドでコール首相にいった。「それをやっているあいだ、賢くなければなりません」。彼らの会話には、自分が古(いにしえ)の鞍と乗馬の世界にいるというブッシュの意識があふれていた。

「ソ連はドイツとNATOとの関係を指図する立場にない」とブッシュはいった。「冗談じゃない。われわれは勝利をおさめ、彼らはそうではなかった。敗北の顎(あぎと)からソ連に勝利をつかみ取らせるわけにはいきません」。

「当然ですが」とコールはいった。「彼らは見返りになにかを手に入れたがるでしょう」。

「あなたはじゅうぶんな資金(ディープ・ポケット)をお持ちだ」と合衆国大統領はいった。

コールは、五十四万六千名のソ連赤軍をドイツから引き上げさせ——五十五輛編成の軍用列車を毎日五十本、三年間以上必要とする大脱出——て、帰国した彼らを収容するための基地を建設する費用のもっとも大きな部分を引き受けることになる。バイアウト、あるいは賄賂の当座の費用は、百億ドル単位で、その後、千億ドル単位で査定された。政治戦における経済力の壮大な利用である。その壮大さは、この瞬間の重要さに見合うものだった。ドイツ再統合のための請求書は、やがて二兆ドル以上に達することになる。

ヨーロッパ中央部からの赤軍の撤収は、アメリカの指導者たちが世界における自分たちの使命を見るやりかたを変えることになる。彼らは地平線の向こうに目をやり、新たな夜明けを見た。そこではクレムリンの権限と影響力はずっとロシア国境まで後退し、アメリカの国力と原則に取って代わられることになった。「封じこめの先には、民主主義が広がっています」とベイカーは三月三十日の演説で宣言した。「古い独裁者を一掃するときは、すばやく去りつつあります。新たな民主主義を構築するときがおとずれているのです。だからこそブッシュ大統領はわれわれの新たな使命を民主主義の促進と強化であると定義したのです。これはアメリカの理想とアメリカの権益をともに実現する任務なのです」。民主主義の促進は、二十世紀が終わるまで、アメリカの政治戦を定義する力となる。

大地が足もとで揺れているあいだに、ブッシュとベイカーはゴルバチョフに、大地殻変動は地震ではないと請け合った。「われわれの政策は東ヨーロッパをソ連から引き離すのが目的ではないと強調したかったのです。そういう政策を以前は持っていました。しかし、いま、われわれは安定したヨーロッパを作り上げることに関心があります。そしてそれをあなたといっしょにやることに」と、ベイカーは五月十八日、モスクワでソ連の指導者にいった。しかし、エドゥアルド・シュワルナゼ外相は、まったくちがう見解を持っていた。彼は、「もし再統合されたドイツがNATOの一員になったら、ペレストロイカを吹き飛ばすでしょう。わが国民はわれわれを許しますまい。国民は自分たちが結局は勝者ではなく、敗者だったというでしょう」と警告した。

五月三十一日、ワシントンの首脳会談で、ブッシュはゴルバチョフにこう主張した。「われわれにはドイツを再統合のほうへ押しやるつもりはありません。そしてもちろん、ソ連に害をおよぼすつもりは、毛頭ありません」。それは半分真実だったが、ゴルバチョフはブッシュが明言した誠意を信じなければならないと感じた。ソ連の力の崩壊しつつある構造を維持する意思と能力がほぼつきた彼は、数日後、折れた。（彼はのちにコール首相に、自分はその重大性に完全に気づいたあとで、罠に落ちたような気がしたと語っている。たとえそれが、現金と信用貸しという餌をたっぷりつけられた罠だったとしても。）首脳会談で達した基本的な合意によって、再統合されたドイツがNATO入りすることが確定した――そして、軍事同盟は、一インチどころか、十万八千八百平方キロメートルも拡大して、ポーランドとチェコスロヴァキアとの国境まで東に広がった。これはソヴィエト共産主義との半世紀におよぶ政治戦の栄光に満ちた頂点であり、アイゼンハワーの部隊とスターリンの将兵がナチ・ドイツのファシスト軍を撃滅して以来、ある国がヨーロッパでこれほど他国にたいして進出したことはなかった。これは一発の銃弾も撃つことなく達成され、そしてひとつの時代を終わらせた。

「大統領のスピーチライターたちは、何カ月間も、『冷戦は終わりました』という一節を演説に織りこんできた」と後年、スコークロフトはいった。「そしてわたしは、いつものように、それを線を引いて消し、線を引いて消し、線を引いて消した。この会談のあと、わたしは、今回はそれを残してもいいという結論に達した」。

ブッシュは、冷戦のじりじりとした緊張感の時代に統治した最後の大統領だっただけではなかった。彼は第二次世界大戦に従軍した最後の大統領であり、戦争のいかなる戦域でも実戦を経験した最後の大統領、世界とそのなかにおけるアメリカの役割についての考えかたが一九四〇年代と一九五〇年代に形成された最後の大統領だった――アイゼンハワー時代に共和党員だった最後の大統領であり、ケナンと政治戦にかんする彼の構想によって戦略思考を形づくられた最後の大統領だった。そして彼は、国際同盟に支持された戦いにアメリカをみちびいた最後の大統領でもあった。

一九九〇年八月にサダム・フセインがクウェートに侵攻したあと、彼を駆逐するための戦争の計画立案と遂行は、アメリカの軍事力の誇示以上のものだった。三十八カ国が合同でイラク軍と戦闘で対峙し、一九九一年一月に戦争が開始されると、全員がNATOの合図で戦い、飛行した。八カ国のパイロットが搭乗する六種類の軍用機が、一日最大、四千回以上の出撃で飛行したが、彼らはNATOの波長で一体となっていた。このようなことはそれまでに一度もなかったし、このようなことはそれ以降、起きていない。この戦争は同盟国がアメリカに利用されたときに持つ力の目を見張るような実例だった。この教訓がソ連の上層部内で忘れられることはなかった。

クレムリンは一九九一年六月に、愛想のいいアルコール依存症のボリス・エリツィンがソヴィエト連邦ロシア共和国の大統領に選出されたころには、群雄割拠の状態に分裂しつつあった。エリツィンはその月の末、代表団をひきいてブリュッセルのNATO本部を訪問した。彼はNATOの事務総長で元西ドイツ国防相のマンフレート・ヴェルナーに出迎えられ、ヴェルナーはエリツィンに、自分とN

ATO加盟国の大多数はポーランドとハンガリーとチェコスロヴァキアを仲間にくわえることに断固反対していると明言した。彼らはロシアをヨーロッパから孤立させたくなかった。国際同盟を切実に必要としていたエリツィンは、ヴェルナーをたのみにできる友人にしたと思った。その願いは数週間後の八月に明確になった。KGBのウラジーミル・クリュチコフ議長とドミトーリイ・ヤゾフ国防相がひきいるソ連の保守派が、ゴルバチョフを打倒するクーデタを仕掛け、ソ連の共産主義を確実な死から救おうとしたのである。モスクワの共和国政府の所在地であるロシアのホワイトハウスは、武装攻撃にさらされた。

「一日目に日が沈んだとき、ゴルバチョフにたいするクーデタ計画の結末は、未解決の問題だった」とモスクワのアメリカ大使館で政治担当官だったウェイン・メリーは回想した。「この一揆(プッチ)には、いくつかとてもおかしなところがあった。まず、なにも空に飛んでいなかった。ヘリコプターは一機もいなかった。彼らは陸軍航空隊を掌握していなかった。モスクワという大都市圏のどまんなかでクーデタを仕掛けておいて、空にヘリコプターが一機もいないということは、すべてが掌握されているわけではないということを、かなり強力に指ししめしていた。つぎに、電話がホワイトハウス内でまだ通じていた。エリツィンは電話を押さえていた。固定電話を握っている人間を掌握できないなんて、そんなクーデタがあるだろうか?」

モスクワからの緊急電話は、ブリュッセルのNATO本部に通じ、ヴェルナーと事務総長補佐であるアメリカの慈善家のフィリップ・メリルは、全部合わせて数百万の国民がいる十六の加盟国全員参加の会議を開催しているところだった。「テーブルの上座の電話が鳴った」とメリルは回想した。「ヴェルナー宛だった」。

「ボリス?　どこのボリスさんで?」

「ボリス・エリツィンさ、この馬鹿者」

「ボリスか。声が聞けてうれしいよ。なにかお役に立てるかな？」

「ちょっとした問題があってね」

「どういう問題かな？」

「いまホワイトハウスで自分のオフィスにいるんだが、一団の陸軍部隊に包囲されていてね。連中がどういう方向へ進むつもりなのかわからないんだ。少々NATOの助けを借りたい」

ヴェルナーは受話器を置くと、こういった。「どうしましょうかな？」。

クーデタはたちまち崩壊し、それがソ連の終わりの始まりだった。翌朝、メリーはKGB本部正面のルビヤンカ広場まで散歩に出かけた。熱狂した群衆がそこに集まっていた。「彼らはソ連秘密警察の創設者であるフェリクス・ジェルジンスキーの高い像を引き倒しているところだった」と彼はいった。「空には花火が上がっていた。われわれはスターラヤ広場（旧広場）に面した共産党本部まで行ったが、そこでは何人かのエリツィンの仲間が建物を手中におさめて、ファイルを持ち去ったり破棄したりできないようにしていた。共産党本部ごしに赤の広場を見とおせる通りがあるが、その通りにそって、クレムリン内の元老院と呼ばれる建物の屋上に旗竿が見える。そこにはハンマーと鎌が描かれた赤旗のかわりに、白と青と赤のロシア国旗がひるがえっていた」。

ブッシュと彼の国家安全保障チームは、ほぼひとり残らず、ほとんど最後まで、ゴルバチョフが嵐を乗り切ると思っていた。彼らは全員、ソ連を押し流した出来事の洪水に見舞われた。専門家が、考えられないことをいかにすばやく考えなおさねばならなかったかの小さな一例だが、一九九一年十月後半、CIAの卓越したソ連専門家のジョージ・コルトは、ホワイトハウスに、ウクライナが――五千万人の人口を有するソヴィエト社会主義共和国で、世界第三位の核兵器庫が――五年以内に独立国た。

それはありえないと考えた。激しい論争がつづいた。五年か、永遠にか？　それは五週間後に起きた。

になるかもしれないと告げた。国家安全保障会議における彼の同格者であるエド・ヒューイットは、

最後のソ連駐在アメリカ大使は、頭が切れて、生意気な口をきく、ロバート・ストラウスという元民主党全国委員会議長だった。彼はブッシュと国家安全保障問題担当の補佐役たちに、自分はじきに最初のロシア駐在アメリカ大使になるだろうと語った。誰も彼の言葉を信じなかった。しかし、ハンマーと鎌の国旗はクリスマスの日、クレムリンからこれを最後に降下され、ゴルバチョフとソヴィエト連邦の終焉を印した――そして、ブッシュはその一年後、権力の座を降りることになる。ストラウス大使は「すばらしい比喩」を知っていた、とメリーはいった。「われわれは――ロシア人の指導者たちもふくめ――全員、丸太に乗って川下りしながら、自分が丸太の進む方向と目的地を決定していると思っている、くだらん人間のようなものだという」。ソ連の崩壊は、アメリカの国家安全保障の確信を一部、ゆるがせた。偉大な敵なくして、アメリカはどうして偉大な国家でいられるだろう？　なぜもはや存在しない国にたいして第三世界を勝ち取るために強大な軍事機構を構築する必要があるのだろう？　そして、NATOはどうすればいいのだろう？　ユーゴスラヴィアが内部分裂して、一九四五年以降もっとも血が流された紛争がバルカン半島諸国を破壊しはじめると、NATOと残りの西側の国々はその争いを遠巻きに見ていた。

この不確実さの渦のなかに、アメリカのつぎの大統領で、アーカンソー州の知事、ビル・クリントンは足を踏み入れた。「冷戦は終わりました」と、クリントンは一九九二年七月に民主党全国大会で宣言していた。「そして、われわれの価値観――自由、民主主義、個人の権利、そして自由企業体制――それらが全世界で勝利をおさめたのです」。彼の演説は四千語におよんでいたが、そのうち百四

十一語しかアメリカの海外における役割を取り上げていなかった。彼は、誰がどう見ても、外交政策についてあまり考えていなかった。たぶん二十世紀のどの合衆国軍最高司令官よりも。彼は大統領として、ロシアという巨大な問題は自分の気立てのよさで対処できると信じていた。エリツィンと友だちになって彼を丸めこみ、彼が布告によって統治しているのにもかかわらず彼を民主主義者と呼び、あらゆる手をつくして彼を支持することによって。それと同時に、クリントンはNATOを拡大する唯一の力となり、そしてその東への拡大がまちがいなくエリツィンを失脚させた。これらはひどく矛盾した態度だったが、クリントンは、最高の才能にめぐまれた政治家であり、魅力的で、誘惑的で、ときには雄弁な嘘つきだったので、自分が両方のことを一度にできると確信していた。

彼は、国家安全保障担当補佐官のトニー・レイクの薦めで、同盟を拡大することを主張しはじめた。レイクの仕事は、矛盾の解決を必要とした。彼はワシントンではめずらしい部類で、道徳家であり、あるいはすくなくとも同僚の大半や新しいボスよりずっと非道徳的ではなかった。一九六〇年代前半、アメリカ軍戦闘部隊の到着前には、ヴェトナムで一日も二日も置かれた外交官だった。ヴェトナムで彼が学んだ教訓のひとつは、善意が「殺人的に浅はかな戦争」へとつながりうるということだった。彼は一九六九年にヘンリー・キッシンジャーの国家安全保障会議のスタッフにくわわった。一九七〇年、ニクソンがカンボジアを侵略したのち、道徳的見地から辞職した。キッシンジャーは、ニクソン大統領が情報をリークした人間をむなしく探すことに着手したとき、彼を盗聴した。カーター大統領のもとで、レイクは国務省で政策立案担当部長として、ケナンの地位についた。レーガンとブッシュ両大統領の政権下では、大学生を教え、マサチューセッツ州西部の牧場で牛を育てた。ちょうど、国務省での日々が終わったあとのケナンと同じように、思索的な教授で、農業を道楽とする紳士である。いまや彼はキッシンジャーの昔の職についていた。そして、冷戦終結後、いかにアメリカの戦力を投射するかを決定するのは、ワシントンのほかの誰よりも、彼しだいだった。クリントンは、才能はあれど、それをやる経験と知的能力を欠いていた。レイクはアメリカの外交政策が現実主義的にも理想主義的にも、思いやり深くも強引にも、あるいは高潔にさえ、なりうると考えた。「マザー・テレサとロナルド・レーガンはふたりとも同じことをしようとしていたと思う――ひとりは救われない人々に救いの手を差しのべることで、ひとりは〈悪の帝国〉と戦うことで」と彼はかつていった。「この仕事のいいところのひとつは、両方を同時にやって、それらを矛盾とはとらえなくていいことだ」。彼はその点では大統領によく仕え、頭のなかにふたつの対立する考えをかかえて、それをひとつにしようとした。彼の意図はすばらしいものだった。

しかし、誰ひとり、とくに大統領は、冷戦後のアメリカの外交政策がどうあるべきかを知らなかった。これがレイクの補佐役のひとりがいうところの「ケナン宝くじ」を産みだした――ケナンの封じこめ戦略に取って代わることができる指導原則を見つけだす競争を。願わくは、車のバンパーに貼るステッカーにぴったりおさまるやつを。レイクは、「民主主義の拡大」の原則を支持する一九九三年九月の演説によって、いわば無投票で勝利を飾った。彼はアメリカが世界の市場民主主義の地図を拡大するであろうし、それを行なう最適の方法は、NATOに新しい国を加盟させることであるといった。「冷戦の時代には、子供さえアメリカの安全保障上の使命を理解していました。教室の壁に貼ってあるあの地図を見れば、われわれがあの大きな赤い染みの忍び寄る拡大を封じこめようとしていることがわかったのです」とレイクはいった。いまや、アメリカの使命は、NATOの拡大によって、市場民主主義の青い染みを拡大することだ、と彼はいった。

半世紀にわたり、NATOは人類史上もっとも効果的な軍事同盟であることを実証してきました。……［しかし］NATOがじょじょにより広い役目をみずから引き受けなければ、大衆の支持を失い、われわれの全諸国は、大西洋両岸とヨーロッパの安全保障の重要な絆を失うでしょう。だからこそ、この一月に大統領が呼びかけたNATOの首脳会談で、われわれはNATOを新しくしようとしているのです。市場民主主義の拡大の陰で、欠くことのできない集団安全保障が持続するように。

その首脳会談に先駆けて、国務省の国際安全保障と政策立案担当者のトップたちは、一九九八年にポーランドとハンガリーとチェコ共和国の加盟を認めることを提案していた。それから二〇〇〇年にはラトヴィアとリトアニアとエストニアのバルト諸国を。彼らは、ウクライナをふくむもっと野心的な二十一世紀のための予定表を持っていた。そして、その根底にある理由について明確だった。それは民主主義を拡大することより、クレムリンと対決することに、より多くかかわっていた。「次の世代を通して、NATOの課題は」と彼らは書いている。「ロシアの力を封じこめ、吸収すること」である。しかし、どうやってロシア人を説得して、自分自身の封じこめに協力させるか？　誰にもわからなかった。「あきらかにこれは難題だが、どうしてもロシアを吸収する必要がある」と彼らは書いた。

この考えは、NATOの欧州連合軍最高司令官であるジョン・シャリカシュヴィリ将軍からすぐさま異議を唱えられた。将軍は一九九三年十月、統合参謀本部議長になった。ワルシャワでポーランド人を母として生まれ、グルジア〔現ジョージア〕出身の軍人の息子であり、帝政(ツァー)時代の将軍の孫にあたるシャリカシュヴィリとその家族は、半世紀前、赤軍の西方への進撃前に、命からがら逃げだして、ポーランドからドイツへ逃れていた。彼はロシアが拡大するNATOを生存の脅威と見なすだろうと主張した。

ロシアが新しい世界地図のどこにおさまるかという問題は、依然としてひじょうに大きく、答えが出ていなかったし、彼らをどうやって吸収するかという同じぐらいやっかいな問題も同様だった。エリツィンの挙動もロシアの民主主義という考えに自信をいだかせはしなかった。彼の展望はしばしばぼやけていた。彼は先の一九九三年四月のヴァンクーヴァー首脳会談で、はじめてクリントンに会っていた（彼らの冷戦時代の前任者たちを全員合わせたのとほとんど同じぐらい多い、十八回にのぼる会談の一回目）。ある心地よい午後、ふたりはボート乗りに出かけた。「われわれが桟橋からほとんど離れもしないうちに、エリツィンはスコッチを三本開けていた」と、クリントンの親友で、彼の政権でトップのロシア専門家、ストローブ・タルボットは書いている。エリツィンはディナーの席でもほとんど酒ばかり飲んでいた。「エリツィンのスピーチはまだるっこしくなり、彼のメッセージは感傷的になった（「ビィール、わたしたちはライバルではない――友だちだ！」）。アルコール依存症の父親に育てられたビル・クリントンは、いいほうに考えた。たしかに、ボリス君は酔っぱらいだが、と彼はいった。手に負えない酔っぱらいではないし、いずれにせよ、酩酊したエリツィンは、素面の選択肢の大半よりましだった。

ポーランドの指導者レフ・ワレサは、エリツィンの弱点を自分の都合のいいように利用した。ワレサはソ連にたいする防波堤としてNATOに加盟するという考えに飛びついた。もっともその提案はまだ行なわれていなかったが。彼は八月、エリツィンをディナーに招待し、ウオッカの川が流れた。エリツィンは一杯機嫌で、ポーランドが主権国家であり、もしそうしたいなら、同盟にくわわれると原則的に認めた――その後、ひと晩寝て酔いが醒めると、彼はすべてを取り消そうとした。補佐官たちにいわれて、彼はクリントンに手紙を書き、かつてワルシャワ条約機構内にいた国々がNATOにくわわるかもしれないという可能性に深刻な不安をおぼえているとつたえた。彼は、ドイツ再統合条約の「主旨」は、「NATOの領域を東へ拡大するという選択肢を排除している」と主張した。ロシアでは、NATO拡大は強硬派からも穏健派からも同じように冷戦の継続と見なされ、それが暗示するあらゆる危険がともなうだろうと、彼は警告した。

トニー・レイクはクリントンとちがって、その危険性を慎重に検討していた。彼はこう結論づけた。十年後に彼が語ったように、「もしロシアがいわば落ちぶれて、民主主義国家にならなければ、その時点で、たとえそれが五年先、十年先、二十年先であっても、まちがいなくポーランドとチェコと――わたしがつねにここにふくまれるべきだと主張してきた――バルト諸国は、西側の保護を声高に要求するだろう。だったらいまそうしたほうがいい」。彼は拡大がクレムリンにおよぼすかもしれない影響を軽視したが、ロシアの同役との出会いが彼に再考をうながしていた。「あれは第二次世界大戦の終結を記念するモスクワでのレセプションだった。彼はなにか飲み物を持っていた。わたしもなにか飲み物を持っていた。われわれは第二次世界大戦で亡くなった二千五百万人のロシア人について話していて、彼はこういった。『いいかね、われわれは第二次世界大戦でそれだけの犠牲をはらい、そしていまNATOの拡大にたいしてもそれだけの犠牲をはらう準備があるんだ』。わたしはこう思ったのをおぼえている。〝こいつはじつに上等なウオッカだな〟」。

一九九三年九月二十一日、レイクが急成長する民主主義の染みについて演説したのと同じ日、無政府状態がモスクワを襲った。民族主義者やネオファシストの高まる政治的抵抗に直面して、権力が自分の手のなかからすべり落ちていくのを感じたエリツィンは、ロシアの議会を解散する決意を固めた。これは憲法違反であり、国会議員たちは彼を弾劾して、彼に取って代わるために動いた。街頭デモが巻き起こり、デモ隊の群れはソ連の旗とスターリンの肖像をかかげた。激しい衝突がつづいた。

それから十日間で、百八十七人がモスクワの通りで死亡した。十月三日、エリツィンは抵抗を沈静化させるために議会の砲撃を命じ、ロシアのホワイトハウスに穴を開けた。そして、その同じ日、アメリカの人道支援活動が対内乱作戦に変わっていたソマリアのモガジシオでは、反政府勢力がブラックホーク・ヘリコプターを撃墜し、アメリカ人十八名を殺害して、死亡した兵士の黒焦げの遺体を通りで引きずりまわした。二画面同時進行の大惨事は、アメリカの民主主義が世界を形づくるという希望に一撃をくわえた。十月六日、クリントンはタルボットにこういった。「やれやれ、冷戦時代が本気で恋しいよ！」。

選挙から一年もたたないうちに、クリントンはよろめき、彼の人気は急落して、政権は行き詰まっていた。彼はアメリカのイメージどおりには容易に作り変えられない世界に直面した。彼はアメリカ式民主主義の名において、外交政策上の勝利を切実にほしがっていた。冷戦の先の新時代を目ざすなにかを。新年のはじまりに向けたクリントンの予定表には、ブリュッセルでのNATO首脳会談や、エリツィンとのモスクワ会談、ポーランドとチェコ共和国とハンガリーの指導者とのプラハ会議がふくまれていた。彼は三人の指導者にNATOの一員としての資格を差しだしたかった――いまでは、そのようにいいだせば、ロシアとの関係を吹き飛ばしかねないことをよく知っていたが。その危険を冒すだけの価値があるだろうか？　国防総省と国務省の大部分は、そうは思わなかった。彼らは代案を推奨した。〈平和のためのパートナーシップ〉である。ドイツの再統合を認める協定のあと、一九九〇年にはじめて着想された〈パートナーシップ〉は、ロシアおよび旧ワルシャワ条約機構加盟七カ国との軍同士の接触を確立して、同盟にくわわることを認めずに彼らをNATO理事会に参加するよう招待し、戦力ではなく情報を共有して、彼らの軍隊がシビリアン・コントロールと透明な予算、そして攻撃ではなく防衛にもとづくドクトリンを持つようもとめるというものだった。クリントンは、結ぶという二枚舌の尺度が必要だろう。

プ〉に引き入れ、そのいっぽうで彼の見ていないところでワルシャワとプラハとブダペストと協定を

彼の習慣どおり、両取りしようとする。そのためには、甘言を弄してエリツィンを〈パートナーシッ

ウォーレン・クリストファー国務長官とタルボットは、モスクワ駐在のジェイムズ・コリンズ代理公使からの酔いも醒めるような覚書に目を通したあと、ロシアへ飛んだ。コリンズは、NATO問題が「ロシア人にとって神経痛的」であり、「もしいかなる決定でも性急になされれば、彼らはヨーロッパの新たな分断の不利な側に立たされる羽目になると予期している。どういうニュアンスをあたえても、もしNATOがロシアに門戸を開放することなく中央および東ヨーロッパへの拡大を思い描く政策を採用すれば、モスクワではそれはロシアに、ロシアのみに向けられたと例外なく解釈されるだろう」と警告していた。十月二十二日、彼らはヘリコプターに乗って、かつてスターリンの狩猟ロッジだった、森のなかの別荘(ダーチャ)へ向かった。彼らは、狩猟の獲物の剝製でいっぱいの暑すぎるサンルームに足を踏み入れた。わずか三週間前、クーデタを力ずくで撃退したばかりのエリツィンは、ひどいありさまだった。彼は酒の臭いをぷんぷんさせていた。

クリストファー国務長官は、ロシアが「将来のヨーロッパの安全保障に完全に関与する」だろうとエリツィンにいった。〈平和のためのパートナーシップ〉には、旧ソ連およびワルシャワ条約機構諸国のすべてがふくまれ、「誰かを除外するこころみは、なされないでしょう」。エリツィンは、自分が理解したことを確認したがった。これは、一部の国のためのNATO加盟資格ではなく、すべての国のためのパートナーシップなのですな?「それが事実です」とクリストファーはいった。「すばらしい思いつきです」とエリツィンは答えた。「天才的な発想だ! これは、東欧諸国と、NATOにたいする彼らの強い願望にかんして、いまロシアで高まっている緊張をすべて解消する働きをする。こ

の件はロシアにとって問題になっていたでしょう。とくに、もしそのせいでわれわれが二等国の地位に置き去りにされたとしたら。いま、あなたがたの新しい思いつきのもとで、われわれは全員、平等です」。エリツィンは喜色満面だった。「じつにすばらしい」と彼はいった。「ビルに、わたしがわくわくしているとつたえてください」。

しかし、それも長くはつづかなかった。一九九四年一月十二日、クリントンはプラハ城でポーランド人とチェコ人、ハンガリー人と会談し、出てくると、状況は一変したと発表した。彼はこういった。「いまや問題は、もはやNATOが新たな加盟国を受け入れるかどうかではなく、いつどうやって受け入れるかなのです」。〝どうかではなく、いつ〟という言葉は、〝一インチたりとも東へは〟という約束のほぼ正反対だった。

ウェイン・メリーはモスクワのアメリカ大使館で政治分野の報告をあつかっていた。彼は、クリントンとクリストファーがエリツィンに語った内容にかんする国務省発表を片手に持っていた。もういっぽうの手には、大統領がポーランド人に語った内容にかんする在ワルシャワ・アメリカ大使館の報告書を持っていた。「その対比は、われわれの二枚舌と同様、かなり明白だった」と彼はいった。「ポーランドとそれ以外の国の人々は、NATOへの迅速な加盟という自分たちの成果をおおやけに喧伝したので、ロシア人はわが国が多かれ少なかれ彼らに嘘をついたことを知った。わたしにはなぜわが国がそんなことをしたのかまったくわからなかった。エリツィンに本当のことをいって、NATOとロシアとの結びつきを改善するために、この問題をどう処理すればいいか、モスクワと協力したほうがずっとよかったことだろう。これは、とくにロシアとの関係における、クリントン政権の特徴だったと思う。一挙両得をねらえると考え、こちらの言葉と意図についての先方の信頼をいささかも失うことなく、ロシア人にとってひじょうに重要な問題で彼らをあからさまにだませると信じるところが。すぐれた外交とは、よくいわれるように、祖国のために嘘をつくことではない。すぐれた外交とは、自分の言葉に忠実であると知られていることである」。

五十万人のソ連兵の最後の一人が、いまやドイツから東へ向かい、母なるロシアに引き上げた。ソ連兵たちの大多数は将校で、そのうち何千何万人もが妻子とともに何年も有蓋貨車やテントに寝泊りしていた。ナチ・ドイツにたいするソ連の勝利、半世紀前にベルリンに向かって押し寄せた赤軍は、いまや逆回しの映画のように逃走した。ロシア人を押し戻すこのきわめて重要な段階の頂点は、一九九四年八月三十一日、ヘルムート・コール首相が指揮するベルリンの公式式典でおとずれた。首相は戦時中のソ連の受難について厳かに言葉を述べた。エリツィンはまたしても酔っぱらい、ふらふらとさまよい出て、将兵にセレナーデを奏でる軍楽隊の指揮者から指揮棒を奪い取り、マイクをつかんで、観衆の先頭に立って歌おうとした。それはロシア国家にとって屈辱だった。そして、その屈辱はいっそう深まろうとしていた。

クリントン政権はロシア人をあざむいていたが、自分自身もあざむいていた。「NATOの拡大は、それが実現したとき、当然ながら、悪い熊公へのお仕置き、あるいは〝新・封じこめ〟となるでしょう」とタルボットはクリストファーに書き送った。「われわれの現在の立場は、拡大されたNATOがロシアに向けられることはないという主張にもとづいています」と彼は指摘した。しかし、「われわれは本気で、いやすくなくとも完全に、それを信じているでしょうか？　まちがいなく、ポーランド人とチェコ人はそうではありません」。歴史研究者のメアリー・エリーズ・サロッテは、二十五年前の外交記録から、これらをはじめとする秘密文書の機密扱い解除を獲得し、二〇一九年七月、専門誌《インターナショナル・セキュリティ》でそれらを公表した。そのなかには、その時点のロシアとの状況にかんするタルボットの思索もふくまれている。タルボットは、クリントン政権で七年間、国務副長官の地位にあったが、職業は外交官ではなく、ジャーナリストだった。レーガンとブッシュの時代には、《タイム》誌の米ソ関係担当支局長で、その時期に分厚い本を四冊書いていた。彼はケナンを心から賞賛していて、彼と同じように、言葉で影響力をおよぼした。冷戦終結時、「われわれとソ連はおたがいに歩み寄らなかった」し、「そして、われわれとロシアもまたそうすることはないだろう」と彼はそのとき書いている。「ロシアは、こちらに歩み寄るか、歩み寄らないかだが、歩み寄る場合には、ソ連がそうだったように、崩壊するだろう」。彼は、米ソ関係がアメリカのスペースシャトルとミール宇宙ステーションとのドッキングをお手本として、軌道を歩みながら、同調して交わるほうへ進むだろう、というアル・ゴア副大統領のエリツィンにたいする発言を一蹴した。「ロシアがわれわれのほうへ、われわれのやりかたのほうへ歩んでこなければならない」。これは「われわれの『例外論』の原則を不愉快にも確認するもの」に思えるかもしれない。もしそうなら？「そいつはお気の毒さま。これがわれわれだ。これがアメリカだ。われわれは例外的なのだ」と、このロシア専門家は書いている。

例外論の原則は、エイブラハム・リンカーンの言葉を借りれば、アメリカが地上最後で最大の希望だという、深くいだかれてきた信念だった。しかし、もうひとつの考えかたは、よりいっそう根深かった。アリグザンダー・ハミルトンは一七八七年、アメリカが、衝突する帝国の歴史、キリスト教世界と同じぐらい古い戦争の年代記、栄光のきらめきにおおい隠された何世紀もの愚行の例外ではないだろう、と書いた。「われわれはすでに、そうした根拠のない仮説の誤謬と途方もなさをじゅうぶん見てきたのではなかったか？　あらゆる形の不完全さも、弱さも、社会にたいする有害な出来事も免除されるという約束でわれわれを楽しませてきた、仮説の数々を？」と彼は問いかけた。「いまこそ、黄金期の欺瞞に満ちた夢から目をさまし、われわれが、地球上のほかの住人と同様、完璧な英知と完璧な美徳を持つ幸運な帝国とはいまだに遠くかけ離れているということを、われわれの政治的行動方針の現実的な原則として採用すべきときではないだろうか？」。

夜明け前の薄明かりに目をしばたたかせるアメリカの指導者たちは、自分たちの祖国をその賢明で高潔な国と見なした。世界の残りは、好むと好まざるとにかかわらず、もっとアメリカのようにならなければならなかった。

タルボットは国務長官に、自分はアメリカを、「民主的な選挙や出版の自由、多元主義、自由市場、市民社会、法の支配、独立した司法、チェック・アンド・バランス、少数派の権利の尊重」に向かう正しい道をロシア人のために照らしだす灯台と見なしていると書き送った。そして、その光が、「船底の汚水は悪臭を放ち、常軌を逸した専制的な船長と、なかば反抗的な乗組員があやつる、おんぼろで、水が漏る、特大の、大砲を満載した良船ロシア号」を、水平線上の港へ導くべきだと。もしアメリカが新しい世界の作り直しになくてはならない国になるのであれば、クリントンはその探求におけるかけがえのない相棒として、その個人的なふるまいは救いがたく、その政治方針には弁解の余地がないかもしれないが、エリツィンを選んだ。

ロシアのボロ船の提督は〈平和のためのパートナーシップ〉に参加し、一九九四年の夏の終わり、ホワイトハウスにおける最初の公式会談のために到着することになっていた。クリントンは補佐役たちに、前途に横たわるものではなく過ぎ去ったものによって定義される「ポスト冷戦時代」について話すのはもううんざりだといっていた。彼は将来に目を向けたかったが、二十一世紀への架け橋の明確な青写真を見ていたわけではなかった。彼は自分の政権が自動操舵で不確かな未来に向かって進んでいると感じていて、自分の外交政策顧問団には、もっとも不確かなのは、「すべてがばらばらになりつつあると誰もを恐れさせているロシアの大混乱状態」だと語った。エリツィンは九月二十六日、ワシントンに到着し、飛行機からよろめき出た。彼は大統領官邸からペンシルヴェニア大通りをはさんだブレア・ハウスに滞在し、その夜、タルボットの話によれば、「泥酔して、下着姿で部屋から部屋へよろめき歩き」、踊り場に出て、「ピザ！　ピザ！」と叫んだ。その後、ホワイトハウスの昼食の席で、クリントンはエリツィンに不愉快な真実を話した。ＮＡＴＯは東を目ざすだろう。「われわれはこれを推進するつもりです」と彼はいった。そして、間髪を入れず、「ＮＡＴＯの拡大は反ロシアではありません」と主張した。そして、彼は、いつの日かロシアも加盟できると約束した――むなしい希望だった。なぜならクラブに入るには民主主義国でなければならず、ロシアはそうではないからだ。エリツィンはその問題について重要なことをほとんど語らなかった。しかし、その日の終わりに、藪から棒に、彼はクリントンに十二月のブダペストの五十二カ国会議に出席するようもとめた。のちにわかったことだが、そのときそこで、彼は自分の答えを寄越すことになる。

ブダペスト会議の数日前、ＮＡＴＯの大臣たちがブリュッセルで会合し、同盟はアメリカの望むとおりに拡大することを決議した。エリツィンはクリントンに宛てた冷ややかな手紙で、この一手は「ロシア国内にかぎらず、ヨーロッパの新たな分割のはじまりと解釈されるでしょう」と警告した。

クリントンはブダペストに飛ぶ準備をしているとき、この手紙に集中していなかった。彼は頭がいっぱいだった。民主党が十一月の選挙で歴史的な大敗を喫したのである。有権者は、失敗した国内医療戦略と外交政策の失態の廉でクリントンを罰したのだった。共和党は一九五二年以来はじめて下院で支配権を握り、しかも圧倒的な支配権を獲得した。それを背景に、彼らは保守的な〈アメリカとの契約〉を実行に移そうとした。この政策は、とくに、そのきわめてタカ派的な文言に、旧ワルシャワ条約機構加盟国のＮＡＴＯへの統合をふくんでいた。新議会の議題リストのトップに来るのは、ポーランドとハンガリーとチェコ共和国を同盟に明確にさそう〈ＮＡＴＯ拡大法〉になる。これはアメリカの指導者たちが熊を檻に閉じこめて、おまけに目をつつきたがっているというロシアの印象をより強めた。

クリントンはエリツィンに、ふたりで力を合わせて、「国民国家の誕生以来、はじめてヨーロッパ大陸の全域が平和に暮らせる機会」を作りだせると語っていた。クリントンが十回以上宣言していたように、冷戦は終わり、その栄光ある偉業によって、二十世紀の戦争に終わりがもたらされるだろう。いまや戦闘行為は、国連やNATOと、もしかするといつの日にか〈平和のためのパートナーシップ〉によって遂行される、平和維持活動になるだろう。

その展望は――そして、将来のパートナーシップという構想そのものが――いくつかの冷徹で厳然たる事実を見落としていた。

二十世紀の大戦はすべてヨーロッパの中央ではじまっていた。ひとつの大戦がいやおうなくつぎの大戦をみちびき、世界大戦から世界大戦へ、そして冷戦へとつながった。それぞれの大戦は、勝者と敗者が永遠の平和を作りだすことに失敗した結果、燃え上がり、そして冷戦終結時の平和もまたあっというまにそこを去ったことが実証されていた。一九九一年の旧ユーゴスラヴィアの分裂は、アドルフ・ヒトラーの死以来、ヨーロッパでもっとも血なまぐさい戦いを引き起こした。セルビアの指導者スロボダン・ミロシェヴィッチは、ボスニアのイスラム系住民が多数派をしめる都市や村を容赦なく攻撃し、四百万人の住民のうち二百万人が難民となったり、負傷したり、殺されたりした。エリツィンはスラブ人の同胞のミロシェヴィッチを断固として支持した。ロシアは国連の安全保障理事会でセルビア人のために、ひたすらブロックとタックルをくりかえした。

アメリカとNATOが時間を空費しているあいだに、バルカン半島は燃え上がり、罪もない市民が命を落とした。NATOの航空戦力があればセルビアを抑止し、無数の命を救っていたことだろう。

しかし、アメリカ人とヨーロッパ人にとっては永遠に不名誉なことだが、ブッシュにもクリントンにも、どのNATO諸国の指導者にも、行動を起こす意志がなかった。一九九三年から一九九四年のあいだ、NATOは国連の平和維持活動に雀の涙ほどの貢献——兵站支援程度——をし、国連平和維持活動の断固たる交戦規定は、ニューヨークの国連本部できまって無効にされた。いまやクリントンと彼の国家安全保障チームは、行動へのあらゆる嘆願をはねつけた。「わたしは航空攻撃を使うことを望んでいたが、彼らはそれをやりたがらなかった」と、ブッシュ政権でユーゴスラヴィア駐在アメリカ大使をつとめたウォーレン・ツィンマーマンは語った。彼はクリントン政権で国務省の難民局長をつとめていたが、抗議のため辞職した。「彼らはそれをやりたがらなかっただけでなく、欺瞞といいわけを使って、われわれは実際にはそうではないのに強硬な政策を持っているふりをした」。彼はセルビアの爆撃が十万人の民間人を確実な死から守ることができただろうと計算していた。「そして、これが毎週毎週つづいた」とタルボットは書いている。「西側が警報を発しているあいだに、セルビア人はボスニアでイスラム系住民を惨殺し、ロシアはわれわれの脅しが無になるように、可能なあらゆることをやった」。

　一九九四年十二月五日、ひと晩かけてブダペストに飛んだあと、寝ぼけまなこのクリントンは、安全保障会議で演説をとちった。「NATOが拡大するにつれ」と彼はいった、「全ヨーロッパ諸国の安全保障も拡大するでしょう。なぜならそれは侵略的ではなく、攻撃的（オフェンシヴ）な組織だからです」。彼は防衛的（ディフェンシヴ）というつもりだったにちがいない。エリツィンがつぎに登壇した。彼はロシアが孤立することは容認できないといった。自分たちはヨーロッパの新世界秩序から除外されるつもりはない。NATOの拡大は冷戦の論理で動かされる断固たる力である。それから彼は、ロシアの旧敵たちに一発お見舞いした。「ヨーロッパは冷戦の遺産をなんとか払いのける前にもかかわらず、冷たい平和という重荷を背負う危険を冒そうとしているのです」。その数時間後、大統領専用機エアフォース・ワンにふたたび搭乗したクリントンはいらだち、帰路につきながら、自分は不意打ちを食らった、背中から刺されたといった。彼はいまや、〝冷たい平和〟が自分の時代についてまわることになるバンパースティッカーであることを知った。

しかし、彼は第二次世界大戦の終戦五十年を記念する一九九五年五月のモスクワ会談でエリツィンに求愛しつづけた。エリツィンは彼の求愛と甘言を受け入れてもいい気持ちになった。彼らは地政学的におたがいに依存しあっていた。エリツィンは一九九六年の再選に勝つためにアメリカの政治的、経済的支援を必要としていたし、クリントンはなんとしてもエリツィンに勝ってもらいたかった。クレムリンに共産主義者とネオファシストを近づけないために――そして、自分自身の政治的未来のために。「われわれはエリツィンの敗北がクリントンの敗北と見られないように慎重にならねばならなかった」とタルボットはいっている。クリントンは、もしエリツィンが倒れたら、自分自身が二期目をねらったとき、選挙遊説で、ロシアを失ったのは誰だという声にひどく苦しめられることになるだろうとわかっていた。ビルは友だちのボリスがNATOにイエスといってくれることだけを願っていたが、エリツィンと彼の大臣たちは誰もが、しだいに語気を強めながら否(ニエット)といっていた。

「賛成することは……わたしにとって、ロシア国民への裏切り行為にあたるでしょう」とエリツィンは彼にきっぱりといった。「あなたが先に進むなら、わたしにはロシアにとって屈辱以外のなにものも見えません」。エリツィンは解決策を提案した。「あなたもわたしも選挙へと向かっている。過激派や強硬派は自分たちの目的のためにこの問題を利用しようとしています――両陣営で。わたしはこの件で、右派からも左派からも攻撃されています。……だからNATO内のいかなる変化も一九九九年か二〇〇〇年まで延期しようではないですか」。

クリントンは彼に理を説こうとした。「問題は、アメリカが、冷戦が終結してもなお、ヨーロッパとの政治的、経済的関係とならんで、ヨーロッパとの安全保障上の関係を必要としているかということです」。

「必要としているとはいいきれませんな」とエリツィンはいった。

「はっきりさせておきますが、ボリス。わたしはあなたと駆け引きをしているわけではないんですよ」とクリントンはいいながら、より強引に駆け引きを進めた。

クリントンはエリツィンに絶対的で揺るぎない個人的および財政的支援をあたえた。彼はロシアの民主主義のためにおおっぴらに選挙運動をした最初で唯一の大統領である。彼はエリツィンをロシアの民主主義の体現と表現した。この言明は、民主主義の枠を飛び越えて、呪術思考という領域のなかに位置するものだ。ロシア軍が分離独立派のチェチェン共和国で何千という民間人を殺戮すると、クリントンはモスクワのエリツィン側を支持し、驚くべきことに、彼をアメリカ南北戦争におけるエイブラハム・リンカーンにたとえた。彼は国際通貨基金（ＩＭＦ）がロシアに何十億もつぎこむよう手配するのを手伝った——その金は、モスクワの自分の息のかかった人間を下支えし、自由市場経済がロシアで機能しているという幻想を補強することを目的としていた。実際にはそうではなかった。ロシアの民衆は、実験室のマウスのように感じながら、神さま気取りの政治学者がでっち上げた経済実験のなかで暮らしていた。アメリカの指導者たちは、資本主義が民主主義をもたらし、夜の闇のあとに夜明けがおとずれるように、自由市場はきっと自由を生みだすと説いた。しかし、それは幻想だとわかった。自由な資本主義の強力な注入が法の支配を生みだすというアメリカの夢は、政治的なゆすり屋たかり屋がソ連以後のロシアをめぐる闘争の勝者として浮上することを約束するのにひと役買った。

エリツィンは現金の必要性について、それも巨額の現金の必要性について、単刀直入だった。彼はクリントンに、ＩＭＦへの影響力を利用して、「この選挙前のひじょうに重要な状況で社会問題に対処するために、できればもう少し――九十億ドルから百三十億ドル――追加して」くれるようたのんだ。クリントンはそうした。一九九六年三月、ＩＭＦはロシア政府のために三年間で百二億ドルを承認した。うち四十億ドルが初年度に前倒しされ、最後の瞬間になって、数週間前に検討されていた額に十二億ドルが追加された。するとエリツィンは五月にさらに要求した。「ビル、わたしの選挙運動のために、至急、ロシアにたいする二十五億ドルの借款が必要だ」。エリツィンがこの思いがけない大金を、自分の集票組織に鼻薬をきかせるのに間に合うように手に入れたかどうかはわからない。より重要なのは、彼がたえまない危機のときにも母なるロシアを養うことができるという、一般大衆のあいだの認識だった。もっとも重要なことに、クリントンは、エリツィンが彼の腐敗した〝株式担保〟政策に乗りだしたとき、目をそむけていた。この政策で、ロシアの新しい新興財閥（オリガルヒ）は、国営エネルギー産業と鉱物産業の所有権を手に入れ、その見返りに、エリツィンに政治的、経済的支援をあたえた。もしこれが自由市場資本主義だというなら、それは十九世紀後半にジョン・Ｄ・ロックフェラーやＪ・Ｐ・モルガンをはじめとする悪徳資本家たちが自分たちの帝国を築いて以来、アメリカ国内では見られない種類のものだった。この破滅的な民営化政策は、改革の死に拍車をかけるのにひと役買った。エリツィンのもとで、国家の経済的富は四〇パーセント以上減少した。経済の崩壊はアメリカの大恐慌の倍の規模で、三倍の長さだった。ロシアは民主主義への道ではなく、クレムリンのお気に入りのギャングたちが国家の富を吸い上げ、資金洗浄して、海外の贅沢品に変える泥棒天国への道を進んでいた。

　エリツィンが一九九六年七月に決選投票で勝利をおさめ、共産主義者の候補を破ると、クリントンはロシアの外務次官に、ホワイトハウスでは小躍りしていると告げた。エリツィンにたいする彼のがむしゃらな支持は、彼の外交政策の最重要項目だった。しかし、何日もたたないうちに、エリツィンは死神と踊っていた。八月の就任式では、歩いたり話したりするのもやっとだった。彼の心臓は衰えつつあった。彼は人前から姿を消し、十一月に七時間の五枝バイパス形成手術を行ない、それから数カ月間、姿を見せなかった。

クリントンは十一月、とくに中央ヨーロッパに祖先を持つ民族的カトリック信者の有権者の強い支持で、二期目の当選をはたした――フランクリン・ローズヴェルト以来、大統領として再選をはたした初の民主党員である。ポーランド人の国外離散はとりわけ彼がウィスコンシン州とミシガン州で勝つのを助けた。選挙の日の二週間前、彼はデトロイト市内の〈ポーリッシュ・ヴィレッジ・カフェ〉で昼食にロールキャベツとピエロギと発酵キャベツをたいらげた。そして、その日、はじめておおやけの場で、NATOの誕生五十周年にあたり、ベルリンの壁崩壊から十年後にあたる一九九九年には、同盟はワルシャワ条約機構の旧敵を受け入れるだろうと宣言した。

モスクワでは、エフゲニー・プリマコフが、この現実にそなえてロシアを強固にしていた。彼はエリツィンの外相であり、じきに首相になる。プリマコフは、一九五六年から一九七〇年までラジオ・ジャーナリストとして、そして《プラウダ》の海外特派員としての偽装身分で、KGBのスパイとして活動し、アメリカと中東で諜報任務を遂行したことがあった。エリツィンのもとで五年間、ロシアの対外情報機関を運営し、自国にたいする政治的影響力を手に入れた古参KGB職員たちの中核のリーダーだった。一九九七年一月三十一日、プリマコフはロシアの国会であるドゥーマの議長にこう述べた。「NATOの拡大にかんするわれわれの立場は、つねに反対のままです……とくにNATOの軍事基盤を東へ動かす可能性については」。彼はその決定が、「将来何十年も、ヨーロッパの構造を決定する」だろうし、その結果にたいして「いま権力の座にある政治家たちは、歴史的責任を負うことになるでしょう」といった。

クリントンとエリツィンの関係は、アメリカ側のお追従によって一九九七年も維持された。クリントンは、世界の主要産業先進国で構成される七カ国首脳会議（G7）のような西欧列強の光り輝く団体への参加許可を彼に差しだした。G7は世界の国内総生産の半分を思いのままにしていた。それはいまや八カ国首脳会議となり、二〇一四年にプーチンがウクライナからクリミア半島を軍事的に奪い取った結果、ロシアが除名されるまで、そのままだった。ロシアにはクラブにくわわる権利はなかった。その経済はカリフォルニア州の経済規模の約五分の一だったからだ。この申し出はエリツィンを大いによろこばせたが、彼の心温まる思いはすぐに冷めはじめた。問題はいつもながらNATOだった。

一九九八年のはじめ、セルビアの独裁者スロボダン・ミロシェヴィッチは、またしても戦端を開き、セルビア人とコソヴォ人との六世紀におよぶ戦いの最新版の戦闘をくりひろげた。コソヴォは一九一二年までオスマン帝国の一部だったが、いまやセルビアに組みこまれ、その百五十万の住民は離脱を望んでいた。彼らは民族的にはアルバニア系で、文化的にはイスラム系だったが、信仰心は篤くなかった。彼らはワインを飲み、豚肉を食べ、祈ったとしても日に五回は祈らなかった。にもかかわらずミロシェヴィッチは、彼らをイスラム教徒のテロリストと表現し、エリツィンもその中傷に同調した。自称〈コソヴォ解放軍〉がミロシェヴィッチの部隊を攻撃すると、彼は殺戮を開始した。百万人以上が彼の民族浄化作戦から逃げだして国外亡命に追いこまれ、それが終わる前に一万人以上が命を落とすことになった。NATOは一九九八年中、コソヴォで平和を維持しようとしたが、長く持ちそうになかった。クリントンは六月十五日、オーヴァル・オフィスからエリツィンに電話をかけて、合意点を見つけようとした。それはむりな話だった。NATOによる戦力の行使は許容できないと、エリツィンはいった。クリントンは驚いて、もしかすると国連のほうでなにかを考えだせるかもしれないといった。その願いは実を結ばなかった。

ふたりの運勢は一九九八年の秋、急落した。ロシアは深刻な財政危機に見舞われ、エリツィンはそれを解決する判断力を欠いていた。彼の政治的地位が回復することは二度となかった。ロシア国民は彼の弱さにうんざりし、失敗した自由市場との恋愛ごっこに飽き飽きして、自分たちに民主主義を押しつけようとするアメリカの努力に辟易していた。クリントンの問題は自分で招いたものだった。彼の真実との不誠実な関係が、彼の首を絞めていた。ホワイトハウスの実習生との性的密通について、宣誓の上で嘘をついたことが発覚したのである。連邦下院は十月八日、公聴会を開き、十二月十九日、両党間の僅差の投票結果で、司法妨害と偽証のふたつの訴因についてクリントンを弾劾した。（民主党指導部の偽善は根が深かった。下院議長のニュート・ギングリッチは不貞行為にふけっていた。彼が指名した後任のロバート・リヴィングストン下院議員も同様だった。ふたりとも一九九九年前半に辞職した。つぎの民主党員の下院議長であるデニス・ハスタート下院議員は、十代の少年たちに性的ないたずらを長年働いてきた過去に起因する犯罪で有罪を宣告され、刑務所に入ったアメリカ史上もっとも高位の政治家となった。）上院は一九九九年二月十二日、クリントンに無罪をいい渡し、連邦議会の政治サーカスがテントをたたむころには、彼の人気は空前の高みを目ざしていた。

その一カ月後の三月十二日、マデリン・オルブライト国務長官とポーランド、ハンガリー、チェコ共和国各国の外相がミズーリ州インデペンデンスのトルーマン大統領図書館で会談し、外相たちは自国のNATO加盟を認める文書に署名した。ブルガリアとエストニア、ラトヴィア、リトアニア、ルーマニア、スロヴァキア、そしてスロヴェニアはすべてがかつてソヴィエト帝国の一部だったが、つぎに行列にならび、ウクライナが舞台の袖で出番を待っていた。プラハで生まれ、一九四八年の共産主義者による乗っ取り後、家族とともに逃れたオルブライトは、同盟がいまや、「NATOがすでに手を貸してヨーロッパの西のために行なってきたことを、ヨーロッパの東のために」行なうだろうと宣言した。「われわれは着実に組織的に、スターリンの血まみれの軍靴でヨーロッパに引かれた線を——置き換えることなく——消しつづけることでしょう」。置き換えることなく消すというのは、全世界にその影響と力を拡大する九年間のアメリカの努力を要約する、そつのないいい方だった。

新たに拡大したNATOの最初の任務は、十一日後に開始されることになる。それは平和という名のもとの戦争行為だった。ヨーロッパの一首都の爆撃で、ミロシェヴィッチとセルビア人のたえまない猛攻を阻止することを目的としていた。最初の爆弾がベオグラードに命中する三時間半前、クリントンはエリツィンに電話をかけた。一千機のNATO軍用機が待機していた。その大半は米軍機だったが、ドイツ空軍も第二次世界大戦後初の戦闘任務を開始しようとしていた。

クリントンは、「われわれはじきにセルビアの軍事目標にたいして航空攻撃を開始せねばなりません」とエリツィンにいった。どれだけじきかはいわなかった。ロシア側は相談を受けていなかったからだ。「われわれが六年半汗を流して築いた関係を、もしあなたがこの暴君にこわさせると決めたとしても、それはあなたの決断です。……これがあなたにとっては内政問題であることはわかっていますし、わたしはこれを正常な状態にし、このいかなる時点からでも外交を再スタートするために、可能なあらゆる手をつくすでしょう。きょう、この電話をかけずにすむなら、わたしはどんな犠牲も差しだしたことでしょうが、われわれに選択肢はなかった。ここだけの話ですが、わたしは、われわれと世界が直面するすべてのより大きな問題が、これによってこわれることのないよう願っています」。

エリツィンは激怒した。「われわれの未来の名において、あなたとわたしの名において、われわれ諸国の未来の名において、ヨーロッパの安全保障の名において、わたしはその攻撃を断念するようとめる」と彼はいった。「わが国民は、まちがいなくいまから、アメリカとNATOにかんして好ましくない態度をとることでしょう。……わたしは、わが国民の頭を、政治家たちの頭を、西側のほうに、アメリカのほうに向けさせようとするのがどれほど困難であったかをおぼえていますが、それに成功したとたん、いまそれをすべて失おうとしています。よろしい、わたしが大統領を説得するのに失敗したということは、それはすなわち、われわれにはひじょうに困難な、困難な接触の道が待ち受けているということです。もしそれが可能だとわかったとしてもね。ごきげんよう」。彼はクリントンとの電話を一方的に切った。彼が以前そうしたことは一度もなかった。

NATOの爆撃は十一週間つづき、ミロシェヴィッチが白旗をかかげる前に、千名以上の戦闘員を殺害した。攻撃に致命的なミスがなかったわけではなかった。NATOのジェット機は、難民の車列を攻撃し、五十名が死亡した。そして、かつて製造されたなかでもっとも高価な軍用機で、誕生以来十年間ではじめて戦闘任務に飛び立ったアメリカのB－2ステルス爆撃機は、CIAが用意した座標を使って、ベオグラードの中国大使館に爆弾を命中させた。CIAはこの建物をミロシェヴィッチの軍事調達本部と見なしていたのである。罪のない人間が三人殺されて、戦争の意図せぬ約五百名の犠牲者にくわわり、中国側を激怒させた。ミロシェヴィッチは政治的には生きのびたが、そう長いことはなかった。アメリカはつぎの選挙で彼を敗北させるために公然と活動し、国務省とアメリカの政治コンサルタントが対立候補に助言をあたえて、握りしめた拳のシンボルと「彼はおしまいだ」というセルビア語のスローガンを印刷したステッカー数百万枚を提供した。彼は国際裁判所によって戦争犯罪の責任を問われ、獄死することになる。

このすべてがロシア人をひどく憤慨させた。ミロシェヴィッチは人殺しのくそ野郎だったが、彼は彼らのくそ野郎だった。彼を叩きつぶすための軍事作戦と政治運動は、あらゆる恐怖を裏づけ、世界におけるロシアの影響力と勢力にとってNATOの拡大がなにを予告するかについて、多くの陰謀論に油をそそいだ。そしていま、アメリカは中東におけるロシアの長年の同盟国であるイラクをふたたび爆撃していた。今回はサダム・フセインの大量破壊兵器と思われるものを叩きつぶすこころみだった。一九九〇年代をつうじて、「ロシアの将軍たちとドゥーマの委員会の議長たちはときどき、CNNテレビをつけるたびに、また国防総省の状況説明が、アメリカがまたしても航空母艦を派遣して、巡航ミサイルを発射したと発表しているように思えた」と、ストローブ・タルボットは述べている。「そして、アメリカは、ロシアの前庭でないにしろ隣国の目標を攻撃していないときでさえ、NATOの拡大をつうじて、そうする能力を拡大しつつあった。……こうした将軍や政治家たちのなかには、ロシア自体がアメリカの歯止めがきかない軍事力の十字線に捉えられるのは、時間の問題にすぎないと考える者もいた」。

そのなかにロシアのつぎの指導者がいた。一九九九年八月、エリツィンは全閣僚を馘にした。彼が首相をお払い箱にしたのは十八カ月間で四度目だった。新しくこの仕事についたのは、モスクワではほぼ無名で、ワシントンではさらに知られていなかった謎めいた人物だった。無名の存在からのしあがって、一九九八年七月にはロシアの中央情報機関であるFSB（連邦保安局）の長となり、それから一九九九年にロシアの国家安全保障会議の新しい長となった。「彼がどういう人間かわかるように、彼についてお話ししたい」とエリツィンは九月八日の電話のなかでついでにクリントンにいった。「わたしは二〇〇〇年に誰がつぎのロシア大統領になったらいいかと考えるのに、ずいぶん時間をついやしました。残念ながら、そのときには、現職の候補者をひとりも見つけられなかったのです。やっと、わたしは彼を見つけだしました。……わたしは彼の履歴、関心、知人、その他もろもろを徹底的に調べ上げた。わたしは彼が堅実な男であることを知りました。……きっとあなたも彼が最適の資格を持つパートナーであることを知るでしょう」。ロシアの大統領選挙は来たる三月に行なわれることになっていたが、その結果ははじめからわかりきっていた。ロシアの民主主義というのはいまや名辞矛盾の一例だった。エリツィンはすでに、任期が終わる六カ月前の大晦日に辞任して、自分が抜擢した後継者に権力を禅譲する意向を個人的に固めていた。後継者はその後、現職の大統領〔正確には大統領代行〕として、それにともなうあらゆる権力を持って、選挙に出馬することになる。

ウラジーミル・プーチンがロシア大統領に就任後、いちばんはじめにやったのは、自分の前任者に訴追の免除を約束することだった。諜報部門の責任者として、プーチンはエリツィンとその家族を、ロシアのユーリ・スクラトフ検事総長が捜査する汚職事件の嫌疑から守ってきた。エリツィンの大統領府長官は、スクラトフをクレムリンに呼びつけて、彼がふたりの娼婦とはしゃぎまわっている姿を撮影したとされるビデオテープを彼に見せた。検事総長はテープが偽物だと主張したが、にもかかわらず辞任した。ロシア議会は宣誓証言のために彼を召喚したが、彼が姿を現わすことになっていた数時間前に、セックス・テープがロシアのテレビ局で放送された。プーチンはどうやら自分でそれをとどけたらしい。それから彼は自分でもテレビに出て、粒子が粗くて不鮮明な監視映像の人物はまちがいなくスクラトフだと公表した。これは、公表されれば名誉が傷つけられるような材料を脅迫に使う〈コンプラマート〉の典型的な一例だった。このテクニックは一九三〇年代にスターリンの秘密警察が磨きをかけ、KGBが完成させ、いまではロシアの政治文化の恒久的な一部になっている。

クリントンは、一九九九年十一月十九日のイスタンブール安全保障会議の席上、ふたりの最後の内緒話のなかでエリツィンに誰が選挙に勝ちそうかとたずねた。「もちろん、プーチンです」と答えが返ってきた。「わたしは彼が勝つために、できることはすべてやるつもりです――もちろん、合法的にですが。そして、彼は勝つでしょう」。会話のなかで、エリツィンは、一瞬で十九世紀の皇帝の帝国的野心を想起させ、二十一世紀に新たな皇帝がどのように統治する可能性があるかを暗示する、驚くべき発言をした。ふりかえってみれば、すでにプーチンは自分の後援者であるエリツィンにとってのラスプーチンになっていたことがうかがい知れる。

「ひとつお願いする。黙ってヨーロッパをロシアにください」と彼はクリントンにいった。「ロシアは半分ヨーロッパで、半分アジアです」。

「では、あなたはアジアもほしいのですか?」。半信半疑でクリントンは応じた。

「もちろんですとも、ビル。最終的に、われわれはそのすべてで合意しなければならんでしょう」

「ヨーロッパ人はそれをあまり気に入らないと思いますが」

「ビル、わたしは真剣なのです」とエリツィンはいい張った。彼は今回だけは素面だった。「われわれには力がある。……ロシアには力と、ヨーロッパをどうすればいいかを理解する知性がある」。

ふたりがかわした最後の会話は十分間つづいた。それは大晦日のことだった。アメリカの全情報機関は、テロ攻撃の前兆と、そこらじゅうのコンピューターが、そのソフトが二〇〇〇年ではなく一九〇〇年にリセットされた場合、クラッシュするという不安の両方から、厳戒態勢にあった。エリツィンは波乱の在位期間の終わりをカウントダウンしながら待っていた。クリントンはオーヴァル・オフィスから彼に電話をかけた。

「ボリス、わたしは歴史家たちがあなたをロシアの民主主義の父と呼ぶと確信しています」とクリントンはいって、彼が権力を禅譲する決断をしたことを賞賛した。

「ありがとう、ビル」とエリツィンはいった。「もちろん、これはわたしにとって簡単な決断ではなかったし、あなたはそれをほかの誰よりも理解できる。しかし、わたしはプーチンを百パーセント支持したいし、いま彼には大統領として働くための三カ月、憲法に準拠した三カ月間をあたえるつもりです。その三カ月で国民は彼に慣れるでしょう。わたしは彼が来たるべき選挙できっと選出されると確信しています。そのことに確信を持っています。わたしはまた、彼が民主主義者であり、寛大な心を持つ人物であると確信しています」。

時刻は、午前零時と新千年紀の夜明けまで、あと三時間だった。

第8章
この消すことのできない炎

第二次世界大戦終了以降ずっと、民主主義の輸出はアメリカの政治戦の原則のひとつだった。いまやそれは道しるべだった。あらゆる大統領はそれを自分なりのやりかたで支持した。ある大統領はほかの大統領ほど誠実あるいは強引ではなかったが、アメリカがその卓越した戦力を投射し、世界中で勝利をおさめることを誰もが願っていた。手段と手法はときに汚いものだった。アメリカはクレムリンとの闘争において、幾人かの独裁者を支援してきた。しかし、その人権にかんする実績は、いかなる基準で見ても、ソ連のそれを上回り、〈独立宣言〉の理想は、アメリカがそれにしたがって行動するとき、〈共産党宣言〉の理想より強かった。長く暗い時代――ヴェトナム派遣アメリカ軍の撤収と敗北、弾劾に直面したニクソン大統領の凋落と失脚――から二十年後、アメリカは勝利の雲を引きながら上昇し、世界はそれについていきつつあった。

新世紀のはじめには、アメリカの国旗がほとんどそこらじゅうに立つかもしれないと思われた。自由の小さな緑の新芽が、かつて爪先に鉄板が入った長靴をはいた治安部隊に支配され、市民を監視する無慈悲な政治委員によって管理されていた、ひび割れた通りに顔を出していた。アメリカの圧力はその割れ目と開花の一部を作りだす手助けをしていた。全世界の民主主義国の数は、冷戦時代をつうじてゆっくりとだが着実に増加し、それからベルリンの壁崩壊後に急増して、二〇〇一年夏には、地球上の独裁国家と民主主義国家の数はほぼ同じになった。世界史上未曽有の出来事である。正義の弧は強くて本物であり、自由への流れは元に戻せないように思われた。しかし、そうではなかった。

その五年後、民主主義は全世界で長い不況状態におちいった。それ以来、いまだに回復していない。法の支配や自由で公正な選挙、表現の自由、結社の自由、自由で束縛されないメディアの声は、世界中で低迷し、衰退している。アメリカの政治戦がテロとの戦いに道をゆずると、真実と正義の勢力としてのアメリカのイメージはかすみはじめ、世界の大国の対立は、アメリカの支配から離れはじめた。

「多くのことがわれわれ自身の社会の健康と活力にかかっている」とジョージ・ケナンは一九四六年の〈長文電報（ロング・テレグラム）〉で打電した。「このソヴィエト共産主義の問題に対処するさいに、われわれにふりかかりうる最大の危険は、われわれ自身がわれわれの対処している者たちと同じようになるのを許すことだろう」。おそろしい事実だが、アメリカの民主主義は新世紀に入ってその危険に直面するようになった。論争の的となった二〇〇〇年の大統領選挙は、最高裁判所で政治がらみの五対四の決定によって決せられた。市民的自由と政治的権利はそこなわれ、9・11同時多発テロ事件以降、政府の監視の範囲は広がった。経済的不平等は拡大し、一パーセントの最富裕層がいまや中産階級全体よりも多くの富を所有していた。アメリカ政府にたいする国民の信頼度は史上最低の一七パーセントまで落ちこんだ。そしてアメリカは、イスラム世界に民主主義を押しつける軍事的十字軍に乗りだすと、捕らえた敵を秘密の地下牢で中世風の拷問にかけた。アメリカの声は、怒りに満ちたきいきい声に変わり、銃をつきつけて叫ばれる命令となった。アメリカの顔はもはや、キャンディーを差しだす親切な兵隊ではなく、いやらしい目つきをしたイラクのアブ・グレイブ刑務所の看守だった。アメリカの力と原則の浪費は、愚行の行進におけるわが国の元帥閣下にして第四十三代のアメリカ大統領、ジョージ・W・ブッシュの永遠の遺産だった。

二〇〇一年六月、ブッシュは選出以来はじめての大西洋横断外遊に乗りだした。自分にもうわべだけは父親が持っていた戦略的手腕があるのを世界に見せつける機会だった。彼はワルシャワで、NATOがリトアニアとラトヴィアとエストニアのバルト諸国の加盟をできるだけ早く承認するべきだと述べた。ソ連は、スターリンとヒトラーが悪魔の取り引きをした暗い時代に、これらの国々を強引に占領していた。どの西側諸国もクレムリンのバルト諸国併合と占領を不法と断じていた。これを武力による征服以外のなにかと見なした国はひとつもなかった。ブッシュはさらに踏みこんで、NATOはいまや「バルト海から黒海までの新しい民主主義国家」にたいして開かれるべきだと語った。これはロシアの西側の国境全域に約二千三百キロにわたって広がるアメリカの影響力の最前線となる。「NATOの保証はいまや、東と西へ、北と南へとつづいている」と、彼は宣言した。つまり、エストニアからグルジアおよびウクライナにいたる旧ソヴィエト社会主義共和国を包囲して。

翌日、ブッシュは、スロヴェニアの築五百年の豪邸で、はじめてプーチンと会談した。アメリカ大統領がこう語ったことは有名な話だ。「わたしは相手をまじまじと見た。彼がきわめて率直で、信頼できる人物であることがわかった。われわれはとてもいい対話をした。わたしは彼の心がなんとなくわかった」。プーチンは、自分がブッシュのなかに見たものや、自由世界の指導者であり西欧文明史上もっとも強力な国家の最高司令官をどう評価したかについて、そうした判断をいっさい下さなかった。彼は実際にはNATOの問題について、いくつか言葉を選んで話した。「いいですか、これは軍事機構です」と彼はいった。「それがわが国の国境に向かって進んでくる。そう、わが国の国境に向かって進んでくるのです。なぜでしょう?」。

ブッシュは八月のひと月、テキサスの牧場で藪を刈ってすごし、なにか恐ろしいことが起きようとしているかもしれないというCIA長官の報告書にほとんど注意をはらわなかった。その大きな理由は、誰もその攻撃がいつどこを襲うかを、ほんのかすかでも自信を持っていうことができなかったからだった。それは九月、唐突に襲ってきた。CIAから税関、移民局、航空当局にいたるアメリカ政府の組織的な機能停止が、攻撃の成功に寄与した。アメリカ情報機関の最重要使命は第二の真珠湾攻撃をふせぐことだったが、情報機関の致命的なミスは、国家安全保障会議とホワイトハウスのオーヴァル・オフィスの機能停止によっていっそう悪化し、すべてが破滅的な見通しの欠如におちいった。アメリカはいわばまわりが見えないまま飛んでいたのである。〈世界貿易センタービル〉が崩れ落ち、国防総省が燃え上がったとき、一九一七年八月にアメリカが世界を民主主義にとって安全な場所にするために第一次世界大戦に参戦したときはじまった〝アメリカの世紀〟は、終わりを迎えた。歴史の蝶番(ちょうつがい)は大きく開き、世界はふたたび武器を取った。あの九月の晴れた日からいまやひと世代の時が流れたが、そのかんアメリカは、諜報活動に一兆ドル以上をつぎこんできた。CIAとFBIとNSAは、自分たちが自由に使えるものをすべてつぎこんで、テロの現実の脅威と、予測される脅威と戦った。しかし、こうした力をひたすらひとつの目的に行使するあいだに、彼らは世界のほかの部分で起きていることが半分見えなくなっていた。アメリカの諜報活動はテロとの戦いの手段となり、スパイ活動にあたったり、情報を分析したり、クレムリンと対峙してその戦力をより広い世界に投射する政治戦を手配したりするアメリカの能力は、そこなわれた。

二〇〇一年十二月、ウサーマ・ビン・ラーディンはアフガニスタンの洞窟にひそんでいて、アメリカ空軍とCIAのコマンドー隊員の激しい攻撃にあっていた。タリバンは姿を消していた。ブッシュはすでに勝利を宣言していた。その後、ビン・ラーディンは脱出し、タリバンは戦うために山地から降りてきて、戦争ははてしなくつづき、トンネルの先にはブラックホールが横たわった。十八年後、アフガニスタンでは二千三百名以上のアメリカ人が死亡し、二万名が負傷した。アフガニスタンの民間人の犠牲者ははるかに多数にのぼった。「われわれにはアフガニスタンの根本的な理解が欠けていました――われわれは自分たちがなにをしているかわからなかったのです」。ブッシュおよびオバマ政権でアフガニスタン戦争の責任者をつとめた三つ星の陸将、ダグラス・ルート中将は、二〇一五年に国防総省の教訓を学ぶ発表会で回想した。「われわれは自分たちがなにに取りかかっているのか、皆目わからなかったのです」。

ブッシュ大統領とディック・チェイニー副大統領、そしてドナルド・ラムズフェルド国防長官は、イラクにたいして戦争を仕掛けるために、アフガニスタンから目をそむけていた。二〇〇二年一月以降、彼らの補佐役たちは極秘で会合してその攻撃の計画を練り、二〇〇二年の夏と秋、大統領とその補佐官たちは、サダム・フセインの大量破壊兵器についての世界終末論的な警告によって、アメリカ人の心理という戦場に心がまえをさせた。バグダッドは生物化学兵器を保有し、数年で核兵器を製造できる。その警告はおそるべきもので、完全な嘘っぱちだった。戦争の大義は幻想だったのである。

ブッシュとチェイニーとラムズフェルドには、バグダッドが陥落したあとどうなるかについての計画も、全世界のより広範囲の戦争についての戦略も、いっさいなかった。アメリカの情報機関はイラクについてほとんど知らなかったし、知っていたことの大半はまちがっていた。CIAは、サダム・フセインが失脚しても地下から活動できるとは毛頭思っていなかったし、それにつづく内乱も、その戦闘の波及効果が中東と北アフリカ全域のイスラム聖戦士たちに刺激をあたえることも予測していなかった。この無知の影響は甚大である。テロとの戦いの名のもとで、一万五千人のアメリカ軍戦闘員と請負業者をふくむ約五十万人の人々が命を落とした。経済的損失は三兆ドルから六兆ドルと見積もられている。第二次世界大戦の費用は、現在の貨幣価値で、約四兆ドルである。そして、イラクでは、戦争の勝利者はイランとロシアだけだ。イランの軍事指揮官たちはイスラム聖戦士と協力して、アメリカ軍将兵を殺害しながらバグダッドで政治的権力と名声を獲得した。そして、ロシアはイランと便宜的な地域連合を組むにいたっている。

戦争が目前に迫った二〇〇三年三月には、プーチンはこれを、世界を不安定にしかねない重大な政治的誤りと呼んでいた。彼はアメリカの戦争挑発の危険性を警告し、ロシア軍に祖国を防衛する準備をするよう呼びかけた。アメリカ軍がバグダッドを爆撃すると、ロシアは衝撃と畏怖よりも恐怖と嫌悪で応じたが、それはすぐに攻撃の重要な側面についての考察に変わった。彼らはサダム・フセインにたいする打撃が巡航ミサイルと戦車だけなく情報戦によってもあたえられるのを見た。ホワイトハウスは、戦争が正当なものであると世界にむりやり思いこませただけでなく、アメリカ軍の航空機と艦艇は、放送やEメール、ファックス、携帯電話の通話をイラクの軍と文民の指導者たちに雨あられと浴びせた。彼らはビラを投下し、心理戦を仕掛け、コンピューター・ネットワークをあざむいた——敵に影響力をおよぼし、その頭のなかに入りこむ。情報は、思考や認識、意識、意思決定の戦場を形づくることができた。

二〇〇三年五月一日、ブッシュは航空母艦エイブラハム・リンカーンの飛行甲板上で、〈任務完了〉と書かれた横断幕の下に立ち、アメリカはイラクと中東に民主主義と平和の恩恵をもたらすだろうと宣言した。その大志は彼の将軍連やスパイたちには初耳だった。ラムズフェルドと国防総省における彼のトップクラスの補佐役たちはCNNニュースの画面を見上げて、その焦点を彼らが選んだ任務に戻した。彼らは将来の戦争のために軍事インターネットを作りだし、何千億ドルもついやしてそれを構築する準備をしていた。彼らの〈ワールド・ウォー・ウェブ〉は、ほとんど誰もが想像していなかったやりかたで、情報と諜報活動を武器に変えることになる。彼らはあらゆる外国の敵と地球上のあらゆる脅威の動画を探しもとめた。いわば世界的な戦場の神の視点である。彼らは「われわれにとって興味深いあらゆることを常時」知りたがった、と情報担当国防次官のスティーヴ・キャンボーンはいった。国防総省の戦力変革局のアート・セブロウスキー局長は、「われわれが実際に話しているのは、新しい戦争理論です」といった。その理論は情報戦という概念を飛躍的に拡大した。二十世紀後半には、情報戦とは、敵の通信ネットワークと送電網をささえるコンピューターにたいする攻撃のことだった。二十一世紀前半には、その概念は、広く定義される、敵の政府や軍、文官を標的とする政治戦の形態へと発展した。心の戦闘空間だ。新しい戦争理論では、これは地球上にアメリカの支配を確立するために欠かせない要素だった。

モスクワの軍および情報機関の人間たちは、ずっと目をこらし、耳をそばだて、メモを取って、懸命に考えていた。ロシア軍の参謀総長に登りつめたある人物が書いているように、「戦争の歴史上はじめて、武力紛争の遂行における根本的な要素として情報に依存する西側共同体は……アメリカが世界統治の独占権を有しているという考えを植えつけることに成功した」。軍事理論家のウラジーミル・スリプチェンコは、もっと簡潔に表現している。「情報は銃剣や銃弾、あるいはミサイルとまったく同じように、破壊的な兵器となっている」。ロシアの軍事科学アカデミーの会長で、一九四一年から一九九二年まで赤軍で勤務した退役将軍のマフムート・ガリーイェフは、戦争の道具としての偽情報の力に大いに同調した。「部分的に真実で、部分的に嘘の事項を……体系的に放送することで」、「集団精神病や失望、破滅感」を作りだし、「政府への信頼を傷つけ……敵の行動にとって有益な土壌を作りだす」ことができる。

プーチンが昔の帝国を復活させることを待ち望むロシアの政治アナリストたちは、この種の考えを詳細に力説した。KGBの元職員で、ロシア外務省付属の外交アカデミーで国際関係の学部長になったイゴール・パナーリンは、もっとも影響力のあるひとりだった。多くの人間から先見の明がある人物と見なされ、一部の人間からは半分イカれていると見なされた彼は、ロシアの情報戦ドクトリンの父となった。パナーリンは、冷戦の続編としてのクレムリンにたいするアメリカの新たな攻撃を予測し、モスクワには新しい剣と楯が必要だと提案した。彼は、精神に変化をもたらすアンドロポフのメディア操作手段をマスメディアにたいして利用し、百万倍に増やす必要があると主張した。二〇〇三年以降、彼は、「一九九〇年代に完全に破壊された対外政治プロパガンダの仕組み」を復活させ、モスクワのメッセージを全世界に放送する衛星テレビ・ネットワークでその力を拡大するよう強くもとめた。こうした考えは、二〇〇五年に創設されたプーチンのニュース・プロパガンダ・テレビ放送局であるRT（ロシア・トゥデイ）を生みだし、権限をあたえた。十年もたたないうちに、RTは娯楽報道番組と偽情報によって視聴者数を数億世帯に伸ばし、数千万人の〈フェイスブック〉フォロワーを獲得して、クリックベイト〔いかにも人の興味を引きそうな、あおり文句や画像を餌（ベイト）にして、欺瞞的な内容のサイトに誘導し、クリック数を稼ぐ手口〕と陰謀論の巧妙な組み合わせによって、閲覧者の流れをそのプラットフォームに呼び寄せた。

パナーリンはプーチンに〈情報KGB〉を創設するようもとめた。情報機関の研修生や民間のコンピューターの天才に闇の魔術（ダーク・アート）を訓練する、秘密の政府センターである。事実を操作して嘘を作りだしたり、誤報を偽情報操作に発展させたり、政治的ロビー活動から恐喝まであらゆることのためにでっち上げの事実を利用したり、メディアを操作する秘密工作の先頭に立ったり、世論を形成したり、政治指導者の行動に影響をあたえたり、最終的に人間界の出来事の成り行きに潮の満ち干のような影響をあたえたりといった技術のことだ。こうした考えは二〇一六年のアメリカ大統領選期間中に最高潮に達することになる。

〈情報KGB〉という発想は、たんなるひらめき以上のものだった。それはプーチンのロシアを見るひとつのやりかたであり、彼の柔道の稽古が彼の地政学的な行動を特徴づけているという見解以上に、政治戦にかんするプーチンの考えかたを理解する鍵でもあった。〈情報KGB〉は、事実ではない事実の工場を作りだすことができた。ロシアの政治家や財閥、軍人、スパイ、シンクタンク、ジャーナリスト、判事、学者、学生など、さまざまな職業の人間たちを、プーチンのオーケストラが奏でる音楽に合わせて、いっせいに歌わせることができた。この発想は、CIA主導の情報戦がゴルバチョフの出現とソ連の没落を引き起こしたというパナーリンの主張を聞くと、完璧に腑に落ちた――そして、彼はそれを長々と力をこめて、陰謀論者一般と、とりわけロシア情報部員の偏執狂的な伝統にのっとって、信条として主張した。彼は、「ソ連にたいする情報戦の指導者」の筆頭の六人を名指ししていた。「A・ダレス、G・ケナン、D・ロックフェラー、H・キッシンジャー、Z・ブレジンスキー、R・レーガン」と。

V・プーチンはロシアがいまだにアメリカの照準の十字線にとらえられているのではないかと強く思っていて、新世代の政治戦のための戦闘計画をもとめていた。彼は国民に、大祖国闘争に参加するよう呼びかけはじめた。そして、軍と情報機関、そして政治的な補佐役たちに、多角的な任務をあたえた。二十一世紀の戦いのための武器を研究し、開発し、テストするという任務を――その筆頭は情報戦だった。彼には、大戦略のかわりに、大きな野望があった。彼は自分の国が世界的大国と見られることを望んでいた。冷戦の最盛期にそうであったように。そして、旧ソ連諸国における自分の影響力をふたたび確立し、その影響力を世界中で感じさせ、アメリカの戦力を封じこめて制限することを願っていた。彼には新種の爆弾が必要だった。

アメリカと西側の封じこめは、二十一世紀のロシアの政治戦ドクトリンが発展するにつれて、究極

米露諜報秘録 1945―2020

――冷戦からプーチンの謀略まで

ティム・ワイナー［村上和久訳］

インターネットとソーシャルメディアを駆使したプーチンの政治戦とは？『ＣＩＡ秘録』の作家が歴史の深層、諜報活動、サイバー攻撃を究明！（６月下旬刊）四六判■３３００円

シャルル・ドゴール伝（上・下）

ジュリアン・ジャクソン［北代美和子訳］

中立かつ客観的な視点から、「二十世紀の巨人」の脱神話化を試みる。英国の世界的権威による決定版。ダフ・クーパー賞ほか多数受賞。（㊤既刊 ㊦６月中旬刊）Ａ５判■㊤㊦各８８００円

フランス革命史

――自由か死か

ピーター・マクフィー［永見瑞木・安藤裕介訳］

なぜ革命は起きたのか？　また革命は誰にとってのものだったのか？　そして革命が残した遺産とは？　世界的

新刊

帰りたい

カミーラ・シャムジー［金原瑞人・安納令奈訳］

ロンドンで暮らすムスリムの３人姉弟の末っ子が、聖戦の戦士だった父に憧れ、イスラム国に参加する。姉たちは弟を救い出そうとするが……。（６月下旬刊）四六判■３１９０円

［レーマン演劇論集］ポストドラマ演劇はいかに政治的か？

ハンス＝ティース・レーマン［林 立騎訳］

ブレヒト、ハントケ、イェリネク……ポストドラマ演劇から「政治的な正しさ」について考える。演劇理論の泰斗を代表する10編を収録。（６月下旬刊）四六判■４４００円

鶴屋南北未刊作品集 第三巻

鶴屋南北・直江重兵衛篇

古井戸秀夫［編］

過去の全集未収録四作品を軸に、随筆や書翰、俳諧の摺り物などを加え、南北工房ともいうべき文政年間の劇壇

んす夏休み学習号　仏検5級模擬試験 2022 付

編集部編

フランス語を始めた方、フランス語の初歩を復習したい方、秋に仏験したい方にぴったりの学習帳です。

／音声ダウンロード》　（6月上旬刊）B5変型■1375円

級ドイツ語会話ハンドブック［新版］

優子、ガブリエラ・シュミット

部は毎日使う定型表現。第2部はドイツ語会話パターンを実例と合わて解説。第3部は日本紹介の200以上の表現集。全例文音源付き。

音声ダウンロード》　（6月中旬刊）四六判■3300円

詳しくわかるモンゴル語文法［新版］

山越康裕

日本語と比べながら丁寧に解説し、文字から中級までこの一冊で学べます。モンゴル語に関するコラムも充実。音声は無料ダウンロード。

《音声ダウンロード》　（6月中旬刊）A5判■4400円

李先生の中国語ライブ授業　2 初級クラス

李軼倫

初級文法のわかりづらいところを、李先生がしっかり解説。先生と生徒の会話で進むから、文法が苦手な人でもすいすい読めます。

《音声ダウンロード》　A5判■1980円

韓国語発音クリニック［新版］

前田真彦

あなたの韓国語の発音の悩みに適切な診断を下し解決策を処方。初級者にも中級者にも目からウロコの特効薬が満載。ピリリと効きます。

《音声ダウンロード》　A5判■2200円

フランス語・フランス語圏文化をお伝えする唯一の総合月刊誌

ふらんす

7月号（6／23頃刊）　■760円

特集◆作家たちのフランス革命

封建的特権や絶対王政を廃止し、「自由・平等・友愛」のフランス共和国への扉を劇的に開いたフランス革命。スタール夫人、シャトーブリアン、バルザック、ユゴー、アナトール・フランスなど、近代以降の作家たちは大革命をどのように眼差し、描いてきたのでしょうか。

エクス・リブリス

人類対自然

ダイアン・クック　壁谷さくら訳

ボートの遭難で友人の本心を思い知る男を描く表題作など、極限状況でもがく人々の孤独と希望を鮮やかに映す短篇集。M・ジュライ絶賛。

四六判■3300円

書物復権

新装復刊

メルロ=ポンティ　触発する思想

加賀野井秀一

ついに明らかになったメルロ=ポンティの全貌。現象学・言語学・心理学・芸術…それらとの〈接触〉から生まれ出る〈驚き〉の哲学。

四六判■3630円

バタイユ　魅惑する思想

酒井 健

ダイレクトにテクストを引用し、読解し、解説する。この3段階のプロセスで読者は思想の妙味へといざなわれる。思想とは「堪能すること」である。

四六判■3190円

芸術と人生

ライナー・マリア・リルケ　富士川英郎編訳

死後公刊された多くの書簡から、詩人が省察し、胸中を打ち明けた言葉をテーマごとに編集した集成。「生の詩人」の心情と詩想の日々の記録。

A5変型■5720円

シラー名作集

フリードリヒ・シラー　内垣啓一、岩淵達治、石川 實、野島正城訳

ドイツ文学の黄金時代を築いた劇作家による傑作戯曲集！「群盗」「メアリ・スチュアート」「オルレアンの乙女」「ヴィルヘルム・テル」を収録。

四六判■7150円

の目標となった。プーチンは自分のもっとも強力な反撃能力を情報戦と考えていた。ロシアの国防省はこれを、「政治的、経済的、社会的体制を傷つけ、社会と政府を不安定にするために一国の国民にたいして集団心理戦を遂行し、一国がその敵の利益にかなうような決定を下すように強制する」力と規定した。プーチンはその力をマスターし、使い道を決めようとした。彼はロシアをふたたび偉大にしたかった。

　プーチンはロシア国民に、ソ連の崩壊は、二度の世界大戦よりも、ヒトラーの強制収容所とスターリンの矯正労働収容所における数百万人の死よりもひどい、二十世紀最大の政治的大惨事だといった。彼は、ソ連を弱体化させようとするアメリカの政治戦が、現実よりもはるかに大きく、大胆で、強力だったと信じていた。それと同じぐらい、その政治戦は冷戦終結後も終わることはなかったと確信していた。（プーチンは、インターネットがロシアを転覆させることをねらった「CIAのプロジェクト」であると真顔でいいつづけている。）彼はエリツィン時代をひどい屈辱と考えていた。ビルとボリスの茶番劇を、アメリカがつねにクレムリンをやっつけ、ロシアが毎回降参する〈パンチとジュディ〉の人形劇〔イギリス伝統の滑稽な人形劇〕で、アメリカのコンサルタントがロシアの新憲法を起草し、ホワイトハウスが世の習わしとそのなかにおけるクレムリンの立場を指示していたと。ケナン以降アメリカのもっとも慧眼なソ連政府研究者のフィオナ・ヒルは、こう書いている。「プーチンはことあるごとにアメリカとヨーロッパの機関が」自分自身と祖国にたいして「積極的に異議をあおっていると見てきた」。最初は、アメリカの政治戦が唯一の勝利をおさめたポーランドで。つぎに東ドイツで。彼はそれを自分の目で見ていた。それから、それが東ヨーロッパ全域と、バルト諸国、そしてソ連自体に押し寄せてくるのを。「ロシアはあきらかに彼らの照準にとらえられている。アメリカとその同盟国は一九九〇年代以来、ロシアの政治制度を変革する彼らの意図を公然と話し合ってきた」と、プーチンは考えていた。

プーチンはCIAと米国務省、NATO、欧州連合（EU）、西側メディア、国際非政府組織（NGO）、そしてハンガリー系アメリカ人の大富豪ジョージ・ソロスが資金を提供する〈開かれた社会（オープン・ソサイエティ）財団〉が、よってたかって、ロシアの影響力と国力を再建しようとする自分の計画を台無しにしようとたくらんでいると信じていた。彼自身、ロシアの情報機関によって送りこまれてアメリカ国内で暮らしている休眠工作員（スリーパー・エイジェント）を何人もかかえていた。彼らはアメリカのシンクタンクやNGOに潜りこもうとしていた。したがって当然ながら、プーチンはそれと同様の策略が自分にたいしてずらりと用意されていると考えた。彼は、グルジアとウクライナで自分の同盟者を追いだして、民主主義の大志をいだく新しい指導者を据えた大衆革命のなかに、アメリカの隠れた手が働くのを見た。

グルジアでは、かつてゴルバチョフの外務大臣をつとめ、年老いてしだいに独裁色を強める支配者、エドゥアルド・シュワルナゼが、二〇〇三年十一月の議会選挙を不正に操作していた。アメリカ国務省にコネがあるコロンビア大学ロースクール卒業生で、三十六歳の改革派、ミハイル・サアカシュヴィリがひきいる野党は、公正な投票を要求して立ち上がった。グルジアの独立系テレビ局は反逆者たちに声をあたえた。声高に変化を要求する民主化支持グループと若い活動家たちにたいするソロスの支援も同様だった。十一月二十二日、シュワルナゼが不正に選出された議会を召集しようとすると、サアカシュヴィリと支持者たちは、薔薇を手にして立法府になだれ込み、彼に辞任を要求した。シュワルナゼの警護官たちは彼をいそいでつれだし、彼は翌日、辞任した。サアカシュヴィリは二〇〇四年一月、大統領選挙で勝利をおさめ、彼の支持者たちは三月、議会の主導権を握った。

〈薔薇革命〉はこのように進行し、世界はこれを民主派の指導者がクレムリンと結びついた腐敗政権を打倒したととらえ、プーチンは政治的な悪夢、一九八九年のポーランドとハンガリーとチェコスロヴァキアと東ドイツの蜂起の再演と見なした。彼の怒りは後日、ブルガリアとエストニア、ラトヴィア、リトアニア、ルーマニア、スロヴァキア、そしてスロヴェニアがワシントンの財務省で開かれた公式な式典でNATOに加盟したとき、いっそう深まった。ソ連崩壊後の領域にたいする最大の同盟の拡大である。欧州連合はじきに、ポーランド、ハンガリー、チェコ共和国、バルト諸国、そのほか四カ国の七千三百万人の人々を受け入れた。これもまたプーチンから見ると侮辱だった。西側は東のロシア国境に向かって容赦なく進軍していた。

ウクライナでは、〈オレンジ革命〉がすぐにつづいた。腐敗した旧共産党幹部のレオニード・クチマ大統領は、自分の後継者に、若いころ暴行で二度有罪になっている元石炭トラック輸送支配人で、ならず者のようなヴィクトール・ヤヌコヴィッチを選んでいた。彼らの戦略と戦術には、政府の放送網がまき散らすプロパガンダと、クレムリンからの秘密の支援、手のこんだ選挙違反、対立候補の投獄、そしてスキャンダルを追いかけるジャーナリストの殺害がふくまれた。その殺人事件では最終的に情報機関の高官三人が有罪判決を受けた。彼らの対立候補は人気のある元首相のヴィクトール・ユシチェンコだった。クチマは彼が権力の座につくのを未然にふせぐため馘にしていた。オレンジは新しい薔薇で、彼の選挙運動のシンボルカラーだった。ウクライナで広く放送されていたロシアのメディアは、彼を秘密のファシスト、アメリカの従属者、かつて米国防総省で働いていたアメリカ人妻のあやつり人形と表現した。

プーチンの秘蔵っ子、ヤヌコヴィッチが一回目の投票で勝利をおさめるだけの票を獲得できなかったとき、彼とその仲間たちは助けをもとめにワシントンへ行った。彼らは道徳心がないことで有名なアメリカの政治コンサルタントを雇った。その長い顧客リストには、モブツ将軍をはじめとする親米派の独裁者がずらりと顔をならべていた。この彼らのワシントンの代理人は、将来のトランプの選挙運動本部長であるポール・マナフォートで、彼の役目は、キエフ〔ウクライナ語読みはキーウ〕のアメリカ大使館の報告によれば、ヤヌコヴィッチとその一味の極端なイメージチェンジであり、彼らのイメージをマフィアのファミリーから合法的な政党へと変えようとすることだった。それはむずかしい注文だった。二〇〇四年十二月末に予定されていた、裁判所が命じた決選投票の一カ月前、ユシチェンコは突然、重病におちいった。彼の体は激痛に見舞われ、顔は病変で外見をそこなわれて、半分麻痺した。誰かが、たぶんロシアの情報部員が、検出がむずかしい発癌性物質である大量のダイオキシンを使って、彼の食事に毒を盛ったのである。

旧体制は不正な方法で決選投票に勝利をおさめようとした。ユシチェンコは支持者にキエフの〈マイダン〉に集まるよう呼びかけていた（〝マイダン〟とは「街の広場」という意味だが、この言葉はすぐに独立自体を意味するようになった）。じきに数十万人が四六時中そこにつどって、テント村で震えながら長い夜をすごした。彼らの民主化運動に支持の声を上げた者のなかには、多数の非政府組織とアメリカ大使館、コリン・パウエル国務長官がふくまれた。もっと小さなアメリカとヨーロッパの政治的経済的支援が、大義へと流れていた。広く読まれたオンラインのニュース媒体である《ウクラインスカ・プラウダ》は、最初に旧体制の腐敗を暴露していたが、外国の財政支援で生きのびた。自由と公正な選挙への希望も同様だった。選挙不正を打ち負かすためのアイディアとテクノロジー――出口調査、票の集計、選挙監視員――は、アメリカが資金を提供した。それが、たとえ末端にすぎなくても、ちがいとなった。投票することと票を数えることは同じではない。闘争の最後には人々は声を上げ、彼らはクレムリンの候補者を打ち負かした。

西側にとって、グルジアの薔薇色とウクライナのオレンジ色のカラー革命は、希望の光に見えた。プーチンにとって、それは、民主主義の支援に見せかけた、アメリカの情報機関がソ連にたいして実行する一連の転覆と妨害工作の一部だった。アメリカは、「似非(えせ)民主主義の言い回しの美しいパッケージにつつまれた……国際問題の独裁権力」を手に入れようとしていると、彼は二〇〇四年十二月四日、語った。

オレンジ革命の勝利は、二〇〇五年一月二十日、ブッシュが二期目の就任演説を行なうために連邦議会議事堂の階段を上る数時間前にもたらされた。聴衆には、彼の年老いた父と、カーター、クリントン両元大統領、そしてアメリカの市民がふくまれた。彼はアメリカの政治戦の新たな目標、〈フリーダム・アジェンダ〉を説明した。「この世界で専制を終わらせることを究極の目標として、あらゆる国と文化において民主化運動と民主主義的な制度の普及をもとめ、支援するのが、アメリカの政策です」とブッシュは宣言した。「われわれがこの国の偉大な解放の伝統にしたがって行動してきたおかげで、何千万という人々がみずからの自由を達成しました。そして希望が希望をかき立てるにつれ、さらに数百万人が自由を見いだすことでしょう。われわれはまた、努力によって、人々の心のなかに炎をともしてきました。その炎はその力を感じる人々を温めています。その炎はその広まりと戦う人々を焼きつくしています。そして、いつの日か、この消すことのできない自由の炎は、この世界のもっとも暗い隅にたどりつくでしょう」。

大統領の演説には救世主的な色合いがあった。彼は「天と地の創造者」である神を、民主主義を生みだし、専制を打ち砕く自分の政策の真の生みの親として引き合いに出した。「歴史には正義の盛衰がありますが、歴史にはまた、自由と自由の創造者が定めた、見えない方向性があります。……われわれは、力を取り戻し、試練を受けても倦むことなく、自由の歴史上最大の業績を達成する用意ができています」。

彼は聖なる戦いのために、第二次世界大戦以来のアメリカの外交政策の基礎をひっくり返そうとしていた。アメリカは、その存在にかかわる闘争として、地球上のあらゆる場所に自由を広めることになる。アメリカ国内で自由が生きのびるかどうかは、大部分、全世界に民主主義を広めることにかかっている、とブッシュはいった。これは馬鹿げた考えだった。ジェイムズ・マディソンは一七八七年に、「民主主義はつねに混乱と争いの光景であるし……概して、その命が短いのと同様、その死は暴力的である」と警告している。

おそらく、歴史とは、啓蒙に向かって上昇していく直線ではなく、野蛮へと逆転する輪だった。ブッシュが彼の〈フリーダム・アジェンダ〉を発表すると、世界的な民主主義の大不況が本格的にはじまり、それ以降、不況は拡大し、深まった。おそらく、それは、ＣＩＡの秘密の監獄での拷問が暴露されたことか、あるいは、ＮＳＡの違法なアメリカ市民の監視と、そのジョージ・オーウェル風の響きによってはじまった。ＣＩＡの拷問の最悪の例は、ポーランド国内で行なわれた。たぶんブッシュは完全に正反対に理解していたのであり、世界における民主主義の拡大は、アメリカ国内の自由の復活力にかかっていた。もしかすると、そのきっかけは、ブッシュがサウジアラビアやパキスタンのような国々の独裁者と米軍および米情報機関との提携を拡大したそのやりかただったのかもしれない。もしかすると、そのきっかけは、パレスチナ人がはじめて実施した自由で公正な議会選挙で、好戦的なハマス党が勝利をおさめ、アメリカがその結果を認めるのを拒否したときだったのかもしれない。そのきっかけが、イラクにおける戦争の進み具合だったことはまちがいない。銃をつきつけてイスラム世界に民主主義を吹きこむ聖なる戦いは、大混乱の状態になっていた。彼の華麗なレトリックはさておき、ブッシュの世界観のより正確な表現は、イラク派遣アメリカ軍の最高司令官だったリカルド・サンチェス中将の回想に出てくる。二〇〇四年春に、戦争が混乱状態におちいると、ブッシュはこう叫んだと、将軍は書いている。「ぶちのめせ！　もし誰かが民主主義への進軍を止めようとしたら、われわれはそいつらを見つけだして、殺すんだ！」。

ブッシュは自分の構想を実現させようとしつづけた。二〇〇五年六月、彼は新しい国務長官のコンドリーザ・ライスをカイロのアメリカン大学に派遣し、そこで彼女はこう誓った。「かつては不可能に思われた、完全に自由で民主的な世界の約束が、必然にも思われるときがやってこようとしています」。彼の政権は、国務省や国際開発庁、米国民主主義基金、無数のコンサルタント、そして数え切れないほどのNGOをつうじて、何十億ドルもついやした。そのすべてがアラブ世界にアメリカの民主主義を提示して、輸出しようとする試みだった。彼らは無益なことをしていた。国務省の中東パートナーシップ構想の長で、国務副次官補のJ・スコット・カーペンターは、二〇〇五年末、《ワシントン・ポスト》紙のデイヴィッド・フィンケル記者にこう語った。「われわれにはまだ、アラブ中東社会に民主主義を売りこむ最適の方法がわかっていません。というか、まったくわからないのです」。

ブッシュは、彼の解放軍が占領軍になったとき、イラク戦争になんの戦略も持っていなかった。「われわれはイラクのことをなにも知らなかった」と、彼の政策担当国防次官であるエリック・エーデルマンはいった。「戦略が機能していなかっただけでなく、われわれは自分たちがやろうとしていることがなにかを誰にも説明できなかった」と彼の国務長官であるコンドリーザ・ライスはいった。二〇〇六年三月には、ブッシュは戦争について「落胆に近い状態」だったと、彼の国家情報長官のジョン・ネグロポンテはいっている。ブッシュは現実と向き合うかわりに、自分のイデオロギーの防空壕にいっそう深くもぐりこみ、自分が作りだしている世界の現実からしだいに離れていった。沈みゆく船の船長のように。イラクは内戦状態におちいり、その各都市は殺戮の野となった。国民のうち百六十万人は国内で難民となり、百八十万人は国外に逃げだして、イラク内務省の暗殺部隊がバグダッド市内を車で走りまわっては人々を殺害していた。それでもその月、ブッシュは、〈国家安全保障戦略〉の公式声明で、自分の〈フリーダム・アジェンダ〉の勝利を自賛し、イラクで民主主義を確立したと主張して、中東全体の政治的自由と市民的自由の高まりを賞賛した。この羅列のすぐあとに、ブッシュはグルジアとウクライナのカラー革命の勝利を自分自身の勝利として並べ立てた。彼はこれらの革命が、大西洋と太平洋と北極と地中海とインド洋にかこまれた大陸、ユーラシア大陸全域に自由と正義の希望をもたらしたと断言した。この大陸の最大部分はロシアの国土だった。彼はプーチンに、「自由の道筋にそって、後ろ向きではなく前向きに進む」よう警告した。

〈フリーダム・アジェンダ〉の高邁な言葉づかいは、アメリカが「拡大する民主主義の共同体の先頭に立つ」と主張していたが、実際にはその数は世界中で減少しつつあった。多くの新興民主主義国は過酷な土壌に誕生し、なかにはすくすくと育てない場合もあった。専制下で千年すごした国々は、アメリカがそうなることを望んだからといって、自由な共和国に変わりはしなかった。選挙だけでは民主主義は生まれなかった。選挙は絶対的政治指導者を権力の座につけ、その場に居座らせることもありえた。民主主義は、発展した状態で簡単に輸出することはできなかった。それは大豆やスニーカーのような商品ではなく、心のなかに生きる理想だった。ブッシュとチェイニーは、独裁体制を撃破して進軍する民主主義の話をしていたが、彼らはその行動に権威主義的な性格を見せていた。大統領が世界の国々をながめ、テレビで放映された演説で自由について中身のない言葉を口にするとき、その顔の下には、まるでコンゴからのラリー・デヴリンの電文の言葉が流れているかのようだった。「もしわれわれが現実的になるとしたら、民主主義的な見せかけで満足しなければならない」。

プーチンはその見せかけを投げ捨てていた。彼はブッシュが自由世界のリーダーとしての役目で失敗するのを見た。彼は国内における権力を確保し、国外でアメリカに反撃するために、ロシアの情報機関を再建しているところだった。彼はかつてKGBの主要な後継機関であるFSBの元同僚たちにこう語った。「ロシア連邦政府内で働くために覆面で派遣されたFSB工作員の一団は、その任務を成功裡に達成しつつある」。これは冗談ではなかった。彼はしばしば、元チェキストといったものは存在しないといっていた。彼はクレムリンや重要省庁、メディア、経済を動かす石油ガス産業、銀行および金融会社、大学、テレビ局全体にロシアの情報機関員を配置していた。彼の〝シロヴィキ〟──「保安将校」と「権力ブローカー」のあいだのなにか──がいまやロシアを動かしていた。そして、ロシアの国境の外では、彼らは敵を破壊し、妨害工作をしようとしていた。彼らは、主としてスターリンとロシア皇帝の政治哲学とマフィアのビジネス原則のおかげで、しかしなによりもKGBの伝統のおかげで、ほしいものを荒っぽい手段で手に入れる世界を作り上げつつあった。

ロシアの情報機関や保安機関、テレビ局、ハッカー、ネット荒らし(トロール)たちは、インターネットの力とソーシャルメディアの言葉づかいを武器化して、外国の政府を混乱させ、民主主義制度の信用を落とす方法を学びつつあった。プーチンは何億ドルもついやして、政府出資のシンクタンクや財団、うわべだけ装ったNGOを創設して運営し、ヨーロッパ全域に情報戦のための支部を設置して、世論を形成し、西側の専門家や学者、政治家を引き入れようとしはじめた。クレムリンはオーストリアやハンガリー、イタリア、フランス、ドイツ、イギリス、そして大西洋を越えてアメリカの右翼政治活動家と関係をはぐくみはじめた。そして、彼らがおたがいにいがみあっているか、共通の敵を攻撃しているかぎり、極右と極左を同時に支援するようになる。分断して征服することは、栄光のゴールだった──しかし、分断するだけでも事足りた。

プーチンはソ連の瓦礫から新たな諜報国家を作り上げ、政治戦の再開の準備をしていた。彼は新しいロシアを──彼の腐敗して権威主義的な国家を──自由民主主義の代替案として、そして政治的混乱と道徳的腐敗にたいする防波堤として提示した。何年もの慎重な計画立案の結果、彼はクレムリンの力に逆らってきた者たちに復讐を果たし、つぎの十年のあいだにしだいにエスカレートする二十七カ国の民主主義にたいする一連の攻撃の第一弾を開始した。そしてじきに、彼はアメリカ自体に照準を合わせることになる。

第9章 最初の犠牲者たち

〈連帯〉の出現から十年間、世界におけるクレムリンの力は、波に洗われる砂の城のように浸食されてきた。二〇〇七年春、ウラジーミル・プーチンは、押し寄せる波を押し返すために戦いはじめた。

六月四日、エストニアのアメリカ大使館からの極秘電が、驚愕の見出しとともに、画期的な事件を報じた。〈国民国家にたいする世界初のヴァーチャル攻撃〉。「エストニアは国民国家とその政治的および経済的基盤にたいする世界初の組織的サイバー攻撃の犠牲となっている」と大使館の報告ははじまっていた。「一カ月以上にわたって、エストニアの政府や金融、メディアなどのウェブサイト、サーバー、そしてルーターは、サイバー攻撃の集中砲火にさらされた。……専門家は、攻撃の性格と巧妙さを、ロシア政府の共謀の証拠として挙げている」。

ロシアが千年のあいだにエストニアの国民を攻撃したのは、これが六度目だった。同国の首都タリンは、プーチンの生まれた街から三百二十キロの距離にあった。その街はもはやレニングラードではなく、その礎を築いたピョートル大帝が三世紀前に命名したように、ふたたびサンクトペテルブルクと呼ばれていた。

戦時中のソ連のエストニア支配は、強姦と殺人、赤軍の奴隷労働者としての成年男性と未成年男性の強制徴用、シベリアへの集団追放で特徴づけられていた。市民の三分の一が殺されるか国外に逃げだした。戦後、クレムリンは数十万人のロシア人に、同国を植民地化して、クレムリンの支配を確立するよう命じた。冷戦終結時、ロシア人はエストニアの人口のおよそ三分の一を占め、国家のなかの国家を構成していた。彼らは基幹産業や組織犯罪、マネーロンダリング網を動かしていた。ロシアのテレビを見て、仲間のロシア人と交流していた。クリントンは力ずくでエリツィンに同国からロシア軍を引き揚げさせなければならなかった。クレムリンは何カ月も抵抗し、結局、アメリカ議会は五千万ドルはらって彼らを追いだすことを許可した。彼らは戦争記念碑をあとに残した。この〈ブロンズの兵士〉と呼ばれる百八十センチの像は、タリン市の繁華街で、赤軍将兵十二名の亡骸の上に建立されていた。生きている将兵の最後の部隊は、一九九四年八月三十日、東へ向かった。

「じつにすばらしい日だった」と、新アメリカ大使館で代理公使をつとめていたキース・スミスはいった。「わたしは街を歩きまわって、エストニア人たちにどう思うかとたずねたのをおぼえている。わたしは彼らがひどく興奮しているだろうと思っていた。ところが、彼らはひとり残らず、『連中は戻ってくる』といっていた」。

エストニア人は二〇〇四年三月にNATOに加盟したあと、ロシアの経済的、政治的、社会的影響から自由になる独自の方法を見いだし、人民による政治を知らなかった国家に、機能する民主主義を確立していた。二〇〇六年には、彼らは相互接続性の国際的なお手本を作り上げていた。エストニアのソフトウェア・エンジニアは、〈スカイプ〉を作りだしただけではない。彼らは新しい社会を建設するのに手を貸した。そこでは、本人が出頭して、文書を提出する必要がある儀式は、結婚と離婚、そして不動産物件の購入だけだった。それ以外のすべては、オンライン式だった——政府も、銀行業務も、融資も、保険も、通信も、放送印刷メディアも、選挙の投票も。Ｗｉ－Ｆｉの電波は強力で、どこでも受信でき、無料だった。国民はしだいに彼らの祖国を〈ｅエストニア〉と呼びはじめていた。彼らは政治と社会の構造がインターネット基盤によって構成された初の国家を作り上げた――そして、おそらく地球上でもっとも技術的に進んだ国家を。

二〇〇七年四月、タリンの当局は、〈ブロンズの兵士〉を台座から軍人墓地に移すことにした。エストニアの愛国者はそれを侮辱的と感じ、ロシアの民族主義者がそのまわりに結集するためにエストニアにやってきて、ブロンズ像は対立の火種となった。ロシアのセルゲイ・ラヴロフ外相は、その決定を不愉快だといって、エストニアにとって重大な結果を招くと警告した。怒れるロシア人の群衆が首都で大騒ぎを起こした。モスクワでは、若い暴徒たちがエストニア大使館を包囲し、強制的に閉鎖した。それからプーチンは、エストニアの強みを弱みに変える方法で政治戦を仕掛けた。

攻撃の第一波は四月二十七日にはじまった。その目標にはエストニア大統領、首相、議会、そして外務省と法務省のウェブサイトがふくまれた。最初の集中砲火は、エストニアのネットワークにスパムとフェイクニュースの雪崩をまき散らすオンラインの暴徒によって実行され、公共物破壊を遂行するためのダウンロード可能なソフトウェア・ツールを提供するロシア語のチャットフォーラムによって駆り立てられたものだった。あるハッカーは、政府のウェブサイトに、〈ブロンズの兵士〉の撤去を命じたことを謝罪する、アンドルス・アンシプ首相からの偽の手紙を投稿した。べつのハッカーは、公開フォーラムに好戦的な綱領を投稿した。「エストネットをぶっつぶせ：）」。

四月三十日、サイバー暴動は戦争になった。一連の組織的な分散型サービス妨害（ＤＤｏＳ）攻撃がエストニアを襲った。数え切れないほどの悪意のあるシステムが同国の回線容量に大量の情報を送りつけた。ロシアのボットネット、つまりクレムリンの軍および情報機関が監督するハッカーに乗っ取られた何十万台というコンピューターの群れによって動かされるＤＤｏＳ攻撃の電撃戦である。この猛攻撃は、世界七十五カ国を拠点とするインターネット・サービス・プロバイダーからもたらされた――そのなかには、アメリカやロシア、カナダ、ドイツ、ベルギー、エジプト、トルコ、そしてヴェトナムがふくまれた。その激しさは、毎秒九十メガビットにも達した（五メガビットもあれば、家庭用コンピューターで高画質のビデオをストリーミング視聴するのにはじゅうぶんだ）。情報の洪水が同国のコンピューター・システムをあふれさせると、エストニアはダウンした。攻撃は政府のシステムだけでなく、銀行や企業、情報通信、メディアにサービスを提供するシステムをも機能停止させた。エストニア人は銀行ＡＴＭを利用したり、請求書を精算したり、ニュースを見たりできなくなった。ロシアも経済戦を仕掛けて、石油輸送と両国間の当面の長距離トラックによる交易を止めた。人口百三十万人の国家エストニアにとって、その損失は五億ドルをゆうに超えると見積もられた。「彼らはようするにこの攻撃のせいで屈服させられたのだ」と、ホワイトハウスのサイバーセキュリティ顧問と〈マイクロソフト〉の最高セキュリティ責任者を歴任したハワード・シュミットは語っている。

第一次ウェブ大戦は、ロシアの第二次世界大戦終戦記念日である二〇〇七年五月九日に頂点に達した。その日、プーチンは〈赤の広場〉で七千名のロシア軍将兵の軍事パレードを閲兵したあと、あやうく攻撃を支持しそうになった。「いま、戦争の英雄を冒瀆……しようとしている者たち」は破壊者であり、「国家と国民のあいだに新たな不和と不信の種を蒔」こうとしていると。アメリカとＮＡＴＯがサイバー戦争から学んだ教訓は明白だったが、根づくのに時間がかかった。「もっとずっと破壊的な能力の可能性が存在します」と、ウィリアム・リン国防副長官はいった。「歴史は誰かがそれを極限まで利用するだろうと教えてくれるでしょう」。最大の教訓はこういうことだった。「彼らがわれわれにたいしてできることを、われわれは彼らにたいしてできないのです」と、二〇〇六年から二〇一六年までエストニアの大統領をつとめたトーマス・ヘンドリク・イルヴェスはいった。「出版の自由と、自由で公正な選挙がある自由民主主義国家は、非対称の不利な立場にあります。……自分たちの民主的で自由な言論の道具が、自分たちにたいして使われることがあるのです」。

ロシアがこの攻撃から得た知見は、プーチンの長い統治のはじめに確立された思想をさらに発展させた。エストニアより以前には、ロシアの二十一世紀の政治戦は、そのもっとも深い歴史的記憶がナポレオンとヒトラーの侵攻である国にふさわしく、防衛的だった。その指導者たちは、エリツィン時代のロシアにおけるアメリカの民主主義の推進を、狡猾な転覆工作だと考えていた。ロシアがプーチンのもとで広めた最初の「情報セキュリティ・ドクトリン」は、「推定される敵からのプロパガンダ的情報と心理戦に対抗する」必要性を明確にした。その脅威は、とくにそれが偽情報を広め、ロシア国家を弱体化させるために「外国の特務機関に利用されるマスメディア」からもたらされた場合には、精神的なもの——ドゥホフヌイ——とおおまかに定義された。

エストニアのあと、イヴァン・ヴォロビエフ退役少将は、いまこそ世界的な攻勢に出るときだと書いた。八十五歳の将軍は、ロシアの軍事理論の大御所で、その著作は政界のエリートたちに広く読まれていた。彼は三段階からなる衝撃ドクトリンを提示した。敵をあざむき、敵の頭のなかに入りこんで敵の思考をねじ曲げ、敵のコンピューターを攻撃して敵の指揮能力を混乱させるか失わせる。ヴォロビエフは軍事だけでなく、外交政策と地政学のこともいっていた。彼は、ロシアはなによりも外国の指導者たちと彼らが統治する人民の認識をあやつる必要があるといった。彼の精神的な先駆者であるクラウゼヴィッツのように、彼はあらゆる政治を戦争行為と考え、そして戦争行為をほかの手段をもってする政治の延長と考えた。

プーチンは二〇〇七年のミュンヘン安全保障会議で、アメリカが「ひとりの主人、ひとりの君主しかいない世界」を作りだしたがっているといっていた。アメリカはロシアとそれ以外の世界に民主主義をたえまなく説いていた――「しかし、われわれに教える者たちは、どういうわけか、自分自身が学びたがらないのです」。彼はつづけた。「こんにち、われわれは、国際関係において、ほとんど抑制されていない過剰な力の――軍事力の――利用を目撃しています。世界を恒久的な紛争の深淵へと追いやる力の。……アメリカはあらゆる方法でその国境を踏み越えてきました。それは、アメリカが他国に強制的に押しつける経済、政治、文化、教育政策において明白です。では、誰がそれを好き好むでしょう？ 誰がそれをよろこぶでしょう？」。

二〇〇八年四月、NATOはブカレストで会議を開き、同盟には将来、グルジアとウクライナの加盟を承認する余地があると発表した。この動きをブッシュは完全に支持した。プーチンは激怒した。これらの国はかつてきわめて重要なソヴィエト社会主義共和国であり、何百万人というロシア人にとって戦略的および精神的な価値があった。グルジアはスターリンの生まれ故郷であり、その黒海のリゾート地は富裕層の遊び場だった。その南には、トルコとシリア、イラクが広がっている。さらに重要なことに、ロシア帝国のルーツは、千年以上、ウクライナにあった。ロシアは同国を支配していたとき超大国だった。しかし、ウクライナ抜きでは、ロシアはただの国だった。同共和国はソ連の穀倉地帯で、オデッサ〔ウクライナ語読みはオデーサ〕はその大貿易港だった。それがいまでは、ヨーロッパ最大の国家だった。もっとも屈指の貧困国ではあったが。

「グルジアとウクライナをNATOに引き入れようとするのは、本当に行き過ぎだった」と、ブッシュの新国防長官――ボブ・ゲイツ――は六年後に書いた。「ウクライナあるいはグルジアを防衛するために、ヨーロッパ人が、ましてやアメリカ人が、自分たちの息子や娘を送りだすだろうか？ とうていありえない。したがって、ＮＡＴＯの拡大は、慎重に考慮された軍事的関与ではなく、政治的な動きであり、よって同盟の目的をそこない、ロシア人が自分たちの重要な国益をどう考えているかを無謀にも無視するものだった」。ゲイツにはプーチンがどう反応するか予測がついた。彼もまたプーチンの目をのぞきこんでいた。彼はそこに冷酷無比の殺し屋を見たといった——そして、失われた帝国と失われた栄光、失われた権力に取りつかれた男を。

プーチンはぜったいにこの二カ国が西側と手を組むのを許すつもりはなかった。彼は彼らの革命の色を変えるつもりだった。「ＮＡＴＯはふたつのブロックが対立していた時代に創設されました」とプーチンは、ＮＡＴＯがロシアを外部オブザーバーとして立ち会わせたブカレストで記者たちに語った。「当時、誰が善玉だったかという問題に立ち入るのはやめましょう。しかし、こんにちではソ連も、東側ブロックも、ワルシャワ条約機構も存在しないことは明白です」。

プーチンはつづけた。

われわれは東ヨーロッパに展開するわが軍部隊を引き揚げ、ロシアのヨーロッパ部分からほとんどすべての大型兵器と重火器を引き揚げました。それでなにが起きたでしょう？　われわれがいまいるルーマニアのある基地、ブルガリアのある基地、ポーランドとチェコ共和国のアメリカのミサイル防衛地域。これらはすべて、軍事インフラをわれわれの国境に移動することを意味します。そのことについて、じかに、誠実に、率直に、カードをすべてテーブルにさらけ出して、話そうではありませんか。

彼は自分の手札を置きはじめた。

彼は、ブカレストを離れた数日後、グルジアにたいする攻撃計画を動きださせた。彼には最初からふたつの目的があった。ロシアの情報戦能力をテストすることと、グルジア国内でNATOの拡大を完全に阻止することになる反革命を開始することだ。その春から夏にかけて、RTをはじめとするロシアのメディアは、グルジアのサアカシュヴィリ大統領を、戦争を挑発する不安定な政治家でアメリカの傀儡と表現した。プーチンは、長年紛争になっているグルジアの飛び地、アブハジアと南オセチアに、ロシアの特殊作戦部隊員であるスペツナズを平和維持部隊のふりをして派遣した。そこでは、ロシアへの忠誠心とサアカシュヴィリにたいする抵抗心が強かった。プーチンは、これらの分離独立をもとめる地方がまるで独立国であるかのように、両地方との政治的経済的結びつきを樹立する命令に署名し、クレムリンはその住民たちにロシアのパスポートを発給した。

彼の息のかかったニュースキャスターたちやインターネットのネット荒らし（トロール）たちは、差し迫った大量殺戮をふせぐためにモスクワが介入すべきだと主張して、軍鼓を打ち鳴らした。彼らのテーマは、アメリカが主導するNATOがグルジアの真の侵略者であり、サアカシュヴィリの軍隊に武器と訓練をあたえているというものだった。よって、ロシアは、帝国主義の西側に後押しされた強力な敵と戦う無辜の人々を守らざるを得ない。プーチンは近隣のロシア領内で軍事演習を開始した。彼はモスクワの千六百キロ南方に軍用機を飛ばして、グルジアの領空を侵犯し、政府の神経をすり減らした。そして、行動に出る前に、クレムリンへの忠誠心が確かなえり抜きのロシア人記者を五十人、空路送りこんだ。

二〇〇八年七月二十九日、南オセチアの準軍事部隊がグルジアの村々を砲撃しはじめた。八月七日の夜、政府はパニック状態におちいった。グルジア軍が飛び地の暫定的な首都に砲撃を開始した。そのあと、ロシア軍が午前零時過ぎ、襲いかかった。プーチンの戦車と将兵は南へ進撃した。一九七九年のアフガニスタン、一九六八年のチェコスロヴァキア、一九五六年のハンガリー以降、ほぼ三十年間ではじめての、主権国家にたいするロシアの軍事介入だった。このニュースはすぐに一面から消えた。またいつもの、ほとんどのアメリカ人が地図の上で見つけられない場所における、それほど重要ではない悲劇にすぎなかった。しかし、これは戦史における重要な分岐点だった。

グルジアは、戦争の最初の数分間に、大規模な組織的サイバー攻撃を受けた。攻撃は即座に首都トビリシの五十四のウェブサイトに襲いかかり、ニュースと情報を消去した。数時間のうちに、サアカシュヴィリや彼の政府、国防および外務省の公式サイトをふくむ同国のコンピューター・ネットワークの三分の一がダウンした。ロシア側は、南オセチアでグルジア兵が犯した戦争犯罪の恐ろしい話で、その情報の空白にとびこんだ——妊婦や子供の殺害や、銃剣による負傷者の刺殺、罪もない人々の大量殺戮の話で。ロシアのテレビは南オセチアにおける民間人の死者と難民の実数を何千人も水増しした。

「プーチン、グルジアを集団虐殺で非難」と、戦争二日目のRTのトップニュースにはある。プーチンは北京オリンピックから戦闘地帯の端まで飛んできて、おびえた難民役を演じるふたりの女性と、やらせのテレビ・インタビューを行なった。

ひとり目の女性　連中はこちらの娘たちを生きたまま焼き殺したんです!

プーチン　生きたまま?

ひとり目の女性　そうです、若い娘たちを! 連中は彼女たちを牛のように家に追いこんで、焼き殺しました……

ふたり目の女性　連中は赤ん坊を突き殺しました。その子は一歳半でした。連中は地下室で突き殺したんです……

プーチン　聞くにたえない。

ふたり目の女性　小さな子供ふたりをつれたおばあさんは——三人は走っていて、戦車にひき殺されました。

プーチン　連中は正気じゃない。これは集団虐殺だ。

世界中の政府はこの報道をじつに憂慮すべきだと感じ、グルジアに外交的支援をあたえることの見識を疑った。人権団体は、無慈悲な虐殺行為にかんするロシア側の報道にたいして調査を開始した。これはフェイクニュースだったが、偽物であることを証明するのに時間がかかり、ファクトチェッカーがひとつのニュースが誤りであることを証明しようとしているあいだに、クレムリンはさらにふたつを出してきた。ロシアはテレビとインターネットを武器として利用して、偽情報と悪魔扱いの一斉射撃を浴びせられることを証明した——あるアナリストがいったように、その狙いは、「批評家をしりぞけて、事実をゆがめ、本題から目をそらし、聴衆を混乱させる」ことだった。グルジアにおけるロシアの戦争は、モスクワのブロガーのあいだで古いジョークをよみがえらせた。ヒトラーが死からよみがえり、毎年恒例のメーデーの戦車とミサイルの軍事パレードを閲兵している。無言の笑みがその唇に浮かんでいる。あるロシアの将軍が身を乗りだして、こういう。「きっと、もしこうした兵器があれば、戦争に負けることはなかったとお思いですな」。そうではない（ナイン）とヒトラーはいう。「もしそちらの《プラウダ》のような新聞があれば、誰もわたしがやったことを知らなかっただろうにと思っていただけですよ！」。

二十世紀には、クレムリンが主権国家を侵略すると、西側は恐怖と怒りで反応してきた。ところがいまは、憂慮の表情と、それにつづく沈黙があっただけだった。軍事作戦は五日間で終わり、ロシア軍は戦闘で目覚ましい働きをしなかったものの、その兵士たちはグルジアを東西に走る幹線道路を占領して、同国をまっぷたつにした。現在、ロシア軍はいまだに国内の五分の一を占領し、家を追われた二十万人の国民はいまだ帰還しておらず、グルジアは、傷ついた国のまま、紛争状態で停止し、切り離されて孤立している。プーチンの目的は征服ではなかった。自分が西側にたいする対抗勢力を結集して、西側の勢力拡大を封じこめ、その認識をあやつれる現実を世界に見せつけることだった。

情報戦は戦争自体よりもっと重要だった。プーチンは、戦争の最初の犠牲者は真実だという古い格言に新たな意味をあたえていた。真実はいまや主敵だった。

プーチンは「新しい形態の戦争」を仕掛けていた。そこでは、主要な戦線は人間の心だった。その十年後、ウェストポイントの現代戦研究所による総合的評価はそう結論を下した。偽情報と欺瞞を利用して、「ロシアは、きわめて重要な紛争の初期に、世界の報道の論調を方向づけるための時間と空間を作りだした」のである。ウェストポイントの研究は、グルジアとそれ以降に、ロシアの情報戦の重要な要素が四つしめされるのを見た。「まず第一に、ロシアの情報戦は、もっともおだやかに、普通のニュースに可能な最大限の情報操作（スピン）をくわえることを狙う。第二に、戦場の下準備をするために、作りものの情報で人々を煽り立てる。第三に、偽情報を利用するか、あいまいさを作りだして、戦場で人々を混乱させる。そして第四に、完全に嘘をつく」。ロシアの包括的戦略は、「全世界の機関にたいする信頼を低下させること」だった。ロシア唯一の独立系全国テレビ・ネットワークで、英語圏では〈TVレイン〉としても知られる〈ドーシチ〉（雨）の元編集長、ミハイル・ズィガルが書いているように、「ロシアのテレビは、ロシアの指導者が西側の指導者より腐敗しているとも腐敗していないとも、より正直で公正であるとも示唆しない。そうではなく、すべてがどこへいっても同じであるというのだ。世界の政治家は全員、腐敗していると。……すべての選挙は改竄されていると。民主主義などどこにも存在しないので、あきらめなさいと」。

アメリカ人はその夏、テレビの画面にちらりと浮かぶ、遠くの場所の小さな戦争についてあまり考えなかった。アメリカは、詐欺と貪欲がきっかけとなって起きた壊滅的な不景気〔日本でいう「リーマン・ショック」〕の縁でよろめいていて、バラク・フセイン・オバマとジョン・マケイン両上院議員は、大統領選挙で争っていたが、その選挙のなかでは、残りの世界は、アメリカ経済を大惨事から救いだすことの二の次で、重要ではないように思えた。しかし、オバマは世界の注目を釘づけにするやりかたで、アメリカ国境の向こうを見ていた。きわめて不都合な名前を持つ四十七歳で第一期目の上院議員は六月、予備選挙でヒラリー・クリントンを決定的に負かして、候補者指名を勝ち取っていた。二〇〇八年七月、民主党大会の前に、彼はアフガニスタンやクウェート、イラク、イスラエル、ヨルダン川西岸地区、イギリス、フランス、ドイツに向けて出発した。ベルリンに到着して、市内の中央公園〈ティーアガルテン〉の戦勝記念柱（ジーゲスゾイレ）に集まった二十万人の群衆に向かって演説するころには、彼は空席となっている自由世界の指導者に立候補していた。

彼は、一九四八年、街がソ連による封鎖で孤立し、窮地に陥ったとき、アメリカの飛行機が食糧を輸送して、ついに封鎖を打ち破った〈ベルリン大空輪〉の記憶を思い起こさせた。

> もっとも暗いときでも、ベルリンの人々は希望の炎を燃やしつづけました。……何十万というベルリン市民がここティーアガルテンにやって来て、市長がこう訴えるのを聞きました……「世界のみなさん、ベルリンを見てください！」。
>
> 世界のみなさん――ベルリンを見てください！

ベルリンを見てください。ここではドイツ人とアメリカ人が、戦場で向き合ってから三年もたたないうちに、ともに働き、おたがいに信頼しあうことを学んだのです。

ベルリンを見てください。ここでは一国民の決意が〈マーシャル・プラン〉の寛大さと出会い、ドイツの奇跡を作りだしました。ここでは専制にたいする勝利が、われわれの共通の安全を守るために結成された過去最大の同盟であるNATOを誕生させました……。

あなたたちドイツ国民があの壁を――東側と西側を、自由と専制を、恐怖と希望を分ける壁を――こわしたとき、壁は世界中で崩れ落ちてきました……。

ベルリンのみなさん――世界のみなさん――いまこそわたしたちの出番です。いまこそわたしたちが行動を起こすときです。……わたしたちは自由への闘争の継承者です。わたしたちは実現しそうもない希望をいだく人々です。未来に目を向け、心に決意を秘めて、この歴史を思いだし、わたしたちの宿命に応じ、世界をもう一度、作り変えようではありませんか。

世界を修復することは、世界に希望をいだかせるよりむずかしいことがやがてわかる。前任者からこれほど悲惨な遺産を残された大統領はかつていなかった。消すことのできない炎は、国内外で大地を焦土と化していた。オバマは、数百万人のアメリカ人の仕事と貯蓄を失わせたとほうもない不景気を受け継いだ。彼はふたつの戦争を受け継いだ。イラクには十六万一千名のアメリカ軍将兵が、アフガニスタンにはさらに三万八千名がいて、そのなかには三回目と四回目の外地勤務を経験している者もいた。その司令官たちには、明確なゴールはおろか、トンネルの向こう端のかすかな光さえ見えていなかった。さらに、オバマは、いまやコンクリートブロックの上で錆びていく一九四八年型キャディラックに似た、アメリカの政治戦機構を受け継いだ。ブッシュがそれを道路の外に飛びださせたのである。

以前のどんな大統領よりもはるかに左寄りから権力の座についたオバマは、国家安全保障の分野ですばやく中央に針路を変更した。彼は老冷戦戦士のボブ・ゲイツに国防長官の地位に留まるようたのむと、四つ星の海兵隊将官ジム・ジョーンズを国家安全保障担当補佐官に選び、さんざん無理をいったあとで、ヒラリー・クリントンを自分の国務長官にした。クリントンは上院軍事委員会で六年間すごした結果――彼女は一度も会議を欠席しなかった――いくぶんタカ派になっていた。彼女は、オバマは反対していたのに、イラクとの戦争に突入するというブッシュの決意を支持していた。それはいまや、歴代大統領がかつて下したなかで最悪の外交政策上の決断に思えたが。そして、選挙遊説で彼女は、アメリカのもっとも不快な敵とも進んで話し合うというオバマの声明を、「無責任で、はっきりいって考えが甘い」と評していた。彼女は、承認のための公聴会で、自分は「わが国のあらゆる要素――外交（ディプロマシー）、開発（ディヴェロップメント）、防衛（ディフェンス）」を利用するといった――そして、四つ目のdの民主主義（デモクラシー）には、ついでに言及したにすぎなかった。「わが国の民主主義は、全世界の人々を鼓舞しつづけるでしょうが」と彼女はいった。「その影響力は、われわれ自身がその教えに恥じない行動をするとき、もっとも大きくなることをわたしたちは知っています」。

アメリカはそうしていなかった。その影響力は、ブッシュ政権下で七十年目の衰退期に落ちこみ、オバマの感銘をあたえる美辞麗句も、それを生き返らせることはできなかった。民主主義を推進し、プーチンを押し返すことは、新大統領の優先順位の第一列にはなかった。オバマはいまや、反乱鎮圧および対テロの致死兵器である国防総省とCIAの戦争機構をつかさどり、そして彼がアフガニスタンにさらに多くの部隊を派遣し、国外のアメリカの敵を追いつめて殺すためにプレデター無人機と特殊作戦部隊を集中展開させるにつれ、アメリカの外交政策の最大の部分は、外交官と民主主義の支持者ではなく、兵士とスパイによって遂行されるようになった。「それはあまりにも多くの場合、増派、増派、増派、ドローン、ドローン、ドローンになった」と、国務省でクリントンの法律顧問をつとめるためにイェール大学ロースクールの学部長を退職したハロルド・ホンジュ・コーは語った。

政治戦はかろうじて生きていたが、多くの場合、よくても首尾一貫していなかった。オバマの虚栄心の強い使節のリチャード・ホルブルックは、二〇〇九年のアフガニスタン大統領選挙に不正工作をしようとしたが、それを厚かましくやって、みじめに失敗した。のちにボブ・ゲイツはそのこころみを、「われわれのぶざまで失敗した一揆（プッチ）」と呼んだ。NATOの国防相会議で、国連のカイ・エイデ上級代表は、ゲイツのほうに身を乗りだして、こうささやいた。「わたしは大臣たちに、アフガニスタンの選挙であからさまな外国の干渉があったというつもりです。わたしがいわないのは、それがアメリカとリチャード・ホルブルックだったということです」。

オバマは、高度に中央集権化された権力構造をホワイトハウスに置いていたが、彼はロシアのポートフォリオをクリントンに手渡した。彼女もまたロシアの指導者と精神的な絆を築いたというブッシュの主張をあざ笑っていた。「これがプーチンの魂をのぞきこんだ大統領です」とクリントンは予備選挙中にいった。「彼はKGBの諜報員でした。当然、彼に魂はありません。……馬鹿げた話ですが、これがわれわれの生きている世界なのです」。世界は表向き変わっていた。プーチンはロシア憲法の規定により三期連続で大統領職をつとめることができなかったので、首相になり、書類上は大統領職をドミトーリイ・メドヴェージェフに禅譲した。メドヴェージェフは、ハンサムな若いサンクトペテルブルクの政治家で、プーチンの鉄拳のためにビロード製の手袋役をつとめた。プーチンが依然として采配を振るういっぽうで、メドヴェージェフとセルゲイ・ラヴロフ外相はアメリカとの外交を担当した。クリントンはロシアとアメリカとの関係をリセットすることに着手し、ラヴロフに書簡を送って、アフガニスタンとイランと中東の問題とならんで、新戦略兵器削減条約のSTARTで協力し合うことを提案した。ふたりの最初の会談は、調子っぱずれの音ではじまった。二〇〇九年三月、ジュネーヴの記者会見で、クリントンはラヴロフに最高の笑顔を見せて、大きな赤いボタンのついた黄色い箱を彼に手渡した。ボタンには、英語で「リセット」、ロシア語で「ピリグルースカ」というラベルがついていた。「一生懸命頑張って、正しいロシア語の単語を探しました」と彼女はいった。「あっていると思いますか?」。

「まちがっています」とラヴロフはいった。国務省の誰かがへまをしたのである。「ピリグルースカ」は、「負担過重」という意味だった。この気まずい出だしにもかかわらず、アメリカ人とロシア人は一年以上にわたって、クリントンが提案したように協力した。彼らは国連で、イランに核開発計画の制限交渉を強要する厳しい経済的罰則を科すことに合意した。彼らは、あふれかえる核兵器の山を削減するために力をつくした。ロシア側は、アフガニスタン駐留の兵士に物資を補給するために、アメリカ軍機に自国の領空を使わせた。オバマはメドヴェージェフをホワイトハウスに招待し、彼はその日時を二〇一〇年六月十八日に定めた。メドヴェージェフが着陸する前日、オバマとジョー・バイデン副大統領、ボブ・ゲイツ、ロバート・ムラーFBI長官、レオン・パネッタCIA長官が主催する緊急会議が、シチュエーション・ルームで開かれた。パネッタは、連邦議会の議員を十六年間、クリントン大統領の首席補佐官を四年間つとめた情報活動の初心者だった。

ムラーは大統領に、アメリカが高価値の情報源をモスクワから至急脱出させる必要があると告げた。その情報源は十人の「非合法工作員」のスパイ組織を特定していた――ロシアの対外情報局のために働く休眠工作員の地下ネットワークである。彼らはプーチン時代の初めから十年間、アメリカで暮らしていた。彼らは偽のパスポートとでっち上げの身分でアメリカにやって来て、教師や不動産ブローカー、旅行代理業者として働いていた。そのなかには、幼い子供がいる夫婦者もいたが、その子供たちは両親の本当の名前を知らなかった。そして、彼らを諜報活動の罪に問うことはできなかった――FBIが知るかぎり、彼らはまだ実際のスパイ活動にいっさい手を染めていなかったからである。休眠工作員の役目は、目をさまして行動を起こすための命令を待つことだった。彼らのひとりはモスクワに戻ろうとしていて、なにか大きなことが進行中であるのを示唆していた。したがって、FBIはいますぐスパイ網を一網打尽にしたがっていた。そして、そうなれば今度は、モスクワの情報源を暴露する可能性があった。メドヴェージェフはたぶんこのロシアの地下組織が存在することさえ知らないだろう。しかし、プーチンはまちがいなく知っていた。

オバマは怒りを爆発させた。「ちょうどわれわれがロシア人と順調にやっているときに、これか？これでは冷戦への逆戻りだ。これはまさにジョン・ル・カレの世界だ。われわれはSTARTを、イランを、ロシアとの関係全体を、この種のことで危険にさらすのですか？」。情報活動のベテランであるゲイツは大統領に、政治的に強硬な態度を取るようにいった。メドヴェージェフと対決して、彼を本気で痛めつけ――これがあなた流のリセットの考えかたですかな、ドミトーリイ？――そして、彼とプーチンのあいだに楔を打ちこむのです。政界のプロであるパネッタは、冷戦時代の諜報活動の方針にしたがうよう大統領に助言した――休眠工作員を国外退去させ、アメリカとイギリスのためにスパイ活動をした廉でプーチンによって投獄された四人のロシア人と彼らを交換するのです。オバマは彼の助言を受け入れた。プーチンは休眠工作員たちが帰国すると、英雄として大歓迎した。彼らの話は人気テレビシリーズ、〈ジ・アメリカンズ〉になり、ホワイトハウスはつぎの危機に関心を移した。危機はいついかなるときでも、たいてい十五分先にあった。

その日、シチュエーション・ルームの男たちは、ヒラリー・クリントンとジェイムズ・クラッパー国家情報長官、そしてオバマのテロ対策責任者のジョン・ブレナンとともに、「パンドラの世界的な宝庫からワシントンに問題をそそぎこむ巨大な漏斗の底に」座って、「複数の問題に毎日対処して、問題につぎつぎと目を通し……それから、つねに短すぎる時間と、あいまいすぎる情報のもとに決断をくだしていた」とゲイツは書いている。「そして、それ自体が問題だった。疲れ切った人間は最善の判断をくだしはしない」。この人的要因は、二〇一一年に〈アラブの春〉の蜂起が勢いづいたとき、オバマが行なったひどい選択をうながした一因だった。

その年の二月、カイロで激しいデモが起き、その結果、年老いた独裁者のホスニ・ムバラクは、三十年間のエジプト統治を終えさせられた。オバマはこの動きを公然と支持した。その四日後、抗議の声を上げる弁護士と学生たちが、一九六九年以来リビアを支配してきた、半分イカれた独裁者、ムアンマル・カダフィに狙いをさだめた。カダフィは彼らを殺戮しはじめ、武装蜂起を引き起こした。彼自身の治安部隊の一部も、民衆の側についた。反対派は無秩序に広がるベンガジの街を掌握し、カダフィはそれを奪還するために兵士を送って、何千人もが命を落とす大量殺戮を実行するとおどした。オバマはカダフィを排除しなければならないといった。問題はどうやってやるかだった。クリントンは、カダフィの住居や彼の軍事基地と司令部を爆撃し、軍事力を行使して、彼が民間人を虐殺するのを阻止したかった。バイデンとゲイツとブレナンは、中東でまたしても戦争をはじめることに断固反対した。オバマは選挙遊説中に、大統領はアメリカにたいする現実の、あるいは差し迫った脅威なしに軍事攻撃を仕掛けることはできない、と主張していた。軍最高司令官となった彼は、共和党主導の議会とNATO同盟、国連安全保障理事会決議の後押しを受けて武力を選択した。安保理決議はロシアが棄権して採択されたが、これがリセットの最後の成果となった。プーチンはこの採択を非難した。カダフィ自身の言葉を借りて、彼はこの決議がまるで中世のキリスト教十字軍の募集のようだといった。

アメリカの軍用機と爆弾、ミサイル、ドローン、情報、偵察にささえられたNATOの軍事作戦は、政権を壊滅させた。そして、政権が崩壊すると、リビアはたちまち全員が全員と戦う戦争におちいって、サウジアラビアとトルコに支援された競合する民兵がたがいに殺し合い、百万の国外移住者が混乱状態から逃げだそうとして、その全員が、最良の人道的な意図によって切り開かれた地獄への道を進んでいった。オバマはのちに、この大失敗を自分の大統領任期中で最悪の選択と呼んでいる。これは民主主義の名において中東を作り変えようとするアメリカの勇猛果敢なキャンペーンの死だった。

二〇一一年十月、反政府勢力はカダフィの最後の拠点を制圧し、彼が下水管に隠れているところを発見して、銃剣で肛門を犯し、彼を殺害して、最期の場面をビデオに撮影した。プーチンはそのテープを何度も見て、おそらくこれこそアメリカが政権を変えたいと思ったときに起きることだと考えた――ミロシェヴィッチは監房で死に、サダム・フセインは首に縄をかけられ、カダフィは刃物の切っ先をつきたてられた。

四週間前、プーチンがプーチンと彼の権力のために創設した政党〈統一ロシア〉がモスクワ郊外のスタジアムで党大会を開いた。ロシア生まれのアメリカ人ジャーナリスト、ジュリア・ヨッフェは、その場でメモを取っていた。「メドヴェージェフが登壇し、『わたしはずいぶん考えてきました』という」と彼女は詳述している。「そして、すぐに人々にはなにかがおかしいとわかる。彼はひと晩中、起きていて、酒を飲んでいたか、泣いていたような顔をしている。元気そうには見えない。それから人々は、彼がいおうとしていることに耳をかたむけはじめる。いつもなら誰も、彼がいっていることに耳をかたむけはしない。……すると、彼はこういう。『わたしはウラジーミル・プーチンが二〇一二年に大統領に立候補すべきだと考えるにいたりました』。そして、人々は驚きに口をあんぐり開ける」。

〈統一ロシア〉は二〇一一年十二月、ロシア議会で優位を守った。選挙は完全に不正だった。プーチンの機関専従員（アパラチク）たちは対立候補にいやがらせをし、投票箱に不正票を投じて、投票立会人を手荒く扱い、選挙監視団のウェブサイトにサイバー攻撃を仕掛けた。「ロシアの有権者は、選挙の不正と操作について徹底した調査を受けるにあたいします」とクリントン長官は数日後、リトアニアで演説した。「ロシアの人々は、世界中の人々と同様、自分たちの声をとどかせ、自分たちの投票をカウントされる権利を認められるにあたいします。そしてそれは、彼らが公正で、自由で、透明性のある選挙と、彼らにたいして説明責任のある指導者にあたいするということです」。何千人というロシア市民がいまや街頭で抗議をくりひろげた。プーチンは彼らを扇動したとクリントンを非難した。デモは拡大し、ソ連崩壊以降、最大規模になった。「プーチンは泥棒だ！」と抗議者は唱えた。「プーチン抜きのロシアを！」。〈アラブの春〉のデモの亡霊が、クレムリンに取りついた。プーチンは、今回はもっと大声で、外国の金で何十万ドルもがロシアの政治に影響をおよぼしていて、クリントンは反対派の人形つかいで、自分をひそかに倒そうとしているといった。「彼女は国内のある当事者たちの方向性を決めた。彼女は合図を送った」とプーチンは十二月八日に主張した。「彼らは合図を聞いて、アメリカ国務省の支援で、積極的な活動を開始した」。彼はアメリカのためにロシアの政治にあえて影響をおよぼそうとする者たちに、脅迫的な警告を出した。

プーチンは二〇一二年三月、あらかじめ決まっていたように大統領に再選されると、自分の曲に合わせて踊らないロシアの報道機関に断固たる措置をとった。「クレムリンは調査ジャーナリズムと政治ジャーナリズムの清廉さをそこない、伝統的なメディアへの信頼の欠如を作りだすことに成功した」。ソ連生まれの作家ピーター・ポメランチェフは、ロシア国内に残された出版の自由への締め付けが厳しさを増すと、そう書いた。彼は「新しいプロパガンダ」が誕生するのを目にして、その目的が「納得させることでも、説得することでもなく、視聴者をだまし、心をかき乱して、受動的で、被害妄想的にしつづけること」だといった。クレムリンから年間に十億ドル以上を受け取るＲＴは、英語放送番組を手直しして、アメリカ人の政治的立場の右翼と左翼の過激派を標的にしはじめた。同局はいまや、アメリカではＢＢＣについで人気のある外国のニュース源で、アメリカ国内の何百万という視聴者にとどいていた。その使命は、プーチンがＲＴのインタビューでいったように、「アングロサクソンの世界的な情報の流れの独占状態を打破する」ことだった。

プーチンは数々の国際的な人権団体を弾圧し、追いだした。クレムリンの強烈な圧力で、アメリカ国際開発庁は、二十年にわたりロシア国内の民主主義と法の支配を支援しようとしたすえに、その扉を閉ざした。プーチンは数十のＮＧＯを国内から強制退去させ、そのかわりに、プロパガンダの基盤となる、国家支援のＮＧＯを設立した。それらは、全欧安全保障協力機構（ＯＳＣＥ）のアメリカ大使がいったように、「不安定で、権威主義的で、抑圧的な政権がツイッターに解き放ってきた、ネット荒らし（トロール）軍団の現実世界版」になった。「彼らは基本的に、オンラインの同様の組織と同じ戦術を使っている――雑音と混乱を作りだし、空間に大量の情報を送りつけ、下品な言葉を使って、反対意見を持つ者たちを威嚇し、まっとうな考えを押しのける」。

プーチンが三度目の任期を開始してすぐに、〈インターネット・リサーチ・エイジェンシー〉（ＩＲＡ）という謎につつまれた組織が、すでにロシアの市民や東ヨーロッパの隣人たちでテストしてきた偽情報と欺瞞のテクニックを使って、アメリカの有権者を標的にする計画を立てはじめた。この組織は、クレムリンの新興財閥が資金を提供する、サンクトペテルブルクのネット荒らし（トロール）養殖場だった。

それと同時に、CIAと国家安全保障局と民間セキュリティ会社が、ロシアの軍情報機関GRUと対外情報局SVRが遂行するサイバー・スパイ攻撃の増大する波を探知した。彼らはクレムリンが戦略的な優位を獲得するための情報を盗んでいた。彼らはしばしば、特定の人物を狙って、ターゲットの関心を引くように作成された悪意のあるファイルが添付されたフィッシング詐欺メールを利用した。そして、彼らのターゲットには、政府や大使館、軍、政党、シンクタンク、国際的および地域的防衛グループ、そしてアメリカからウクライナにいたるメディア各社がふくまれた。彼らが盗んだ情報は、ヴァーチャル武器庫に集積される弾薬だった。

二〇一三年二月二十六日、《軍産新報》という名を知られていなくてもむりはないロシアの新聞が、ある演説を転載した。その演説は、ロシア連邦軍参謀総長のヴァレリー・ゲラシモフ将軍が一月末に行なったものだった。この演説は、〈ラジオ自由ヨーロッパ／ラジオ・リバティ〉の有能な記者ロブ・コールスンの努力がなければ、西側では気づかれずに終わったかもしれなかった。コールスンはこれを翻訳して、投稿した。数カ月後、多くの著作があるソ連政府研究者のマーク・ギャリオティが、これを取り上げ、「ゲラシモフ・ドクトリン」という、気のきいたタイトルをつけてオンラインで公表した。これが世界的な関心をひいて、かなりの不安をかき立てたあとで、のちにギャリオティ自身が残念そうに指摘したように、これはドクトリンでも、西側への宣戦布告でもなかった。しかし、それは、ロシアの軍部がいかにカラー革命と〈アラブの春〉をアメリカの情報機関の無政府主義的創作物と考えていたかの深い考察であり、モスクワが戦車とミサイルを使わずにNATOとアメリカの力と影響にどう反撃する可能性があるかの伏線でもあった。

「二十一世紀において、われわれは戦争と平和の状態のあいだの境界線があいまいになる傾向を目にしてきた」とゲラシモフは演説をはじめた。「戦争はもはや宣戦布告されれず、はじまれば、見たことがない枠組みにしたがって進行する。……完全に繁栄した国家が、ものの数カ月か、それどころか数日で、熾烈な武力紛争の闘技場と化し、外国の介入の犠牲となって、混乱と人道上の大惨事、内戦の罠におちいりかねない」。彼はこうつづけた。

「戦争のルール」自体が変わっている。政治的および戦略的目的を達成する非軍事的手段の役割が増大し、多くの場合、その効果において、兵器の威力を凌駕している。……このすべては、情報的紛争の諸活動の遂行や特殊作戦部隊の活動をふくむ、隠密的性格の軍事手段によって補完される。武力の公然の使用は——しばしば、平和維持や危機統制を装って——主として紛争の最終的な成功の達成のために、一定の段階においてのみ訴えられる。

あらゆる戦争はいまや、クレムリンの考えでは、政治戦にかかっていた。

プーチンはつぎの目標に狙いをさだめた。東はロシア、南は石油資源にめぐまれた黒海の暖かい水、そして西は四つのNATO加盟国と国境を接するウクライナである。ソヴィエト社会主義共和国としての七十年の痕跡は、その国土に深く印されていた。レーニン像はいまだに首都キエフの大通りの一端に建ち、ソ連スパイの父フェリクス・ジェルジンスキーの像が、彼にちなんで命名された町を飾っていた。誰も勇気をふるってそれらを取りこわそうとはしなかった。クレムリンの威光は依然として鳴り響いていた。

ソ連が崩壊したとき、ウクライナには二千発の戦略核弾頭と二千五百発の戦術核兵器が残っていた。野放しにされた核兵器の脅威はワシントンを悩ませた。ビル・クリントンとボリス・エリツィンは一九九四年十二月、ウクライナと協定を結んだ。同国は核兵器をロシアに送り、アメリカのノウハウで解体することになった。ウクライナは核戦力を放棄するかわりに約束を受け取った。ロシアは同国の主権と国境を尊重して、同国の独立に反対する「脅しあるいは武力の使用」をしないと誓い、アメリカは国連をつうじてロシアの侵略にたいして同国を防衛する。ウクライナの国民はじきにこれらの保証がどの程度強固なものかを知ることになる。

腐敗したヴィクトール・ヤヌコヴィッチは、同じぐらい悪徳な政治コンサルタント、ポール・マナフォートの努力のおかげで、前回の選挙で権力の座に返り咲いていた。マナフォートのキエフにおける事務長のコンスタンチーン・キリムニクは、ロシアの情報機関と深いつながりがあった。彼らに資金を提供して裏で糸を引いている人物のなかには、組織犯罪とクレムリンの両方とかかわっている大物実業家たちがふくまれた。マナフォートはヤヌコヴィッチから多額の手数料を受け取り、それを海外口座で資金洗浄して、ＦＢＩの関心を引いた。ＦＢＩは国外情報捜査で彼を盗聴しはじめた。マナフォートは、同国のもっとも裕福でおぞましい新興財閥とも仕事の取り引きをしていた。そのなかには、プーチンの取り巻きで、二〇一三年十月にシカゴにおいて連邦収賄容疑で起訴されたロシアの組織犯罪の有名な一味のドミトロ・フィルタシもふくまれた。フィルタシはロシアの国営巨大天然ガス企業〈ガスプロム〉のウクライナにおける仲介役だった。プーチンは同社を国政の道具と腐敗の原動力として利用した。フィルタシは〈ガスプロム〉から天然ガスを法外な値引きで購入した。彼はそれをウクライナに売るとき、三倍に価格をつり上げ、三十億ドルを自分のポケットに入れ、ヤヌコヴィッチを筆頭とする親露派の政治家に金をはらって、クレムリンのいうことを聞かせた。この新興財閥の贈り物から、大統領はマナフォートに大金を支払った。

マナフォートのとんでもなく金のかかる趣味を反映して、ヤヌコヴィッチはキエフの北に、大理石の階段と黄金のトイレ、孔雀と猪をそろえた動物園のある二億五千万ドルの豪邸を全部自国の財産から盗んだ資金で建設した。このふたりの男は、この国の政治経済体制に染みこんだ腐敗と貪欲さを体現していた。

二〇一三年秋、マナフォートは自分の顧客に、欧州連合と自由貿易協定を締結して、ウクライナを西側およびアメリカの経済産業界と結びつけるよう勧めた。ヤヌコヴィッチはこの取り引きを公然と受け入れた。世論は圧倒的にこれに支持を表明した。しかし、プーチンはそうではなかった。彼はウクライナのNATO加盟を許さないのと同様に、ウクライナがEUとつきあうことを許すつもりはなかった。彼はウクライナを自分の国だと思っていた。ロシア自体の根幹だと。(二〇〇八年のブカレストNATO首脳会談のオブザーバーとしての立場で、彼はこの考えを簡潔な言葉でブッシュに理解させようとしていた。「わからないのですか、ジョージ? ウクライナは国家でさえありません。ウクライナとはなんでしょう? その領土の一部は東ヨーロッパですが、より大きな部分は、われわれからの贈り物なのです」。) その最大の贈り物は、ロシアの黒海艦隊の基地であり、フルシチョフがスターリンの大量虐殺的な住民弾圧のつぐないとして一九五四年にウクライナに移管するまでは、十八世紀以来ロシアが支配していたクリミア半島だった。

プーチンは、二〇一三年の十月後半と、さらに十一月前半の二度、ヤヌコヴィッチと会談し、KGB将校が正体を完全に暴かれた外国の雇われ工作員に話しかけるように、あいまいな言葉をいっさい使わずに、彼をおどした。彼にはヤヌコヴィッチを尻込みさせるふたつの方法があった。ロシアはウクライナに深い経済的苦痛をあたえるか、さもなくば数十億ドルを貸し付けることができたし、そうするつもりだった。そして、ロシア情報機関は、ヤヌコヴィッチにかんする〈コンプラマート〉の百科事典を編纂していて、いついかなるときでもそれを解き放つことができた。EU首脳会談は十一月二十八日にリトアニアで開催が決まっていて、誰もがヤヌコヴィッチは協定に署名するものだと思っていた。しかし、彼は手を引いた。その夜、千人の抗議者がキエフの通りを〈マイダン〉まで行進した。それから三夜後には、十万人になっていた。それがじきに数十万人になった。彼らはオレンジの幟ではなく、青いEUの旗を振っていた。ロシアのメディアは彼らをネオ・ナチの暴徒と表現した。ヤヌコヴィッチは抗議を取り締まる法律をウクライナ議会に強引に通して、憲法にプーチン的な条項を追加しようとした。デモ隊はいまやふたつのことを望んでいた。ヨーロッパの一員としての祖国と、彼らの大統領の退陣を。

アメリカはEUに圧力をかけて、ウクライナの大統領とその政敵とのあいだの権力分担協定の誕生にひと役買わせようとしたが、EUの大臣たちはプーチンにけんかをふっかけることにびくびくして躊躇した。二〇一四年一月二十七日、ヨーロッパおよびユーラシア担当の国務次官補のヴィクトリア・ヌーランドが、アメリカの駐ウクライナ特命全権大使のジェフリー・パイアットに電話をかけた。ヌーランドは外交局で最高位のキャリア大使の外交等級を持ち、ロシアとの関係は彼女のポートフォリオの一部だった。彼女は三十年にわたって、なんらかの形でロシア人と取り引きしてきた。

彼女は国連をウクライナ政府内の変化の仲介に関与させる潮時だと考えた。

「この問題を解決するのに手を貸して、国連にこれを解決するのを手伝わせたら、すばらしいでしょうね、そうしたら、ねえ、EUなんかくたばれよ」とヌーランドはいった。

「そのとおり」とパイアットはいった。「われわれはこいつをまとめるためになにかやらねばならないと思う。もしこれが上昇をはじめなければ、ロシア人たちがこいつを吹き飛ばそうと裏で画策することはまずまちがいないといっていいからね」。

ロシアのスパイたちは通話を傍聴して、録音していた。そのなかで、アメリカの外交官たちは、ヤヌコヴィッチの政敵のなかで誰を支援するかを話し合った。その数日後、盗聴者たちは、世界に聞かせるために会話をユーチューブに投稿した。「彼らは二十五年間、電話の通話をおおっぴらにしたことはありませんでした」とヌーランドはのちに述べた。「プーチンはわれわれがやっていることを正確に知っていました。……わたしとわたしたちを他国の問題への干渉のシンボルにしたのは、彼にとってのちにひじょうに有益でした」。

この戦略情報の窃盗は、何カ月もつづくウクライナにおけるロシアのより大がかりな作戦の一部だった。ＥＵと合流する努力をじゃますることを狙った執拗なサイバー・スパイ計画である〈アルマゲドン作戦〉は、ウクライナの政府や法執行機関、軍高官をターゲットにしていた。プーチンがキエフの約千キロ南東のソチで二〇一四年冬季オリンピックを誇らしげに主宰しているあいだに——ロシアのアスリートたちは情報機関員が監督する国家ぐるみのドーピング・プログラムの助けですくなくとも十五個のメダルを競技で獲得した——彼の子分たちは、ウクライナのテレビや報道機関、政治家にくりかえしＤＤｏＳ攻撃を浴びせかけた。

二月十八日、ヤヌコヴィッチの兵士と狙撃手たちは、実弾を使って、抗議の市民を殺戮しはじめた。彼らは三日間で百人を殺害した。彼の政治的同盟者たちは彼を見捨てはじめた。その五日後、プーチンが手配した避難作戦で、彼はロシアに逃げだした。ロシアのメディアはフル回転した。ファシストの軍事政府が、アメリカとＥＵに命じられたクーデタによってキエフで権力を握り、民主的に選出された大統領を力ずくで失脚させた、と。ヤヌコヴィッチが地下に潜ると、プーチンはソチで閉会式を主導し、黒海艦隊の司令部を基地とするロシアの特殊作戦部隊と将兵に、クリミアの飛行場と地方議会を占拠するよう命じた。制服にいっさい徽章をつけていない数千名のロシア兵たちが、半島を制圧した。プーチンは彼らが現地の民兵だと主張した。セルゲイ・ショイグ国防相は、ウクライナ兵が彼らに降伏しているときも、クリミアにソ連軍将兵がいることを否定した。ウクライナ人は侵略者たちを、どうやら宇宙からやって来たらしい「緑の小人」と呼びはじめた。

ロシア側はウクライナの光ファイバー・ケーブルを切断し、大手電気通信会社を攻撃した。通信会社は半島とそれ以外のウクライナとの接触を失った。モバイルと固定電話、インターネットのアクセスはすべて障害に見舞われた。ウクライナの政府およびメディアの主要なウェブサイトはDDoS攻撃でダウンし、ウクライナの国会議員の携帯電話はハッキングされた。プーチンはヤヌコヴィッチを自宅に呼びつけ、ロシアにウクライナ侵攻をもとめる、実際より日付が前の手紙に署名するよう命じた。三月十八日、彼はクレムリンに足を運び、万雷の拍手に向かって、クリミアはロシアに再統一されたと宣言した。

プーチンは、第二次世界大戦以来、ヨーロッパで平和を守ってきた国家の主権と国境の不可侵にかんするルールや条約、理解を破壊したのである。一九九〇年にサダム・フセインがクウェートを侵略して以降、地球上のどんな国も、このように他国の土地を奪ったことはなかった。しかも、ロシアは一発の銃弾も撃っていなかった。サイバー戦とメディア操作、心理戦が目的を達したのである。これはもっとも効果があった二十一世紀の政治戦だった。

しかも、プーチンはまだ飽き足りなかった。ウクライナの南東部には、ロシア語を話し、ソ連に親近感をいだく多くの住民が暮らしていた。四月十七日、プーチンはこの土地を、十八世紀のエカチェリーナ大帝時代のように、〈ノヴォロシア〉――新ロシア――と呼んだ。すでにその名前の公式ウェブサイトが登録されていた。数日以内に、緑の小人の新たな群れが地方自治体と地域の庁舎を占領し、ドネツクおよびルガンスク人民共和国の樹立を宣言した。火力で劣るウクライナ軍は、その春から夏にかけて兵力を動員しようと努力し、プーチンは制服を着ていない何万人という兵士と大量の武器弾薬を地域に送りこみながら、ずっと彼らはそこに存在しないと主張していた。ウクライナはそれから五年間、ロシア人と戦って一万三千人以上の兵士を失うことになる。戦争は数百万人の難民を生みだし、さらに四百万人が分離主義者の共和国に取り残されたままになった。紛争の賭け金は大きかった。「もしウクライナがロシアの影響力から自由になることに成功すれば、ヨーロッパは一体となり、自由で、民主的で、平和になることができます」と、二〇〇六年から二〇〇九年までアメリカの駐ウクライナ大使をつとめたウィリアム・B・テイラー・ジュニアはいった。「それにたいし、もしロシアがウクライナを支配すれば、ロシアはふたたび帝国となり、国民を弾圧し、隣国と残りの全世界をおびやかすでしょう」。

五月二十五日、ウクライナで大統領選挙が行なわれた。ロシアの軍情報機関はこれにたいしてもっとも強力なマルウェアを解き放った。アメリカのセキュリティ会社、〈クラウドストライク〉と〈ファイア・アイ〉は、すでに作戦を動かすサイバー・スパイ兵器を特定していた。〈クラウドストライク〉はそのマルウェアの黒幕たちに〈ファンシー・ベア〉というあだ名をつけていた。〈ファイア・アイ〉はその数カ月後、作戦には「政府のスポンサー――具体的にいうと、モスクワに置かれた政府」がいて、同様のサイバー兵器はすくなくとも二〇〇七年後半以降、政府、軍、治安組織を標的にしてきたと報告した。〈ファンシー・ベア〉は、ロシアのハッカーたちがウクライナの選挙委員会のコンピューター内に入りこんで、障害を生じさせ、投票集計を破壊して、右派のロシアびいきの泡沫候補が大統領職を勝ち取ったことをしめす結果を委員会のウェブサイトに投稿するのを可能にした。ロシアのテレビ・ネットワークはフェイクニュースを報じた。委員会が攻撃を検知して、事実を修正したのは四十分後だった。〈ファンシー・ベア〉とその親類である〈コージィ・ベア〉がアメリカ政府に入りこみはじめるのに、さほど時間はかからなかった。

七月十七日、プーチンの部隊が、ウクライナ南東部上空で、アムステルダムからクアラルンプールへ向から民間機、マレーシア航空MH－17便を撃墜し、乗っていた二百九十八人全員を殺害した。プーチンは、この件にロシアはいっさい関係していないと主張した。「もちろん、関係ない！」と彼は憤然といい放った。容赦ない事実に対抗するために、クレムリンはインターネットに陰謀論を流した。「わたしは、CIAと称する人間たちが飛行機内に死体を乗せて、ロシア政府に不利なプロパガンダを作りだすためにそれをわざと撃墜するのを見た。人々はこの話を何度もくりかえしていた」と、米国務省ウクライナ通信タスクフォースの選挙運動担当部長、スリ・プレストン・クルカルニはいった。「そして、わたしはその時点でわれわれが鏡の国にいて、もし人々がそれを信じられるのなら、ほぼどんなことでも信じられるだろうと思った」。オランダとオーストラリアの政府が報告書を公表し、旅客機を撃墜した責任をロシアに負わせるのに三年以上かかった。

　戦雲はいまや、ロシアのテレビとソーシャルメディアから吐きだされる偽情報操作の有毒な瘴気だった。ロシアのニュースキャスターたちやインターネットのネット荒らし（トロール）たちは、あらゆる形の陰謀論や恥知らずのでっち上げを広めた。ノヴォロシアの勇敢な分離主義者たちが殺戮されている。ウクライナの兵士たちが公共の広場で三歳の少年を拷問して、十字架にはりつけにした。キエフの政府はEUから資金提供を受けて強制収容所を建設している。政府は森をネオ・ナチの暗殺者たちであふれさせている。政府は地域の水源に毒を投げこんでいる。そして、アメリカとNATOはそのすべてを支援し、幇助している。九月四日、NATOの最高軍事司令官であるフィリップ・ブリードラヴ将軍は、このつぎつぎと流される嘘を、「かつて見たなかでもっとも驚くべき情報戦の電撃作戦」の一側面であると述べた。クレムリンからのメッセージは、現実など望みどおりに曲げられるということだった。なぜなら客観的事実など存在せず、よって嘘は事実に勝てるからだ。ケナンが一九四六年二月に〈長文電報〉で書いたように、「ロシア人が客観的事実を軽視すること自体が——それどころか、その存在を信じないことが――あらゆる公表された事実を、なんらかの隠された目的を推進するための道具と見なす原因となっています」。いまや、インターネットは彼らの秘密の野心を百万倍に拡大することができた。

アメリカは、真実にたいするプーチンの戦争に、ほとんど直接的な対応ができなかった。「われわれには大きな情報の乖離があった」とヌーランド大使はいった。「われわれには、彼がロシアの関与について嘘をついていると証明できるたぐいの情報網がなかった。われわれは内部では理解していたし、政策論争の問題として理解していたが、世論の場ではあまり好結果を出していなかった」。

ロシアの情報戦攻撃はいまやアメリカ政府の心臓部に襲いかかりはじめた。二〇一四年八月には、〈コージィ・ベア〉は国防総省内をうろついていた。統合参謀本部の機密扱いではないEメール・システムがハッキングされた。十月、ホワイトハウスは、クレムリンのスパイがオバマの機密扱いではないEメールに目を通して、彼の通信相手のアドレスを収集しているのを発見した。十一月、国家安全保障局（NSA）は、ロシア人たちが国務省のコンピューター・アーカイブをあさりまわって、すでにつぎの大統領選挙のいわずと知れた最有力候補であるヒラリー・クリントンにかんするスキャンダルをどうやら探しているらしいのを発見した。NSAのリチャード・レジェット副長官はのちに、自分のサイバー・コマンドが国務省のネットワーク内で〈コージィ・ベア〉の攻撃と「白兵戦」を展開したある週末のことを説明した。ハッカーたちは、検知されると、姿を消すのではなく、反撃してきた。「われわれがある行動を取る。すると、彼らはそれに対抗してくる」と彼はいった。「それは、かわしては突き返し、かわしては突き返し、処置と対抗処置の約二十四時間だった。これは新しい体験だった。新たなレベルのサイバー攻撃者と防衛者のあいだのやりとりだった」。これはまるでロシア側がアメリカ大統領と、その後継者と目される人間に、自分たちが影に隠れて忍び寄り、音もなく彼らの肩越しにのぞきこんでいることを知ってもらいたがっているようだった。

プーチンがウクライナに侵攻して、ロシアの復活の名においてクリミアを占領したとき、オバマはハーグで核セキュリティ・サミットに出席していた。彼はそこで尊大にも、彼のライバルを二級国の追いつめられた指導者と非難した。「ロシアは、隣国のいくつかをおびやかす地域大国です——その強さからではなく、その弱さから」とオバマはいっていた。「彼らはアメリカにとって国家安全保障上の最大の脅威ではありません。わたしはひきつづき、わが国の安全保障上にかんしていえば、核兵器がマンハッタンで爆発する可能性のほうにはるかに関心があります」。

しかし、プーチンはべつの種類の武器を用意していて、その長い導火線はいまにも点火されようとしていた。彼はアメリカの民主主義を弱体化させたいと願っていた。そして、その目標を達成するのに、危険な扇動政治家を大統領に選出する以上によい方法があるだろうか?

第10章 アメリカの民主主義

〈インターネット・リサーチ・エイジェンシー〉（ＩＲＡ）は、二〇一四年春、アメリカの全国民の意識を変えようとしはじめた。クレムリンの指示で、ロシアの情報機関と協力して活動するＩＲＡは、情報ＫＧＢになった。

プーチンの側近になった前科者の売春斡旋業者で新興財閥のイヴゲーニイ・プリゴージンが資金を提供するＩＲＡは、サンクトペテルブルクの四階建てのビルに、二十四時間シフトで働く四百人のネット荒らし（トロール）の労働力を集めはじめた。その多くは二十代と三十代のヒップスターたちで、スタイリッシュな服装に、最新の髪型をしていた。ＩＲＡで四カ月間耐えた失業中の教師マラト・ミンディヤロフは、その仕事が彼に「白を黒、黒を白と書く」ことを要求したといった。「最終的にあそこにたどりついたとき、最初に感じるのは、自分が、嘘をつくことを、真実ではないことをいうのを、製品の組立ラインに変える、ある種の工場にきたということだった」。

ＩＲＡは、〈翻訳部〉とも呼ばれる新しい部門〈アメリカ局〉を作った。同局は新規採用者のアメリカ英語の流暢さと、アメリカの政治論議の論調にたいする理解力を入念に審査した。英語の流暢さは多くの場合、完璧に少しおよばなかったが、論調にたいする理解力は通常、かなりすばらしかった。同局はインターネットの知識が豊富な若い従業員を訓練して、アメリカ国民を分断する論点を理解させた——銃所持の権利、ゲイの権利、移民問題、南部連合国旗とその人種差別的な意味合い。彼らはアメリカの政治体制の亀裂を深められるようなやりかたで、オンラインで議論する方法を学んだ。IRAの三等級の従業員のアレクサンドラ・クリロヴァと、IRAのデータ分析を監督する新規採用者アンナ・ボガチェヴァは、二〇一四年夏、アメリカを海岸から海岸まで横断する偵察任務を実施し、カリフォルニア、ネヴァダ、ニューメキシコ、コロラド、イリノイ、ミシガン、ルイジアナ、テキサス、ニューヨーク各州に滞在して、その道中で知見や情報を収集した。べつのスパイはアメリカ人のふりをして、テキサス州の草の根組織のメンバーとチャットをして、フロリダ州のような政治的対立の絶えない「パープル州」〔赤がシンボルカラーの共和党と青がシンボルカラーの民主党の支持率が拮抗している州〕に焦点を合わせるべきだという知見を得た。同州では二〇〇〇年の大統領選挙が数百票の疑問票によって決していた。

　IRAはアメリカ人を研究して、なにが彼らを怒らせるのかを理解し、アメリカ人のように考え、話し、書く方法を学び、アメリカにたいする新種の政治戦の先頭に立とうとした。サンクトペテルブルクのネット荒らし（トロール）のひとりはのちにロシアの記者にこう語った。「われわれの任務はアメリカ人を自国の政府に対抗させ、不安と不満を引き起こすことだった」。最初から、その任務はアメリカの政治体制のなかに内戦を誘発することだった。共和党主導の上院情報委員会が公表した報告書がいったように、ロシア人たちは、「現実とフィクションのあいだの境界線をぼやかし、メディア事業体と情報環境、政府、国民相互、そして民主主義への信頼をそこな」おうとした。アメリカ人がそれに気づくのには何年もかかった。アメリカの大統領も、彼の軍と情報機関のいずれも、二〇一五年前半に迫りつつあった攻撃のほんのかすかな警告さえ受けていなかった。そのころには、アメリカは政治戦の領域からほとんど手を引いていたのにたいして、ロシアは破竹の勢いだった。

アメリカの民主主義は、自ら招いた傷によってじょじょに体力を奪われ、すでに苦境におちいっていた。その結果、アメリカ政府の民主主義的理想の推進は、死に瀕していた。「おそらく、民主主義の不景気のもっとも気がかりな側面は、アメリカをふくむ西側で、民主主義の有効性とエネルギー、そして自信が減少したことである」と、著名なアメリカの政治社会学者のラリー・ダイアモンドは二〇一五年一月に書いた。「アメリカの民主主義が効果的に機能していないという感が深まっている」。投票率は低下しつつあった。選挙運動の費用は巨額だった。政治における黒い金の役割が急増した。政府にたいする大衆の信頼は薄れつつあった。礼譲や礼儀正しさ、他人のいうことにも一理あるかもしれないという思いやりは、失われようとしていた。陰謀論が流行した。ニュースキャスターたちは絶叫した。誰もがほかの誰とでもいい争っていた。議会とケーブル・ニュースとフェイスブックとツイッターの政治論議は、刻一刻とがさつになっていった。プーチンと彼の国営メディアは、アメリカの苦労を暴露し、民主主義をあざ笑い、専制政治を奨励した。「世界はこのすべてに注目している」とダイアモンドは警告した。民主主義の不景気は、「独裁者にいまや圧力が弱まったことを気づかせる。彼らはメディアを検閲し、抗議を叩きつぶして、彼らの支配を永続させるために、ほとんどなんでも好きなことができる」。

二〇一五年六月十六日、アメリカでも屈指のがさつな有名人が、アメリカ大統領に立候補すると宣言した。「本当に裕福な」人間――彼自身のような――だけが、「アメリカというブランドを引き受けて、それをふたたび偉大にする」ことができる。聖戦(ジハード)の脅威については――「イスラムのテロは中東の大部分を食い物にしている。彼らは金持ちになった。わたしは彼らと競争する」――金がすべてを変えるだろう。内なる敵の脅威については――「メキシコは、自国民を送りこむとき、彼らの最良の者を送りだしてはいない。彼らはあなたたちを送りだしてはいない。彼らはあなたたちを送りだしていない。……彼らはたくさん問題のある者たちを送りこみ、彼らはそうした問題をわれわれに持ちこんでくる。彼らはドラッグを持ちこむ。彼らは犯罪を持ちこむ。彼らは強姦魔だ」――彼の不動産業の専門知識が国を救うだろう。「わたしは大きな壁を作るつもりだ。そして、誰もわたしよりうまく壁は作れない、本当だ。そして、わたしはそれをきわめて安く作るつもりだ。わたしは大きな大きな壁を南の国境に作り、メキシコにその壁の費用をはらわせる」。

小説家たちは、こういう人物の出現を予見していた。シンクレア・ルイスの一九三五年のベストセラー『それはここでは起こりえない』は、憎悪をあおる上院議員バズ・ウィンドリップ――「粗野で、ほとんど無学で、容易に見抜ける周知の嘘つき」――の話だ。ウィンドリップは移民にたいする恐怖をあおって一九三六年の大統領選挙に勝利し、つづいてメキシコを侵略する。スティーヴン・キングの一九七九年のサスペンス小説『デッド・ゾーン』は、「冷笑的なカーニバルの香具師」の不動産詐欺師が、大衆迎合の熱気に乗って政治権力の座につき、ホワイトハウスに狙いをさだめる様子を描いた。しかし、これらはフィクションだった。

ほとんどの人間は最初、ドナルド・トランプをあまり真剣に受け止めなかった。彼が大統領になる可能性があるという考えは、人を不安にさせた。彼は詐欺師で、ペテン師だった。トランプは自分自身を金融の天才にでっち上げたが、彼の富は相続したものだった。そして、愚行でむだにしなかった分の富を、彼は詐欺で維持してきた。彼はテレビとタブロイド紙で自分の金メッキの仮面をみがいてきた。彼はしばしば自分が「フェイクニュース」という言葉を発明した――「わたしが思いついたあらゆる言葉のなかでもっとも偉大なもののひとつ」――といい、一九七〇年代以降、自分を売りこみ、ライバルをこき下ろすためにそれを作りだしてきた。

二〇〇九年、トランプはツイッターを発見した。彼は二〇一一年と二〇一二年のあいだずっと、アメリカ大統領に挑発的なメッセージを投稿し、オバマはアフリカ生まれで本当のアメリカ人ではない、違法な大統領、詐称者だという陰謀論をまき散らした。二〇一三年六月、彼はある元KGB職員との政治的密会を熱望すると表明した。「プーチンが十一月のモスクワの〈ミス・ユニバース世界大会〉に行くつもりだと思うかい――もしそうなら、彼はわたしの新しい親友になるかな?」。奇妙なことに、彼は公然と、何度もくりかえして、ふたりはすでに関係があるといっていた。それは誰に聞いても嘘だった。モスクワでは、彼は自分がオーナーの美人ショーで、祭壇にぽつんと残された花嫁のように、プーチンは来るだろうかと何度もたずねた。彼は残念賞をもらった。二〇一四年三月の〈保守政治活動会議〉で、彼はプーチンが自分に「すばらしいメモがついたすばらしいプレゼント」を贈ってくれたと得意げに話した。それは本当だった。それは黒い漆塗りの箱で、なかには封印された手紙が入っていた。手紙になんと書いてあったかは、あきらかにされていない秘密である。その数日後、彼はこうツイートした。「わたしはプーチンがひきつづきロシア帝国を再建すると確信している」。五月、彼はこのご機嫌取りの謎をいっそう深めた。「わたしはプーチン大統領と間接的に――そしてじかに――話したが、彼はこれ以上ないほど親切だった」。ふたりは一度も会っていなかった。もしなにかがふたりのあいだで起きていたとしたら、それは、ウィンストン・チャーチルがスターリンのロシアについていったように、謎のなかの、謎につつまれた、謎だった。

サンクトペテルブルクとモスクワでは、アメリカの民主主義にたいするロシアの攻撃のリーダーたちが、トランプを子細に研究して、彼の立候補にぴったりはまった政治戦の戦略を立案した。トランプの大統領選挙運動がはじまって二十五日目の二〇一五年七月十一日、彼は、ラスベガスの自由主義者の大会〈フリーダムフェスト〉で演説した。聴衆のなかには、全米ライフル協会に潜入して右派の活動家に影響をおよぼすために送りこまれた赤毛のロシア人諜報員マリア・ブティナがいた。彼女はモスクワの上司から吹きこまれた質問を直接彼にぶつけた。トランプは、ウクライナ侵攻後、オバマがロシアに課した懲罰的な経済的および政治的制裁をつづけるつもりか？「わたしはプーチンを知っています」と彼はいった。これもまた容易に見破れる嘘だった。「プーチンとはとてもうまくやっていけるでしょう。……わたしは制裁が必要だとは思いません」。これはクレムリンにとってきわめて重要な情報だった。制裁はロシアのルーブル暴落の火付け役となり、経済を維持するために必要不可欠な唯一の臓器ともいえる同国のエネルギー産業が借金を借り換えるのをじゃましてきた。ある推定によれば、制裁は一年のあいだにロシア経済の四分の一から三分の一を破壊した。国民の給料は減少し、貧困は増大して、プーチンに敵対する政治勢力は彼の激しい弾圧にもかかわらず伸張した。

ラスベガスでの接触から数週間後、プーチンの主要なプロパガンダ担当者のひとりが、トランプのために仕事に取りかかった。コンスタンチーン・ルイコフは、インターネットに精通しているおかげで大金を稼ぎ、ロシア議会選挙で当選を勝ち取った。彼はツイッター上ではクレムリンの外交政策ネット荒らし（トロール）のチーフだった。彼はウェブサイト――Trump2016.ru――を作って、トランプのはじまって間もない選挙運動への支持を世界に流しはじめた。トランプは気づいた。「ロシアと世界がすでにふたたびわれわれに敬意をはらいはじめている！」と彼はツイートした。プーチン本人がじきに一枚くわわって、トランプを「じつに個性的」で、「才能にあふれ」、「完全に大統領レースの先頭走者」と呼ぶことになる。トランプはこの見解をさらに進展させた。「人が誰かを『才気あふれる』というとき、それはつねにすばらしいことだ」と彼はいった。「とくにその人物がロシアをひきいている場合には」。

彼はプーチンを賞賛し、NATOは「時代遅れ」だと主張することで、自分がほかの共和党候補たちとはちがうフィールドに立っていることをしめそうとした。彼は同盟を怠け者の集まりと呼んだ。

イギリスからエストニアにいたる各国は、自由世界の防衛のための公正な分担を支払わずに、「アメリカを食い物にして」いる。「彼らは支払わなければならないか……さもなくば出ていかねばならない。そして、もしそれでＮＡＴＯが解体するなら、ＮＡＴＯは解体する」。このすべてはロシア人にとって好ましい状況だった。ロシア人たちは、彼らが選んだ候補者がモスクワに〈トランプ・タワー〉を建設するために、プーチンの取り巻きとひそかに交渉していることを知っていた。このベンチャー事業から彼は五千万ドル以上をポケットに入れていただろうし、その豪華なペントハウスを彼はプーチンに提供するつもりだった。

　プーチンのスパイとＩＲＡのネット荒らし（トロール）たちは、トランプの声明のすぐあとにつづいて、大統領レースに全力で参加した。彼らの選挙運動は、二〇一九年十月に上院情報委員会が報告したように、「最初、推測されていたよりもはるかに複雑で戦略的なアメリカにたいする攻撃」だった。ＩＲＡは何千万という有権者に手をのばした。フェイスブックですくなくとも一億二千六百万人、インスタグラムで二千万人、ツイッターで百四十万人のアメリカ人とつながった。その結果、フェイスブックで七千六百万回のやりとり、インスタグラムで一億八千七百万回の反応が生じた。そのツイッター・アカウントは、トランプとその息子たち、親しい補佐役たちのほかに、約四十人のアメリカ人ジャーナリストをふくむ無数の人々にリツイートされた。トランプを支援するＩＲＡの投稿と反論——フェイスブックで二千五百六十三回、インスタグラムで一万三千百六回、ツイッターで四十三万百八十五回——は、彼の競争相手に反対するＩＲＡのメッセージをはるかに超えていた。ＩＲＡはユーチューブに千本以上の動画を上げた。合計でざっと一千五百万ドルをついやし、アメリカ全土で四十件のべつべつの政治的抗議運動を組織した約百人のアメリカ人に金をはらった。二〇一五年の盛夏には、アメリカ人のふりをした数千の偽の人格からなる見えない師団であるＩＲＡの打撃部隊が、彼らが選んだ候補者のために交戦中だった。彼らのツイッターのプロフィールでもっとも一般的な言葉は、〝神〟、〝クリスチャン〟、そして〝トランプ〟だった。

ＩＲＡ軍は、〈右翼〉、〈左翼〉、〈黒人〉の三つの戦線で戦った。

右翼戦線は、トランプへの強力な支持を表明し、彼の共和党の対立候補を猛烈に攻撃した。移民からイスラム聖戦、黒人大統領にたいする人種差別的憎悪にいたる、陣営内に分裂を引き起こしかねないあらゆる問題を利用して、保守派と右派の有権者にトランプの絶対的な力を支持するよう訴えた。七月には、トランプがロシアにかんしてじつに賢明な政策をとるだろうと予測する、クレムリンの語り口を開始した。片言の英語で書かれた強力なメッセージがすぐにつづいた。「@stop_refugees: トランプは自分がプーチンから賞賛されているといい彼を絶対的指導者と呼んでロシア大統領にたいする支持を表明している。……われわれがロシアと協力できなければ、それはよいことではない、とトランプはいった。そう、わたしが思うに、われわれはロシアを敵ではなく味方に必要としている、なにがいいたいんだ #usdaily#news#hotnews#newspaper#coffee#reading#local#cnn#foxnews#nbc#nytimes#morning#politics#usa#america#americannews#followme#trump#russia#putin」。この投稿は、ＩＲＡの「ハッシュタグ・ゲーマーたち」の仕事の典型だった。彼らはホットな話題にかんするコメントをひねりだして、それを売りこんだ。もっともホットなタグには、「#Trump2016」と「#MAGA」が入っていた。

左翼戦線は、プーチンが長年嫌ってきたヒラリー・クリントンを打ち負かすのに力を貸すよう上層部から命令を受けていた。彼女は二〇一五年四月、ユーチューブの動画で大統領に立候補するつもりだと公式に発表した。彼女が大統領職を手に入れることに成功するかどうかは、主流派と左派の民主党員両方の忠誠心にかかっていた――オバマに投票した有権者、若い有権者、そしてとくに黒人の有権者の。その多くは、彼女が資金調達の面でウォール街やアメリカの実業界と密接な関係があることに慎重な目を向けていた。IRAにはそのための計画があった。IRAはクリントンを攻撃するためだけでなく、投票率を下げ、選挙ボイコットを助長し、泡沫候補である緑の党のジル・スタインを持ち上げるために、余分に働いた。

ハーヴァードで教育を受けた博士のスタインは、それまでのどんな大統領候補ともちがっていた。彼女は実質上、統一ロシアの公認候補として出馬していた。彼女はRTのアメリカ向けネットワークで立候補を発表していたし、プーチンのチームはあきらかにアメリカの民主主義と外交政策にたいする彼女の批判を気に入っていた。彼女は二〇一五年七月に、アメリカがウクライナの「民主的に選出された政府にたいするクーデタを扇動するのに手を貸した」と断言した。ウクライナでは「超国家主義者と元ナチが権力の座についた」と。まさにクレムリンの立場のくりかえしである。彼女は、テレビ放映されたRTの十周年記念晩餐会で、プーチンの賓客だった。同じテーブルについて、カメラに向かって微笑んでいるのは、すごい面々だった。プーチン、スタイン、元KGBの頭領、プーチンのプロパガンダ係のトップ、そしてマイクル・フリン退役中将である。フリンは晩餐会の六週間後に、トランプの選挙運動にくわわった。彼は短気な男で、国防情報局の長官を不服従で馘になったが、自分の分析員を利用して陰謀論を追いかけさせるのでひどく評判が悪かった。RTは彼の出演のために四万五千ドルを彼に払っていた。彼の同僚たちはクレムリンの金貨を受け取れば彼の名にひどい傷がつくと警告したが、どうせ彼は気にしていないとも思っていた。(トランプのホワイトハウス国家安全保障担当補佐官としてのフリンの二十七日間の日々は、彼が自分とロシア人との会話についてFBIに嘘をついたあとで終わった。)

スタインは、モスクワへの旅費を自分の選挙運動資金で支払ったといったが、RTは彼女に払い戻しをした。同局はアメリカ向けチャンネルでホワイトハウスをねらう彼女を支援するニュースを百回以上放送し、彼女の立場――「ヒラリー・クリントンへの投票は、戦争への投票です」――をくわしく報じたが、これは確実にＩＲＡの党路線と一致していた。「彼女はロシアの資産（アセット）です――それも、完全に」とクリントンは選挙から三年後に語った。興味深く、扇情的な非難である。スタインがクレムリンの外交政策と足並みをそろえて行進していたという事実は、当時、ほとんど注目されなかったし、彼女がアメリカ政治史上の大半の泡沫候補よりも重要かもしれないという可能性も同様だった。選挙の日、彼女は百四十五万七千二百十六票を獲得した。ＩＲＡはアメリカ人に、「ジル・スタインへの投票は、死票ではない」といってきたし、それは事実となった。ミシガン州、ペンシルヴェニア州、そしてウィスコンシン州――選挙人団で勝者を決定する三州――のスタイン票は、トランプの勝差を上回っていた〔この三州ではいずれも得票率一パーセント以下の僅差でトランプがクリントンに勝利をおさめた。スタインの得票率はそのいずれもの差を上回っていた〕。

ＩＲＡの黒人戦線は、多くの面で、もっとも大きかった。「アフリカ系アメリカ人ほどＩＲＡの情報工作員の標的となったアメリカ人集団はなかった」と、上院情報委員会は二〇一九年、答申した。「人種とそれに関係する問題は、国を分断するために計画された情報戦キャンペーンで断然好まれた標的だった」。黒人社会に向けたＩＲＡのメッセージは、スタインを支持するよう働きかける場合もあったが、選挙を完全にボイコットするよう主張する場合がはるかに多かった。投票をひかえさせる活動は、数十の都市に狙いをさだめたが、とくに白人警察官による黒人市民の殺害が〈ブラック・ライヴズ・マター（黒人の命も大切だ）〉運動の引火点となった社会が狙い撃ちされた。黒人戦線は、「われわれの票は重要ではない」、「ヒラリー・クリントンには投票するな」そして「まったく投票するな」といったメッセージでアフリカ系アメリカ人を投票箱に近づけないようにするのに圧倒的な努力をはらった。ＩＲＡの〈ウォーク・ブラック（目ざめた黒人）〉インスタグラム・アカウントは、

「トランプにたいする特定の誇大広告や憎しみは、人々をあやまった方向にみちびき、黒人にキラリー票を投じさせる。われわれはふたりの悪魔のうちのましなほうにたよることはできない」と主張した〔「キラリー」は、「ヒラリー」と「キラー（殺し屋）」をかけ合わせた蔑称〕。

ＩＲＡのフェイスブック・ページのひとつ、〈ブラックティヴィスト〉は、一千百二十万回のエンゲージメント〔いいね！や、コメント、シェアなどの総数〕を達成した。ＩＲＡのユーチューブのコンテンツの九十六パーセントが、人種をあつかっていた。もっとも扇動的な動画は、一九八四年のロサンゼルス・オリンピックに参加するアフリカ系とアジア系のアスリートに宛てたクー・クラックス・クラン（ＫＫＫ）の偽造された手紙を思いださせた。ユーチューブの動画は、〈ヒラリー、選挙運動のためにＫＫＫから二万ドルの献金を受け取る〉と題されていた。ＩＲＡは、〈ブラック・バプテスト教会〉のアフリカ系アメリカ人説教師や、政治集会に出席するフォロワー、抗議運動を記録するカメラマンとの接触をもとめる投稿で、黒人社会から資産（アセット）を募集した。〈ブラック・マターズ（黒人問題）〉と名づけたフェイスブック・ページというメディアのまぼろしをつうじて、著述家や活動家、弁護士に手をのばし、本物のアメリカ人にロシアの政治戦キャンペーンの隠れ蓑を提供させようとした。

右翼戦線は、〈テキサスの心〉でアメリカ人の魂を直撃した。このフェイスブック・ページは、長角牛ロングホーンの写真をかかげて、銃所持の権利と反移民のどぎつい情報を配信し、二十五万人以上のフォロワーと、四百九十万以上のシェア、そして五百四十万以上のいいね！を集めた。ロシア人たちはこれを利用して、陰謀志向のテキサス人のあいだに燃え上がる恐怖の山火事にガソリンを投下した。国防総省がその恐怖に拍車をかけていた。同省は、テキサスからカリフォルニアにいたる七州で、二〇一五年七月十五日以降、〈ジェイド・ヘルム15〉というコード名をあたえられた二カ月間の非正規戦演習に、グリーンベレー部隊と海軍のＳＥＡＬ隊が参加すると発表していた。すぐに〈テキサスの心〉は、ＩＲＡのインスタグラムとツイッター、ユーチューブのアカウントとともに、〈ジェイド・ヘルム〉が、中国のテキサス占領を可能にする心理戦計画でもあり、市民の銃を奪う国連の陰謀でもあり、オバマの間近に迫った戒厳令施行に先がけて保守的な共和党員を一網打尽にするためのコマンドー一斉攻撃でもあり、あるいはある国防情報局分析員が指摘したように、「〈ジェイド・ヘルム15〉が終了した日に起きると予測されている人類滅亡的な隕石の衝突のあとに、戒厳令を施行し、市民を武装解除する軍事計画」でもあると主張した。〈ジェイド・ヘルム〉が右派のテキサス人の銃を奪うか、あるいはテキサス州そのものを乗っ取ろうとする非道なオバマの陰謀であるという考えは、共和党員のテキサス州知事と、共和党の大統領候補であるテキサス州選出のテッド・クルーズ上院議員によって拡大された。知事は連邦軍を監視するためにテキサス州兵を動員し、クルーズ上院議員は、オバマ政権が信頼できないので、国防総省の高官を徹底的に調べているところだと語った。ＩＲＡは一部の有力政治家の頭に入りこんでいた——そして、何百万もの有権者の。

「その時点で、わたしはロシア人たちが『自分たちはばかでかい成功を収められる』といっていたと推測している」。元ＣＩＡとＮＳＡの長官で空軍のマイクル・ヘイデン将軍は、のちにいった。「そして、その時点で、彼らは、『自分たちは選挙プロセスに参加する』と決めたのだと思う」。

最初の大統領予備選挙がまだ四カ月先という二〇一五年九月、ＮＳＡはふたたび〈コージィ・ベア〉の足跡を発見した。メリーランド州フォート・ミードのサイバー・コマンドは、ワシントンのＦＢＩ本部のエイドリアン・ホーキンズ特別捜査官に報告書を送った。ロシア人たちはアメリカの多数の政府省庁や受注企業、シンクタンクに、個人を標的としたフィッシング・Ｅメールを送ってきた。フィッシング・メッセージをクリックした者は誰でも、ロシア人をネットワークに侵入させ、ファイルや文書をあさり回らせることになる。いまや彼らはかつて一九七二年にウォーターゲート事件の建物侵入犯たちの標的だったオフィスに襲いかかっていた。ホーキンズは報告書に目を通して、電話を取ると、民主党全国委員会を呼びだした。

　彼はコンピューター・セキュリティ・チームの長と話させてくれといった。長もチームも存在しなかったので、彼は問い合わせデスクにまわされた。彼は、ヤーレド・テイミンという若いIT受託業者と話した。彼はホーキンズがなにをいっているのかわからず、自分がFBIと話していることさえ完全には信じなかった。「わたしには、さっき受けた電話を、いたずら電話と区別するすべがありませんでした」と、テイミンは内部メモに書いた。ホーキンズはくりかえし電話をかけなおして、メッセージを残した。十月じゅうずっと、テイミンは一度も応答しなかった。「報告することがなにもなかったので、わたしは彼に折り返し電話をかけませんでした」と彼は説明した。十一月になってやっと、ホーキンズはテイミンと連絡がついた。彼は、はっきりとした言葉で、民主党全国委員会のコンピューターがモスクワの「おうちに電話をかけている」〔端末から知らないうちに各種データが折り返し送信されること〕といった。IT担当者はいまや理解した。彼はメモをもう一通、ボスに送った——「FBIは、このおうちに電話をかける挙動が、国家が支援する攻撃の結果の可能性があると考えています」——が、民主党全国委員会のリーダーたちは当時、それを理解しなかった。長い四カ月が経過してやっと、彼らは現実と向き合い、サイバーセキュリティ・チームをたのむことを検討した。

　二〇一六年二月には、ロシアの情報機関は、その集合的エネルギーを全力でアメリカ大統領選挙に向けていた。その同じ月、ポール・マナフォートはトランプの選挙運動の本部長をつとめると申し出た。ふたりがはじめて出会ったのは一九八二年、トランプがロビイストとしてマナフォートを雇い、モブツ将軍やルパート・マードック、全米ライフル協会といった顔ぶれがならぶ顧客リストにくわわったときだ。三月、マナフォートはフロリダ州のトランプのマーラーラーゴの別荘に出向き、無料奉仕を申し出た。大統領候補にとっては、じつにいい提案に思えた。いかなる審査も適正評価もなかった。トランプはそういったこまかいことにはこだわらなかった。このニュースが報じられると、国務省のロシア通のトップであるヴィクトリア・ヌーランドは、嫌悪感で後ずさりした。「マナフォートですって！」と彼女は心のなかでつぶやいた。「彼は十五年前からロシアの密告者よ」。

クレムリンは、マナフォートにかんする最高級の〈コンプラマート〉を握っていた。マネーロンダリングに手を染めるこのロシア・ロビイストは、億万長者のアルミニウム王オレグ・デリパスカに何百万ドルもの借りがあった。デリパスカの仲間には、ロシア・マフィアとロシア国家の両方の指導者たちが名をつらねていた。（アメリカの外交電文は彼を、「プーチンが定期的に助力をもとめる二、三人の新興財閥のひとり」と呼んだ。）借金の原因は、失敗したウクライナのケーブルネットワーク買収計画によるもので、デリパスカは総額一千九百万ドルをもとめていた。マナフォートは二〇〇五年にデリパスカと高額の政治コンサルタント契約を結んだあとで、ニューヨークの〈トランプ・タワー〉の豪華なコンドミニアムを購入していた。マナフォートは、自分の政治的手腕が「プーチン政権に大いに役立つ」だろうと書いている。彼は当時、自分がすでに「アメリカ政府の最高レベルで――ホワイトハウスとキャピトル・ヒルと国務省で」、過去と未来のウクライナ大統領であるヴィクトル・ヤヌコヴィッチのために政策を推進していると自慢していた。マナフォートは総額で一千七百万ドル以上を――一千二百七十万ドルは帳簿外で――ヤヌコヴィッチから受け取って、何年も資金を洗浄していた。彼はこうした取り引きに関連して二年近くＦＢＩの捜査対象になっていたが、同局はまだ立件にはいたっていなかった。彼がトランプの選挙運動のトップについたことは、きっとモスクワでは喜びをもって迎えられたにちがいない。とくに、マナフォートが共和党の政治方針から主要事項のひとつ――ロシアの占領と戦うウクライナへの軍事支援の公約――を除外する手助けをしたときには。この計略は、彼の昔からの仕事仲間であるロシアの情報工作員コンスタンチーン・キリムニクのたっての要請で実現した。マナフォートはつぎに、トランプ選挙運動本部の内部情報を彼に提供して、デリパスカからの借金を相殺しようとした。

プーチンのスパイたちは、彼の腐敗ぶりをFBIよりよく理解していた。「敵方の〈コンプラマート〉を握っているのは、よろこばしいことだ」と、ロシアの作家でジャーナリストのユリア・ラトゥイニナは、プーチンが最初に権力の座についたとき、そう書いた。「身内の〈コンプラマート〉を握っておくことは、必須である」。

ロシア人たちはトランプの選挙運動内部の「パリェーズヌイ・ドゥラーク」――役に立つ馬鹿――をもとめていた。自分では知らずに彼らのために働く人間を。変人と奇人の集まりである、トランプの小さな外交政策集団のなかには、何人かの選択肢があった。四月二十六日、そのチームの新顔で、ジョージ・パパドポウロスという二十八歳のエネルギー・ロビイストが、ロンドンのホテルで、知り合ったばかりのジョーゼフ・ミフスードという謎めいた男と朝食を取った。かつてマルタ外務省の官房長だったミフスードは、毎年、プーチンがひきいる〈ヴァルダイ討論クラブ〉――ダヴォスやアスペンで開かれるエリート会議のまさにロシア版――の常連だった。ミフスードはプーチンを熱心に信奉していた。ミフスードはパパドポウロスがトランプのために働いていると知って、笠貝のように彼にがっちりと取りついていた。これは、ロシアでよくいうように、偶然ではなかった。ミフスードはロシアにスカウトされた工作員で、諜報活動の用語でいえば、彼はタレント発掘係だった。彼はパパドポウロスを教化し、彼が「プーチンの姪」と呼ぶ女性（プーチンに姪はいない）と引き合わせ、彼がロシア外務省の高官という男にEメールで接触させた。これはたぶん情報機関員だろう。パパドポウロスは、水から上がった魚で、すっかりだまされた。ミフスードは彼に重大な秘密をうちあけた。

ロシア人たちはクリントンのスキャンダルを握っている。連中は彼女のEメールを持っている。それも何千通も。パパドポウロスは夢中になり、トランプとプーチンとの会合を手配しようとする仕事に取りかかったが、これは彼の理解をはるかに超えた難題だった。そして、五月十日、国際的陰謀というつるつるすべるポールを必死によじ登ろうとするパパドポウロスは、ロンドンの高級バーで飲みすぎて、会ったばかりの外交官に秘密をうちあけてしまった。アレグザンダー・ダウナーという、イギリス駐在のオーストラリア特命全権大使である。ダウナーはあとになるまでこれをどうしたらいいのかよくわからなかった。CIAとFBIが数カ月のうちにこの話を耳にすることになる。

　五月二十六日、トランプは共和党の大統領候補者指名をつかみとった。その翌日、彼はプーチンを強力な指導者と呼んだ。彼がプーチンを賞賛したり、ふたりは偉大な関係を築くだろうと予言したりしたのは、これが二十八回目だった。六月三日、モスクワの〈ミス・ユニバース世界大会〉のときにトランプと仲良くなったふたりのロシア人が接触してきて、彼の息子のドナルド・トランプ・ジュニアに、ロシア政府の特使がクリントンにとって不利な情報をとどけたがっているとつたえた。「もしそれがおっしゃるとおりものなら、じつにすばらしい」とトランプの息子は答えた。「とくに夏の後半なら」。六月七日、ジュニアはニューヨークの〈トランプ・タワー〉で会合を手配し、マナフォートとトランプの義理の息子のジャレド・クシュナーがロシアの特使と会った。チーム・トランプとチーム・プーチンのあいだでは三十八回の会合と二百七十二回の接触がFBIによって記録されている。選挙活動の高級幹部やアドバイザーのうち三十三人がこの接触のことを知っていた。トランプもふくめ、その全員が、捜査官やジャーナリスト、議会のメンバーに質問されたとき、嘘をついたりごまかしたりして、こうした接触を隠したのである。この秘密行為の正直な弁明は存在しない。FBIはなぜ彼らが全員嘘をついたのかという疑問を解決できなかった。

六月八日、〈グッチファー2・0〉なるネット上の仮想人物が主宰する〈DCリークス・ドットコム〉というロシア軍情報機関の隠れ蓑が、盗んだ民主党全国委員会の文書をネットの政治領域に紙吹雪のように投下しはじめた。〈インターネット・リサーチ・エイジェンシー〉（IRA）は、勢いづいてメッセージをばらまいた。「トランプはよりよい未来のためのわれわれの唯一の希望だ！」。ロシアの攻撃はいまや多岐にわたる戦争で、IRAの激しさを増すプロパガンダ・キャンペーン――〈#トランプ4プレジデント、#ヒラリー4プリズン〉――は、モスクワのスパイが盗んだ何ギガバイトもの情報で過熱していた。クリントンの選挙事務長のジョン・ポデスタは、特定の人物を狙ったフィッシング詐欺のメールをクリックしていて、モスクワのハッカーは彼のメールアカウントを盗んでいた――五万通以上のEメールを。民主党下院選挙委員会のある職員は、偽のログイン・ページへのリンクを開き、ロシア人たちが委員会のコンピューター・ネットワークに侵入して、マルウェアを仕込み、ファイルをあさって「クリントン」や「トランプ」のようなキーワードを検索することを許した。ロシア側は盗んだ情報を政治戦の武器に変えた。彼らは準備をととのえ、狙いをつけていた。六月十二日、〈ウィキリークス〉の魔法使い、ジュリアン・アサンジがイギリスのテレビ局ITVのインタビューに応じた。「ウィキリークスにとってはひじょうに大きな一年になります」と彼はいった。「われわれにはヒラリー・クリントンにかんする公表待ちのEメールがあります」。

民主党全国委員会は、メール窃盗の背後に誰がいるのかをつきとめるために、〈クラウドストライク〉社からサイバーセキュリティ探偵をやとっていた。彼らはいまや答えを得た。〈コージィ・ベア（くつろいだ熊）〉と〈ファンシー・ベア（珍種の熊）〉だ。しかし、〈熊たち〉がIRAとアサンジに餌をあたえていることは誰も知らなかった。〈ウィキリークス〉は二〇〇六年に政府の秘密主義に反対する過激派勢力としてはじまり、秘密を守る者たちからは恐れられ、嫌われたが、それを公表する者たちからはそうではなかった。ある時点で——まちがいなく彼が二〇一二年に強姦容疑で保釈中に行方をくらまし、ロンドンのエクアドル大使館で亡命をもとめたあとで——アサンジはロシア情報機関の道具となった。彼はイギリスのテレビで脅しをかけたすぐあと、大使館でRTのロンドン支局長の訪問を受け、支局長は彼にUSBドライブをこっそり手渡した。七月十四日、〈グッチファー2・0〉の仮想人物を使うロシアのハッカーたちが、「ビッグ・アーカイヴ」と題する暗号化ファイルを彼に送った。七月十五日、同じ〈グッチファー〉が公開で脅しをかけた。「文書の主要部分、何千というファイルとメールは、〈ウィキリークス〉にわたした。彼らはじきにそれを公開するだろう」。そして七月二十二日、アサンジはこうツイートした。「ヒラリーの準備はいいかな？　われわれはきょう、民主党全国委員会のトップからの二万件のEメールを皮切りに、一連の投稿を開始する」。すぐに内部通報者をよそおったロシアの情報機関員たちが、民主党全国委員会の文書をおさめたプロテクト付きサイトのパスワードとともに、アメリカの記者たちにダイレクトメッセージを送っていた。

民主党全国委員会のリーダーたちは、クリントンの最大のライバルであるバーニー・サンダーズ上院議員について、いくつか辛辣なことを書いていて、それが四日後、フィラデルフィアで民主党大会が開かれると、彼の熱心な支持者のあいだに憤激の嵐を巻き起こした。〈クラウドストライク〉社のおかげで、クリントンの選挙陣営は、いまや自分たちが外国からの熟練したひそかな攻撃を受けていることを知っていた。選挙運動本部長のロビー・ムークはCNNにこう語った。「専門家はロシアの国家主体が民主党全国委員会に侵入し、これらのEメールを盗んだといっていますし、ほかの専門家はいま、ロシア人が実際にトランプを助ける目的でこれらのEメールを公表しているといっています」。トランプはこの考えをツイートであざ笑った——「プーチンはわたしが好きだから、ロシアが民主党全国委員会の破滅的なEメールをリークしたというのが、街に出回っている新しいジョークだ。あんなメールは書くべきじゃなかった（馬鹿馬鹿しい）。」――そして、主流メディアの多くの人間は、ムークが桁外れに奇妙な作り話をでっち上げようとしているのかもしれないと思った。選挙運動の報道陣、あの百万本の足をもつムカデは、ロシアがそれを盗んで公開したという事実ではなく、ヒラリーのEメールの存在そのものに釘づけにされていた。

七月二十四日、《ニューヨーク・タイムズ》は、敏腕記者のデイヴィッド・サンガーとニコール・パールロスによる先見の明のある記事を掲載した。それはこうはじまっていた。「ある奇抜な疑問が、フィラデルフィアでサイバースペシャリストやロシア専門家、民主党指導者たちの注意を引きつけている。ウラジーミル・V・プーチンは、アメリカ大統領選挙に干渉しようとしているのだろうか？」。トランプは記事を抑えこもうとした。彼は記者会見で、「このロシアについての一件全体」が「馬鹿げている」と力説した。彼は、「わたしはロシアとなんの関係もない」といって、それを五回くりかえした。それにつづいて、彼はクレムリンにあいさつを送った。「ロシアよ、もし聞いているのなら、わたしはきみたちが欠けている三万通のEメールを見つけられるよう願っている」。ロシアは聞いていた。その五時間後、ロシアのハッカーたちはクリントンの個人事務所が使っているドメインを攻撃した。

ロンドンでは、オーストラリアのアレグザンダー・ダウナー特命全権大使が大西洋の向こう側の政治的な騒動に気づいた。それがトランプの大ぼら吹きの副官パパドポウロスと、ロシアがクリントンのスキャンダルを握っていると彼が興奮していた記憶を呼び覚ました。彼の話はイギリスのアメリカ大使館にとどいた。ロンドンのCIA支局長ジーナ・ハスペルはヴァージニア州ラングレーの局本部に伝言した。彼女のボスであるジョン・ブレナンCIA長官は、《タイムズ》の記者が提示した疑問の答えはイエスだと確信するようになりつつあった。彼の同僚のジェイムズ・コーミイFBI長官は、ダウナーから事情を聞くためにふたりの捜査官を派遣したあと、浮上した証拠を熟考し、分析した。サイバーセキュリティ側の総意は明白だった――〈熊たち〉はクリントンを袋叩きにしている。イギリスとオランダの情報機関は、〈熊たち〉がロシアのご主人様の音楽に合わせて踊っていることを疑いなく証明する情報を教えてくれた。さらにFBIはいまや、イギリスの古参スパイのクリストファー・スティールの目の離せない報告書を読んでいた。スティールはクリントンの選挙運動にやとわれたワシントンの私立探偵会社のために働いていた。FBIはかつてスティールと協力したことがあり、専門分野であるロシアについての彼の報告はきわめて信頼できることを知っていた。スティールはすでに、信頼できる親友であるローマ駐在のFBI法務アタッシェにも自分の調査結果を教えていて、それがFBI本部に伝達されていた。報告書はこうはじまっていた。

ロシア政権は少なくとも五年間、トランプを教化し、支持し、支援してきた。プーチンが承認するその狙いは、西側の同盟の分裂と分断を促進することである。……

いまもクレムリン内部で活動する元トップレベルのロシア情報機関員は……トランプ工作がロシアのウラジーミル・プーチン大統領の支持と指揮を両方受けていると断言した。その狙いは、アメリカの内部と、それにもましてロシアの国益に反すると見られる大西洋をまたぐ同盟関係の内部の両方に、不和と不一致の種をまくことである。……

あるロシアの財務高官は、トランプ工作を、第二次世界大戦後に確立された理想にもとづく国際秩序ではなく、国益に根差した十九世紀の「大国」政策に回帰したいというプーチンの願いの観点から見るべきだと語った。

七月三十日、コーミイは、ローリングストーンズに敬意を表して〈クロスファイア・ハリケーン〉というコード名をあたえられたFBI対敵諜報捜査を開始した。担当捜査官たちは史上前例のない疑問に直面した。アメリカ大統領に立候補したこの共和党員は、「パリェーズヌイ・ドゥラーク」、つまりプーチンの大義のためにわけもわからずプロパガンダを垂れ流す、役に立つ馬鹿なのか？（二〇一〇年から二〇一三年までCIAの長官代理と副長官をつとめたマイク・モレルは、その一週間後、《タイムズ》で、まちがいなくそうだ、と意見を述べた。「情報業界では、ミスター・プーチンがミスター・トランプを、本人も知らないうちにロシア連邦の工作員として引き入れていたというでしょう」。）しかし、愚かさと無分別は、FBIが取り締まるべき連邦犯罪にはあたらない。捜査官たちは考えられないことを考えなければならなかった。それには想像力の飛躍が必要だった。トランプはロシア人にあやつられているのか？　彼らはトランプの〈コンプラマート〉を握っているのか？　彼はエイジェント・オブ・インフルエンスなのか？　これはKGB自身が発祥の用語で、その意味合いは、アメリカの対敵諜報マニュアルの二〇一四年版でこう説明されていた。「かなりの地位にある工作員で、その立場を利用して、世論や意思決定に影響をおよぼし、その工作員をあやつる情報機関の母国に有益な結果をもたらす」。

　こうした問題について知見があるかもしれない唯一の人物は、口を割らなかった。ポール・マナフォートは八月中旬、ウクライナにおける腐敗した取り引きと、クレムリンの新興財閥デリパスカとの秘密の関係が《ニューヨーク・タイムズ》に暴露された結果、トランプの選挙運動本部長を解任された。共同謀議と詐欺で起訴されたあと、彼は、ロシアの情報工作員であることがわかっている、彼の仲間のキリムニクとの政治的な接触について、FBIに嘘をついた。彼に七年半の刑を言い渡した女性判事は、彼が自分だけでなく上司たちを守るためにこれらの接触について嘘をついたのだろうかと疑問を口にした。彼女は自分の疑問に自分で答えた。わからない。プーチンの内輪のサークルにつながりのある者たち——マナフォートや不祥事を起こした国家安全保障担当補佐官マイク・フリンのような——の口の堅さは、対敵諜報事件の重要な疑問を解決することを不可能にした。特別検察官のロバート・ムラーが結論づけたように、「こうした嘘は、ロシアの選挙干渉にかんする捜査にきわめて有害だった」——そして、アメリカ人の誰かがアメリカの民主主義への攻撃を助け、そそのかしたのかという疑問にたいする捜査にも。

マナフォートに代わって選挙活動の舵取り役をつとめたのは、トランプの先任イデオローグのスティーヴ・バノンだった。彼は有名な極右ニュースサイトの創設者で、かつてあるカクテルパーティで新保守主義(ネオコン)の歴史家と会話を交わした際に、自分は爆弾を投げつけるボルシェヴィキだと称したことがあった。「わたしはレーニン主義者なんです」とバノンはいった。「レーニンは国家を破壊することを望んでいた。わたしが目ざすものもそれです。わたしは、なにもかもぶち壊したい」。バノンはトランプにたいするそのアナーキスト的影響力をホワイトハウスに持ちこむことになるが、そのかんにアメリカの選挙政策にかんする彼の簡潔な理論を完成させた。「民主党はどうでもいい。真の相手はメディアだ。そして、彼らへの対処法は、あたりを嘘で水浸しにすることだ」。

ロシアは、大統領の椅子をめぐる戦いが本格的になると、あたりを消防ホースで水浸しにしていた。しかし、アメリカの情報関係者たちは、十五年たってもいまだに対テロ活動で消耗していて、ロシアの積極的手段の再起動を見守りながら、自分たちがなにを見ているのかよくわかっていなかった。この想像力の欠如は彼らだけのあやまちではなかった。アメリカの政治体制全体が、政府の内も外も、ただぼんやりと突っ立って、まるで列車が通り過ぎるのを見守る牛のように、目を丸くして、なにがなにやらわからずに見つめていたのである。

オバマ政権の上層部の誰ひとりとして、選挙への攻撃が発見されても、それを止めるために動員されなかった。誰も偽情報が光の速さで広まっていくのを止める心の準備ができていなかった。誰もロシアの政治戦がソーシャルメディアの力を使ってアメリカの政治を変えていることを理解していなかった。誰も〈積極的手段作業部会〉を復活させようとは思わなかった。あのドリームチームのテクノロジーに精通したメンバーなら、事態は一目瞭然だったかもしれない。いまやアメリカ人の三分の二がインターネットからニュースを得ていた。そして、有権者の大半は、視界を半分閉ざされた状態で、嘘の自由発砲地帯に足を踏み入れていた。二〇一六年秋、フェイスブックのトップ・フェイク記事が、シェアと反応とコメントの数で、十九大報道機関のトップ・ニュース記事を上回った。トップ記事のうちふたつは、いずれもIRAが強力に後押ししていて、その内容は、教皇フランシスコがドナルド・トランプを大統領に推薦したというものと、〈ウィキリークス〉がヒラリー・クリントンのイスラム国（ISIS）への武器販売を確認したというものだった。これらの嘘は九百万人にとどいた。アメリカの誰も、IRAのでっち上げの規模と影響を理解していなかった。

ホワイトハウスへの戦いがはじまると、トランプの発言は、プロパガンダにつぐプロパガンダの連続になった。彼は、IRAのネット荒らし（トロール）たちの想像力豊かな頭やインターネットの最果てから直送された話題や陰謀論を何度もくりかえし、リツイートした。イランが核科学者をスパイ活動の廉で処刑すると、トランプは、ツイッターで一千八十万人のフォロワーにこう語った。「イランがアメリカを助けた科学者を殺したのは、ヒラリー・クリントンのハッキングされたEメールのせいだと、多くの人間がいっている」。フロリダの騒々しい選挙集会で、彼は、アメリカ人のふりをしているアフリカ系イスラム教徒のオバマが、「ISISの創設者だ。彼は創設者だ。彼がISISを創設した」と主張した。そして、高らかにこうつけくわえた。「わたしにいわせれば、共同創設者は、あのよこしまなヒラリー・クリントンだろう」。

トランプは過去には昔風のプロパガンダの使い手だった。そのためには代わりの現実が必要だった。いまや彼はプーチンがやったようにプロパガンダを実践していた。そのためには現実そのものの破壊が必要だった。『プロパガンダはこう機能する』の著者である哲学者のジェイソン・スタンリーは、この新しい流派の教義をこう要約している。「このことを理解するのは重要だ。政治を部族的アイデンティティをめぐるポスト真実の争いに変えることが、現代プロパガンダの明確な目標である」。その争いはいまや、暴力的なテレビゲームのようになっていた。相手側が死んだら自分側が勝ちの、ヴァーチャルな流血スポーツに。

トランプとIRAと〈ウィキリークス〉は、八月初めに、クリントンが大統領の椅子を盗もうとしていると、そろって手厳しい非難を浴びせた。この話題と、彼女を大がかりな詐欺で告発するネット情報は、ロシアのネット荒らし（トロール）たちがこの思いつきと不正操作された選挙投票用紙の画像をアメリカ人たちにお見舞いすると、たちまちソーシャルメディアとインターネットのすみずみまで拡散した。IRAのフェイスブック・グループ、〈ビーイング・ペイトリオティック〉と、そのツイッター・アカウント、@March_for_Trumpは、トランプ支持者と協力して、フロリダ州とペンシルヴェニア州とニューヨーク州で選挙集会をお膳立てした。ロシア人はアメリカ人に金を払って、平ボディ・トラックに檻を作らせ、クリントンが横縞の囚人服を着て檻に閉じこめられた様子を表現した。トランプは遊説で不正投票の恐怖を煽りたて、彼がよこしまなヒラリーを追及すると、群衆は熱狂して、「彼女をぶちこめ！」と唱えた。トランプは、もしクリントンが勝ったら――当時はきわめてありそうなことに思えた――それは「投票所で選挙を不正操作する」陰謀の結果であり、「じつに多くの都市が腐敗していて、不正投票は日常茶飯事なのだ」といった。彼女はオバマと同様、気が遠くなるような途方もない陰謀によって権限をあたえられた、正当性がない大統領になるだろう。

オバマ政権の絶頂期に、あることがだんだんと理解されはじめた。選挙は実際に不正操作されることがありうる――ロシア人によって。関係者は全員、ロシア人が二〇一四年のウクライナの選挙で投票結果をハッキングして、嘘の結果を書きこんだことを知っていた。彼らがアメリカでまたそれをやるかもしれないと誰もが心配していた。アメリカの旧式な選挙システムを妨害して、登録データを変更し、登録簿から有権者を抹消して、投票を集計するコンピューターにトロイの木馬ウイルスを送りこんで。理論上では、彼らにはそのすべてだけでなく、それ以上のことをできる能力があった。

八月のはじめ、国防長官や国務長官、CIAやFBIや国土安全保障省の各長官など、アメリカの国家安全保障の守護者たちは、おくればせながらホワイトハウスのシチュエーション・ルームで一連の緊迫した会議を開きはじめた。国家情報長官であるジェイムズ・クラッパー退役空軍中将は、この密室会議のリーダーだった。アメリカの軍隊と情報機関で五十五年勤務したクラッパーは、ブッシュ第四十一代大統領とクリントン大統領のもとで国防情報局長官を、ブッシュ第四十三代大統領とオバマ大統領のもとで情報担当国防次官を、そして二〇一〇年以降はCIAとFBIとNSAを監督するアメリカ情報機関のトップの職である国家情報長官をつとめていた。七十五歳の彼は、頭がビリヤードの玉のようにつるつるで、ひどく無愛想だった。

「わたしのダッシュボードの警告灯は全部、点灯していた」とクラッパーは二年後、書いている。

国家安全保障省は、イリノイ州の有権者登録データベースが何週間もサイバー攻撃を受けていて、二十万人の有権者の情報が盗まれていると報告した。つぎはアリゾナ州だった。それからフロリダ州。少なくとも二十一州の選挙システムが標的になっていた。可能性はごくわずかだったが、不安は現実的だった。投票の日の夜は大混乱へと変わる可能性がある。誰が勝ったかは誰にもわからないだろう。クラッパーは同僚たちに、ロシア人がそれほど骨を折る必要はないことを思いださせた。ロシア人たちにはすでに、アメリカのサイバー戦士たちが〈エナージェティック・ベア（エネルギッシュな熊）〉と名づけたマルウェアがあり、アメリカの配電網全体の重要な節点に埋めこまれている。彼らはつい八カ月前の真冬に、その攻撃の手口を使って、ウクライナで何十万という人々への送電を遮断していた。彼らは市民が投票に出かけるときでも、投票が締め切られるときでも、思いのままにアメリカの都市を真っ暗にすることができる。国民は暗闇のなかでじっと座って、来ることのない結果を待つことになる。ロシア人たちがそうする確率はどれぐらいだろう？　誰にもわからなかった。

しかし、ロシア人たちはアメリカの配電網の内部に入りこんでいただけではなかった。トランプの選挙運動組織の内部にもグレムリンを入りこませていた。クラッパーによれば、八月前半には、「ロシア人とトランプの選挙運動はともに、並行して、三つの同じテーマで陰謀論をクリントン長官に押しつけている」ことがあきらかになりつつあった。「彼女は腐敗していて、肉体的にも精神的にも不健康で、そしてイスラム過激思想とのつながりがある」というテーマで。FBIの〈クロスファイア・ハリケーン〉捜査は、チーム・トランプとチーム・プーチンのメンバー間の多くの会合の一部を追跡して解明しはじめていたが、その全部にはほど遠かった。六月の〈トランプ・タワー〉の会合――元KGB将校ひきいるロシア代表団がクリントンのスキャンダルをマナフォートとクシュナーとドナルド・トランプ・ジュニアに約束した――は依然として秘密だった。〈ウィキリークス〉は、ロシア情報機関のたえまないサイバー諜報活動に焚きつけられて、トランプの選挙運動と直接連絡を取り合っていたが、そのことも秘密だった。ただし、そう長いあいだではなかったが。

さらに嘆かわしいことに、ロシア人たちはアメリカ人の頭のなかにも入りこんでいたが、どの程度深くかは誰も掌握していなかった。国家安全保障局と〈クロスファイア・ハリケーン〉チームは、I

RAをほとんど一顧だにしていなかった。これは二〇一五年に《ニューヨーク・タイムズ》のきわめて詳細な暴露記事の題材になっていたが、注意をはらわれていなかった。そして、彼らは依然として現在起きていることをごくおぼろげにしか理解していなかった。しかし、いまでは情報関係者たちも、この程度のことは理解しはじめていた──クレムリンは選挙運動をつけ狙いはじめている。

八月十一日の二度目のシチュエーション・ルームでの会合のあとで、ジョン・ブレナンCIA長官は、オバマの了承を得て、八人組に状況説明をはじめた。上下院の共和党リーダーのミッチ・マッコネルとポール・ライアン、その民主党の同役であるハリー・リードとナンシー・ペロシ、そして上下院情報特別委員会の長たちで、いずれも一部の重大な国家秘密を知る権利を持っている。ブレナンは感情むき出しの激しい言葉で彼らに状況説明を行なった。ロシア人たちは、民主的プロセスを弱体化させ、クリントンを侮辱し、彼女が選挙で当選できる可能性と大統領職に就く可能性を傷つけ、トランプをホワイトハウスに送りこもうとしていると。ブレナンが八月二十五日にラスベガスの自宅でリード上院議員をつかまえて、最寄りの盗聴防止装置付き電話があるFBIのラスベガス支局へ行くようたのんだとき、選挙はあと七十五日先だった。リードはCIA長官が彼に話していることの要旨を完全に理解すると、その問題をひと晩じっくり考えてから、ジェイムズ・コーミィFBI長官に一通の手紙をしたためた。「敵対的な国の政府がわれわれの自由で公正な選挙を積極的に揺るがそうとしているという可能性は、われわれの民主主義にとって冷戦以降屈指の深刻な脅威を意味します」とリードはつづった。「アメリカ国民は、今年十一月に投票する前に、完結した捜査によって、真実を完全に理解するべきです」。国民はそうした真実を知らされなかった。

その数日後の九月初めに、アメリカの国家安全保障機関の長たちはふたたび会合を開いた。全体像はより明白になりつつあった。CIAは、クレムリンの上層部で働くこちら側のロシア人工作員というきわめて貴重な情報源をたよりに、プーチンがアメリカの民主主義にたいする攻撃を仕切っていると結論づけていた。「われわれは全員、この種のこころみは、ロシア政府の最高レベルでしか承認できないということに同意した」とクラッパーは書いている。「われわれはプーチンが個人的に関与していることを知っていた」。この知見は彼らの世界をその地軸の上でぐらりと動かした。この問題をどうしたらいいだろう？　誰がアメリカ国民に話すのか？

決めるのはオバマだった。国家安全保障問題担当副補佐官のベン・ローズは、シチュエーション・ルームの難題からシャットアウトされていたが、にもかかわらず、なにが起きているのかを小耳にはさんでいて、この問題を大統領に持ち出した。彼の話によれば、オバマはこういったという。「彼らはわれわれの民主主義の弱点を見つけたんだな」。

大統領は九月五日、中国杭州市のサミットで、プーチンと対決し、怒りを込めて彼をにらみつけると、やめるか、さもないと、と告げた。さもないと、がなにを意味するのかは、その時点で、推測の域を出なかったが、オバマには多くの選択肢があった。アメリカ国内のロシア領事館をすべて閉鎖することもできた。これはスパイの巣窟だった。ロシア経済が悲鳴をあげるような厳しい制裁を課すこともできた。秘密兵器もいくつかあった。CIAは内輪に見積もっても四百億ドルというプーチンの個人資産の詳細をリークすることができた。NSAはそのサイバー・コマンドを使って、その資産のかなりの部分を凍結し、雲散霧消させる能力を持っていた。当面、オバマはワシントンに戻ると、議会のトップメンバー四人をホワイトハウスに招集する以上のことはなにもしなかった。彼の目的は、ブレナンの状況説明にもとづいて、超党派の声明を出し、彼らの知っていることの少なくとも一部を国民に告げることだった。

ミッチ・マッコネルは拒絶した。マッコネル上院議員は、一九五五年に著名な知識人のウィリアム・F・バックリーがはじめたアメリカの現代保守運動のリーダーだった。バックリーは非の打ちどころがない一九五〇年代の血統――イェール大学、秘密団体〈スカル・アンド・ボーンズ〉、CIA――を持ち、アイゼンハワー大統領よりさらに右寄りの政治同盟の代弁者として行動した。バックリーは、歴史の行く手をさえぎり、止まれと叫ぶのが、保守主義者の義務であると宣言していた。それがマッコネルの信条だった。彼は政府の死神だった。彼は超党派的な匂いがする法案を葬り去り、オバマの最高裁判所判事候補者のために必要な公聴会を葬り去り、そしていまアメリカの市民が、自分たちの民主主義がロシアの攻撃を受けていることを知る機会を葬り去った。マッコネルはトランプがどんな種類の人間かも、どのように選出されるかも、ロシアがその背後にいるのかどうかも、どうでもよかったのだ。トランプが勝ちさえすれば。

この時点で、アメリカはもはやふたつの政党ではなく、ふたつの反目し合う部族によって統治されていた。そして、そのことによって、ロシア人たちは成功の絶頂へと近づきつつあった。

九月が十月に変わる一カ月のあいだ、オバマ政権は、有権者にどういう事態が起きているのか、それを知らせることができる声明を作成しようとした。そのこころみは困難をきわめた。プーチンを名指しして、面目をつぶすべきか？　彼らにその気はなかった。ブレナンとコーミイは、アメリカ情報機関の情報源とその手口をロシア側にあかすことに気が進まなかった。ロシア人たちがトランプを当選させようとしているというべきだろうか？　それはできなかった。オバマは、投票を自分側に有利になるように持っていこうとしていると見られるのを嫌がって、用心深くなりすぎたあまり、声明に自分の名前をいっさい出させようとしなかった。誰もうまい言葉を見つけられないようだった。議論は堂々巡りをくりかえし、閣僚と情報機関の責任者たちは、シチュエーション・ルームで声明文のコンマや括弧をめぐってああだこうだといいあった。最終的に、クラッパーは、同輩のジェイ・ジョンスン国土安全保障省長官の協力にすがった。彼は自分たちふたりでこの難局を思い切ったやりかたで打開しなければならないといった。「ジェイとわたしは、なにかをいうことが正しい行動であるだけではなく、もしつかんでいる情報を開示しなかったら、あとでたいへんなことになると感じていた」と彼は書いている。

彼らは真実を告げようとしていたが、すべての真実はいわなかった。ふたりは声明の草稿を自分たちの判断で処理し、大統領の強い意向と同僚たちの総意にしたがって、もっとも辛辣な部分を削り落とした。彼らはプーチンの名前を出さず、トランプの名前も除外した。「偽情報操作」と「ロシアの情報機関」という言葉も出てこなかった。しかし、誰もがメッセージは明白であると同意し、これは衝撃的なものになるだろうと考えた。

> アメリカの各情報機関は、ロシア政府が、最近のアメリカの政治組織をふくむアメリカの個人および組織からのＥメールの情報漏洩を指示したと確信している。最近の〈ＤＣリークス・ドットコム〉や〈ウィキリークス〉のようなサイトや、〈グッチファー２・０〉のようなネット上の架空人物によるハッキングが疑われるＥメールの公開は、ロシアの指示を受けた活動の手口や動機と一致している。こうした窃盗と公開は、アメリカの選挙プロセスを妨害することを意図している。……われわれは、こうした活動の規模と機密性にかんがみて、こうした活動を許可できたのは、ロシアの最上位の高官だけだったと確信している。

声明は十月七日金曜日の午後に出される予定だった。

しかし、それより先に、ＩＲＡのネット荒らし（トロール）たちは、とてつもない集中射撃を浴びせてきた――

十月六日に、五秒おきのツイートが、全部で一万八千件近く発信され、潜在的に二千万人にとどいた。メッセージは圧倒的にIRAの左翼戦線から出ていた。それらはトランプの反対票をつぶし、サンダーズ候補の支持者を怒らせることを狙っていた。ツイートは、クリントンと民主党が彼らの支持する候補者に詐欺行為をはたらいたと糾弾し、彼女は欺瞞と狡猾さで大統領候補の指名を盗み取ったと主張した。この集中射撃にパワーを供給する爆発力は、政治的なダイナマイトだった――〈熊たち〉が盗んで、IRAと〈ウィキリークス〉が蓄積したEメールの爆弾である――しかも、ツイートはその一端にすぎなかった。すべての力は金曜日に炸裂することになる。

ロシアの攻撃にかんするアメリカ情報機関からの最新ニュースは、その日の午後三時に放送された。これがトップニュースだったのは一時間にも満たなかった。午後四時三分、《ワシントン・ポスト》が、トランプが女性に猥褻行為を働いたことを自慢するテレビ番組〈アクセス・ハリウッド〉のテープを世界に暴露すると、ロシアの選挙妨害のニュースは、アメリカの放送電波から姿を消した。「大スターなら、女たちは、やらせてくれるのさ。……あそこ（プッシー）をぎゅっとつかんだり。なんだってできるんだ」。（減少しつつある共和党主流派のメンバーの幾人かは、彼を非難した。トランプの対応は、数十年前にビル・クリントンを性的不品行で訴えた三人の女性を次回の大統領候補討論会につれてくることだった。）さらにその三十分後の午後四時三十二分、〈ウィキリークス〉がツイートした。「公開、ポデスタEメール」。三月にロシア人がクリントンの選挙事務長から盗んで、六カ月のあいだ売られて値踏みされ、その日と十月いっぱい、数回に分けて戦略的に公表されたファイルの最初の部分は、ウォール街におけるクリントンの副業をあきらかにした。この件がバーニー・サンダーズ候補支持者のあいだでクリントン候補の好感度を上げる役に立ったことはありえない。彼女はその夜もつぎの夜も、すぐさま反論をしなかった。

ロシア人は何百万という人間の心理を操作した。彼らがアメリカ人の頭のなかに入りこんでいたという事実は、理解を超えていた。そして、その時点では、彼らは政治戦で勝利をおさめていた。アメリカの民主主義にたいする攻撃は、翌日も、翌週も、翌月も、全国的な議論の重要な部分ではなかった。政治的な論議は、選挙の日の三週間前にあたる十月十九日、ラスベガスにおける三度目で最後の大統領候補討論会で具体化した。このときトランプはプーチンが自分のことをほめたと自慢した。

「なるほど、それは彼にとって、アメリカ大統領が、あやつり人形であるほうがいいからですよ」とクリントンはいった。

「あやつり人形ではない」とトランプは興奮した口調でいった。「あやつり人形じゃない。あんたこそ、あやつり人形だ」。

ロシア人は彼らに紐をつけて、踊らせていた。

選挙が終わってしばらくして、もう手遅れになってから、アメリカの情報機関は、クレムリンの政治戦キャンペーンがどのようにプーチンの選んだ候補をアメリカ大統領に選出させる手助けをしたかを理解しはじめた。攻撃側のやり口を先読みできなかったこと、リアルタイムでアメリカ人に警告を発せられなかったこと、そして破壊工作の成功を可能にした想像力の不足が、9・11同時多発テロ事件とその恐ろしい後遺症の物語をそっくり再現したのである。二〇一六年の積極的手段の大軍事作戦では、戦死者は誰ひとり出なかった。しかし、ロシアにとってこれは輝かしい大勝利であり、アメリカの民主主義にとっては深手だった。それを起こさせたわれわれは愚か者だった。

〈クロスファイア・ハリケーン〉捜査チームは、トランプがホワイトハウスを手に入れた十カ月後、ついにＩＲＡを急襲した。サーバーとファイルに侵入したあとで、彼らは、壕に入ったメッセージのように、政治戦の最前線に立つひとりのロシア兵が残したメモを発見した。

〝二〇一六年十一月九日〔トランプ当選が決まった日〕、眠れない夜が待ち受けていた。そして、午後八時ごろ、われわれの働きのもっとも重要な結果がもたらされると、われわれはシャンパンの小瓶のコルクを抜いて……それぞれが一口ずつやって、たがいに目を合わせた。……われわれはほとんど同時にこう口にした。「おれたちが、アメリカを偉大にしたんだ」。〟

あとがき
エイジェント・オブ・インフルエンス

　ロシアのスパイたちは、スターリンがはじめて権力の座について以来百年のあいだに、アメリカに決定的な打撃をあたえてきた。冷戦中と冷戦後の彼らの目的は、同じだった。アメリカを転覆させ、その勢力を弱体化させて、その政治論議に悪影響をあたえる。いまやプーチンは、ギリシア人が巨大な木馬をトロイの門の前に押していって以来もっとも大胆な政治戦の軍事作戦を成功させていた。トランプは、民主主義と法の支配にたいするロシアの戦争にとって、かけがえのない資産（アセット）であることが証明される。彼の大統領就任によって、彼らはホワイトハウス内にエイジェント・オブ・インフルエンスを手に入れた。プーチンの地政学的権益を支持し、彼のプロパガンダに共鳴し、アメリカにたいする彼の戦争行為の証拠を隠蔽しようとする大統領を。

　トランプは就任して四カ月後、FBIのジェイムズ・コーミイ長官を馘にして、ロシアの攻撃にたいする〈クロスファイア・ハリケーン〉捜査を断念させようとした。それから、彼はロシアの外相と大使をオーヴァル・オフィスに迎え入れ、こう豪語した。「わたしはちょうどFBIの長を馘にしたところです。彼はどうかしていました。……わたしはロシアのせいで大きな圧力に直面していました。それが取りのぞかれたのです」。彼の厚顔無恥な妨害行為を受けて、司法省は二〇〇一年から二

○一三年までFBI長官だったロバート・ムラーを任命して、選挙運動と政権にたいする犯罪および対敵諜報捜査を指揮させた。ムラーが自分を追っていることを知ると、トランプはオーヴァル・オフィスの椅子にぐったりと座って、うめいた。「なんてことだ。こいつはひどい。これでわたしの大統領任期も終わった。もうおしまいだ」。彼は、のちにムラーがいったように、「FBIの徹底的な捜査が、大統領自身が犯罪だと理解していたはずの、選挙運動と大統領本人についての事実をあきらかにするだろう」と知っていた。

対敵諜報捜査官たちは、国家安全保障上の悪夢に直面した。トランプはロシア人の影響下にあるのか？

わかっている証拠のなかに、彼が現金で賄賂を受け取っていたり、〈コンプラマート〉でおどされたりしているといったことを証明するものはなかった。しかし、彼は三十年にわたり、自分自身をロシア人にとって魅力的なターゲットにしてきた。彼は一九八七年、はじめてモスクワをおとずれた。ソ連政府と組んで、赤の広場をはさんでクレムリンの向かい側に豪華なホテルを建設しようとする、貪欲でうぬぼれ屋のビジネスマンとして。彼にはチェコ人の妻がいたが、彼は浮気をしていた。大統領に立候補するとほのめかしていた。その一世代後、トランプは依然として大統領に立候補していたし、依然としてそのホテルを建設しようとしていたし、依然として妻を裏切っていた。もっとも、同じ妻ではなかったが。ニューヨークやマイアミ、トロント、パナマをはじめとする彼の不動産取り引きは、部分的にロシアの資金に依存していたし、彼の破産からの復活も同様だった。ロシア人がトランプの力量を見ていたのかどうかは、依然として謎である。しかし、彼はまちがいなくカモだった。彼には情報機関員が利用できる脆弱性があった。モスクワで四年勤務して、最終的に支局長になったCIAのベテラン、ロルフ・モワット＝ラーセンの見るところでは、彼の金にあかしたセックス・ライフ、彼の貪欲さ、彼の腐敗、そしてなによりも、彼のうぬぼれがそれだった。モワット＝ラーセンは、自分の意見では、トランプの在任期間中のふるまいが、大統領が「ロシアの工作員」であることの、「のっぴきならない証拠」であると結論づけた。

トランプの並はずれた虚栄心を思えば、もしプーチンが彼を気前よく賞賛し、彼を政治的に支持しさえすれば、彼に秘密の進軍命令をこっそりあたえる必要はなかった。プーチンは彼に影響をおよぼし、見返りに影響力を得るだけでよかった。プーチンはKGBで勤務した歳月のおかげで、「人々をあやつり、人々をおどし、人々からゆすり取る」専門家になったと、ソ連政府研究者でプーチンの伝記作者であるフィオナ・ヒルはいった。彼女は国家安全保障会議のロシア・ヨーロッパ問題担当部長としてトランプ政権で二年半、奉職した。「これはまさに工作担当官のやることです。彼らは弱点をつかみ、資産（アセット）を脅迫する。そして、プーチンは世界の指導者たちをターゲットにするでしょう。……わたしは彼がトランプ大統領もターゲットにしていたと固く信じています」。プーチンのアメリカにたいする政治戦における最重要目的は、混乱を作りだし、「われわれをおたがいに分裂させ、われわれの制度の評判を落とし、われわれの民主主義にたいするアメリカ国民の信頼をそこなうこと」だと、ヒルはいった。トランプのもとで、国民の分裂とアメリカの政界の評判低下は、彼の激動の大統領任期中、日ごとに深刻になっていった。

ふたりの男は二〇一七年七月七日、ハンブルクの世界経済フォーラムではじめて会った。トランプは彼らの会談にかんする通訳のメモを没収し、隠蔽工作はつづいた。彼はプーチンと五回、直接会談したが、その公式記録は存在しない。しかし、じきに彼はプーチン自身が作りだした偽情報をくりかえしはじめた。ロシア人ではなくウクライナ人が選挙を操作し、ヒラリー・クリントンに手を貸すために隠密工作を実施したと。「彼らはわたしを倒そうとした」とトランプはいった。彼はこの陰謀論に取りつかれた。それは彼の白鯨だった。それが事実だと彼にどうしてわかるのだろう？「プーチンがわたしにいったんだ」と彼はホワイトハウスの補佐役のトップにそううちあけた。

ふたりは二〇一八年七月十六日にヘルシンキで肩をならべて立ち、ある記者が、選挙攻撃を実行したのは誰なのかと質問した。プーチンはいった。「誰が信じられて、誰が信じられないか、そもそも誰かが信じられるかという質問についてですが。誰も信じられません」。〝真実は存在しない〟。トランプは彼に同調した。トランプは情報機関の長たちが自分にこう告げたといった。「彼らはそれがロシアだと思っています。わたしにはプーチン大統領がいます。彼はたったいまそれはロシアではないといいました。わたしはこういいましょう。わたしにはなぜそれがロシアになるのか理由がわからないと」。〝事実は存在しない〟。

アメリカの国家安全保障機関は怒りを爆発させた。ジョン・マケイン上院議員は、トランプ大統領のもとで共和党の残された良心を代表していたが、この忠誠心の表明をこう呼んだ。「記憶に残るアメリカ大統領のもっとも恥ずべきふるまいのひとつ。トランプ大統領のだまされやすさ、うぬぼれ、あやまった等価論、独裁者への共感があたえた損害は、計り知れない」。オバマ政権でCIA長官だったジョン・ブレナンは、トランプが「完全にプーチンのいいなりになっている」といった。テキサス州選出の共和党員で元CIAのベテラン局員だったウィル・ハード下院議員は、こう書いた。「わたしは職業柄、ロシアの情報機関が多くの人間をあやつるのを見てきたが、アメリカ大統領がKGBの古株たちに手玉に取られる人間のひとりになろうとは思ってもみなかった」。国家情報機関の元責任者ジェイムズ・クラッパーは、プーチンが「資産（アセット）のあつかいかたを知っていて、彼が大統領にやっていたことはそれだった」と指摘した。

番犬たちは吠えたが、トランプのキャラバン隊は移動をつづけた。権力の座について三年目には、トランプはロシアの七十五年間の積極的手段がやり残したことを成し遂げていた。彼はアメリカの民主主義に損害をあたえたのである。

トランプはアメリカの国家安全保障の構造を弱体化させた。大小各国への特使を国務省から奪い、自分の救いようのない無知と相容れないときには、CIAの報告書を見て見ぬふりをした。そして、生死がかかった問題で国防総省の長たちをあざ笑った。彼はアメリカの優秀な大使たちを「人間のくず」と侮辱し、FBIの捜査官たちを破壊的裏切り者と中傷して、CIA局員をナチの突撃隊とけなした。彼は四つ星の将軍と提督をこき下ろし、面と向かって彼らを「間抜けと弱虫の群れ」と呼んだ。トランプは彼ら全員を、「闇の国家（ディープ・ステート）」の邪悪な勢力と見なしていた——彼の権力をむしばむ秘密の政府、彼を破滅させようとする陰謀だと。

トランプは国内外で自由と正義にたいするアメリカの擁護をやめた。彼はアメリカの同盟国を見くびった。サウジアラビアのムハンマド・ビン・サルマンや金正恩のような独裁者を受け入れた。彼らはプーチンと同様に、トランプから糾弾される恐れなしに、反対者を投獄し、暗殺した。トランプはインドからブラジルにいたる、失敗しつつある民主主義国の専制的な支配者に微笑みかけた。香港とプラハで人々が大挙して街頭にくりだし、自由への権利を要求したとき、ホワイトハウスはだんまりをきめこんだ。二〇二〇年には、選挙民主主義国の数は、世界各国で冷戦初期以降最低の割合に落ちこんだ。そして、学者のラリー・ダイアモンドが書いたように、それらの国々の民主主義は突然のクーデタによってではなく、ゆっくりと、「一歩一歩、複数政党制度や市民的自由、法の支配の着実な悪化をつうじて、ついにルビコン川が、まるで霧のなかのように、それが起きた正確な瞬間もわれわれにわからないまま渡られて」、死につつあった。

トランプが大西洋同盟を切り刻むと、アメリカがNATOにひきこんだ最初の三カ国が、民主主義の見せかけを捨て去った。ハンガリーの政府は、憎悪と不寛容の温床となり、その指導者はトランプの賞賛に浴した。チェコ共和国は、外国人嫌いの人種差別主義者が指導者になった。ポーランドの指導者たちは、自国民がそれを手にするために苦しみ、命を落とした市民的自由をむしばんだ。「われわれはこの世でなにひとつ新しいものを本当に作っていません」と、〈連帯〉の生ける象徴であるレフ・ワレサはなげいた。「さらに、われわれはある損失をこうむっています。その損失とはアメリカの指導者の地位です。これは世界にとってきわめて悪い状況です」。

トランプはプーチンにおとらず、アメリカ政府にたいする政治戦を遂行した。法の支配、信教の自由、報道の自由、そして選挙の正当性を攻撃して、プロパガンダと憎悪を政治論議にまき散らした。彼は、人種差別主義者やファシストが白人民族主義の大義のために行進するとき、彼らにウインクした。彼は個人的な利益のために職権を利用した。政敵を犯罪者呼ばわりして、監獄にぶちこむぞとおどした。そして、ムラーがロシアのスパイと大統領との親密な関係にたいする起訴状と有罪判決を獲得すると、トランプはギャングのボスのような口をきいて、協力した証人には惜しみなく侮辱を浴びせ、沈黙の掟を守った者たちを賞賛した。

二〇一九年四月十八日に公表されたムラーの報告書は、ロシア人たちがいかに大統領選挙に干渉したかを正確にしめしていた。報告書は、トランプがいかに自分の行ないについて嘘をつき、それから自分の嘘について嘘をつき、捜査をじゃまし、妨害したかを、あきらかにした。トランプと彼の取り巻きたちが、ロシア人との接触についてＦＢＩと議会とアメリカ国民についた七十七の嘘を時系列で述べた。そして、トランプが司法妨害をした十件の例を断罪するように列挙した。その夏、議会で証言したムラーは、トランプの犯罪的な不正行為の疑いをすでに晴らしたかと単刀直入にたずねられた。「いいえ」とムラーはいった。そして、大統領のほうは、自分の身の潔白が証明されたと大喜びした。

その二週間後の五月三日、トランプは電話でプーチンと、予定にない九十分間の会話をはじめた。ふたりはウクライナについて話したが、これははじめてのことではなかった。プーチンはトランプに、同国が「本当の国」ではなく、ロシアの一部だとトランプを納得させた。（彼は十年前、同じことをブッシュ大統領にもいっていた。）プーチンと彼の情報機関は、ウクライナの腐敗した権力ブローカーたちがヒラリー・クリントンとの結託を隠していて、依然として彼を倒そうとしているとトランプに信じさせていた。プーチンの影響下で、大統領は自分自身の弾劾への道を歩みはじめた。その数日後、彼は国家安全保障担当補佐官のジョン・ボルトンと、自分の顧問弁護士のルディ・ジュリアーニに命じて、ウクライナの謎めいた黄金郷（エル・ドラード）から、民主党の敵たちにかんするスキャンダルを掘りだすのを手伝わせた。彼らは期待に応えられなかった。

ムラーが証言した翌日の七月二十五日の朝、トランプはウクライナの新たに選出された指導者、ヴォロディーミル・ゼレンスキーに電話をかけた。ゼレンスキーは職業政治家ではなく、テレビで大統領役を演じたことがある俳優だった。トランプはいまや、フィオナ・ヒルの言葉によれば、「ロシアの治安機関によって演じられ、広められた……架空の物語」で主役をつとめていた。トランプは、頼みごとをした。彼は、ウクライナの退陣する政権が、クリントンを助けるためにアメリカの選挙をハッキングしたという陰謀論的な考えの廉で、アウトになってもらう必要があった。そして、後継の政権がジョー・バイデン前副大統領にたいして侮辱的な申し立てをすることを望んでいた。バイデンがキエフで自分の息子の汚職事件を握りつぶしたという、ずうずうしい嘘を。トランプの使者たちは、ホワイトハウスをウクライナ人にとって明白な見返り（クイド・プロ・クオ）にした。トランプが望むものをあたえなさい。そちらの大統領をCNNに出演させて、トランプの敵たちにたいする汚職捜査を宣言させなさい。そうすれば、彼はそちらが必要とするものをあたえるでしょう。

トランプは、さらに四年間権力の座に居すわるために、ロシアの偽情報に動かされ、アメリカ政府をクレムリンの情報工作に支配させていた。彼は外国の指導者に無理強いして、自分の政治的利益のために自分の敵にかんする嘘をでっち上げさせようとしていた。彼は、ウクライナがロシアによる自国の占領にたいして自衛するのを助けるために議会が割り当てた三億九千百五十万ドルの軍事援助を阻止していた。彼は〈コンプラマート〉提供の約束を待つあいだ、武器を凍結したのである。国防総省も、国務省も、国家安全保障会議（NSC）も、ウクライナにたいする支援をそろって支持した。トランプは違法にそれを保留した。

トランプがした頼みごとは、汚職と戦うこととはなんの関係もなかった。彼は世論を方向づけようとしていた。来たるべき選挙のためのプロパガンダを作りだしたかった。これもまた違法だった。アメリカ政府の職員は、「アメリカの政治プロセス、世論、政策、あるいはメディアに影響をあたえる」ためのひそかなこころみを法律で禁じられているが、それこそまさに大統領が考えていたことだった。そして、それはうまくいった。著名な共和党員や〈フォックス・ニュース〉、右派のトークラジオはこぞって、バイデンが腐敗していて、ウクライナが大統領にたいして陰謀をくわだてていたという話をした。

「ありがたい」とプーチンは十一月二十日にいった。「誰ももはやわれわれがアメリカの選挙に干渉したと非難していない。いまや彼らはウクライナを非難している」。このころには、彼のサイバースパイたちはふたたびトランプのために働いていた。GRUはバイデンに狙いをさだめつつあった。その最初の攻撃は、年末前にアメリカのサイバー・セキュリティ会社〈エリア1〉によって検知された。「二〇二〇年のアメリカ選挙に関連するGRUの工作のタイミングは、われわれが二〇一六年のアメリカ選挙期間中に実施されて成功をおさめたサイバー攻撃以来予測してきたものの早期の警告なのではないかという不安を起こさせる」と、同社は報告した。アメリカ人は事前警告を受け取っていた。もし聞く耳を持っていれば。ロシア人はアメリカに大量の偽情報を送りつけ、大統領選の投票集計にサイバー攻撃を仕掛け、あるいは選挙の日に都市の配電網を不通にする能力を持っていた。そのすべてが、混乱の原因となり、ロシア人が選んだ候補者のためになる。しかし、トランプは、ロシアの影響力工作と、彼の利益になるサイバー犯罪の新たな波にたいして、自分の政権を動員しようとしなかった。

彼が弾劾されるころには、トランプは権力の座に居座るためならなんでもやりかねないということが明白になっていた。彼は、この前の選挙で外国勢力から自分の敵のスキャンダルをよろこんで受け取っていて、それをまたやることをあきらかにしていたし、いまや誰も自分を止めようとしないことがわかっていた。彼は〈クロスファイア・ハリケーン〉捜査で司法妨害をして、その代償をはらっていなかった。彼は自分の弾劾であらゆる召喚状を無視し、あらゆる証人をブロックしたが、罰則はなかった。被告人が、自分の陪審員団の聞くことを決定したのである。二〇一二年の共和党大統領候補だったミット・ロムニー上院議員の言葉を借りれば、トランプは、「国民の信頼の驚くべき乱用」と、「われわれの選挙権への目に余る暴行」で、有罪だった。彼は、「民主共和国において選挙プロセスを腐敗させるのは、ほとんどわたしの想像がおよぶかぎりの、憲法——と神への誓い——にそむく、虐待的で言語道断の行為です。これは独裁者がやることとです」といった〔米大統領は就任時に、職務を忠実に遂行し、憲法を守ることを、神にかけて誓う〕。

そして、トランプは、上院での無罪放免によって、権力の座に居座るためには嘘をついてもだましてもいいとみとめられたあとで、独裁者として統治した。トランプの考えるアメリカでは、あらゆる権力は大統領に属していた。議会は彼を統制できなかった。裁判所は彼を裁けなかった。法律は彼を束縛できなかった。彼は司法長官をつうじて、クレムリンの政治戦の証拠を消去するよう働きかけ、元CIA長官のジョン・ブレナンの言葉を借りれば、こうして「アメリカではなくモスクワの利益のために彼を権力の座に居すわらせるロシアの隠密工作を幇助した」のである。彼の嘘は増大した。自分の公的活動はぜったい正しいという彼の主張はアメリカ人に、彼らの目と耳で得た証拠をみとめないよう要求した〔ジョージ・オーウェル『一九八四年』より〕。彼がかつて自分の支持者にいったように、「こういう連中が見せるたわごとを信じてはいけない、フェイクニュースだ。みなさんが見ているもの、みなさんが読んでいるものは、現実に起きていることではない」。

権威主義者はなによりも忠誠を要求するものだ。専門知識や経験は、なんの価値もない。権力者に真実を語ることは、致命的である。彼の仲間や補佐役たちや右派メディアの信奉者たちのへつらいとご機嫌取りは、いまや北朝鮮の最高会議にそっくりだった。同国では誰もが親愛なる指導者に永遠の忠誠を誓わねばならない。トランプはアメリカの情報機関と国家安全保障機関の指導部を粛清し、不正直で評判の悪い支持者を後釜にすえた。彼は議会とアメリカ国民にたいする情報報告の流れを断ち切り、危険な誤算と破滅的な奇襲の危険性を増大させた。

中国に端を発して、有毒な雲でアメリカをつつみこんだ新型コロナウイルスの脅威にたいするトランプの反応は、嘘と否定と偽情報の連発で、失敗しつつある国の失態であるチェルノブイリ原発事故にたいするソ連の反応を連想させた。大統領はパンデミックの警告を、自分を打倒するために民主党とマスコミがでっち上げた政治的欺瞞工作と呼んだ。このプロパガンダは、右派メディアの彼の同調者たちによってくりかえされた。彼は何週間も、ウィルスは制御下（アンダー・コントロール）にあると主張した。ウイルスは近い将来、奇跡のように消えると主張した。彼は、もし確認された感染者数が増えれば、自分が再選される可能性が減少すると計算して、ウイルス検査という考えそのものに抵抗した。それから、危機に入って二カ月たち、死亡者数が急増しはじめ、経済が崩壊しだすと、彼は、自分は危険をつねに深刻に受け止めてきたし、それに対処するために迅速に動いてきたといった。その嘘は、スターリン本人に匹敵した。独裁者はどこでも、自分の権力を維持し、拡大するために、歴史を書き換えるものだ。

大統領とプーチンの政治戦戦士たちはいずれも、全国民を嘘で感染させ、怒りを燃え上がらせ、論議に毒を投げこみ、パンデミックをはじめとする最新の非常ボタン的問題にかんする偽情報であたりを水びたしにしつづけた。トランプの十億ドルの再選作戦は、すでに〈インターネット・リサーチ・エイジェンシー〉（ＩＲＡ）を手本にしたデジタル偽情報戦略を使っていた。ＩＲＡ自体は、仕事に戻って、いつもどおりアメリカをひき裂こうと狙っていた。二〇二〇年の選挙運動が本格化し、クレムリンが、混乱を引き起こす候補としてトランプを後押しすると、彼が権力の座に居座るためにどんなことをするか、もし国民が彼の大統領任期を終わらせようとしたら彼がどう反応するか、もし敗北したら彼はおとなしくホワイトハウスをあけわたすか、あるいは彼が勝ったら暴君として統治するかを、予言することは不可能だった。

一九八一年一月二十九日、大統領としての最初の記者会見で、ロナルド・レーガンは、ロシア人がアメリカ人とはちがうルールでプレイしていると断言した。「彼らが認める唯一の倫理観は、なにが自分たちの大義を推し進めるかです。つまり、それを達成するためには、どんな犯罪に手を染めたり、嘘をついたり、だましたりする権利も有しているということです」と彼はいった。「われわれはちがう物差しで活動しています」。そうした物差しは、もはやあてはまらなかった。トランプはアメリカをむしろロシアに近くした。彼はアメリカの民主主義の未来を危うくしていた。

自由社会は、もしその国民が嘘をむりやり詰めこまれたら存続できない。クレムリンから国家の敵と宣言され、政治犯として何年も投獄されたチェコの劇作家、ヴァーツラフ・ハヴェルが一九七八年に書いたように、「政権はそれ自身の嘘のとりこなので、すべてをいつわらねばならない。政権は過去をいつわる。現在をいつわり、未来をいつわる。……誰も迫害していないふりをする。なにも恐れていないふりをする。なんのふりもしていないふりをする。個々人はこうしたごまかしをすべて信じる必要はないが、信じているようにふるまわねばならない。あるいは、すくなくとも、黙ってそれを容認しなければならない。……しかし、そのために、彼らは嘘のなかで暮らさねばならない」。真実を熱心に信奉したおかげで、ハヴェルは自由国家の大統領になった。彼は二〇一一年、ドナルド・トランプが嘘の上に政治的帝国を建設しはじめた年に亡くなった。

われわれの民主主義は、それが自明の理と考えてきた真実に依存している。われわれは人間ではなく法の統治を作りだした。われわれの選挙は自由で公平だ。誰も法律の上には立てない。大統領は王様ではない。トランプはこうした理想が嘘であることをしめす恐れがあった。そして、もしアメリカの政治が嘘の上に築かれれば、政治戦の武器が勝利をおさめ、かつて自由世界と呼ばれてきたものの最後にして最大の希望の上には、長い暗闇が降りてくるだろう。それが降りてくるのを妨げるのは、自由民と自由な出版だけである。

二〇二〇年三月二十日

謝辞

わたしが生まれた年である一九五六年、《ゴールズボロ・ニューズ＝アーガス》紙のある新人記者が、あるニュースについて、ボスに会いに行った。発行部数八千部の《ニューズ＝アーガス》は、ノースカロライナ州東部の配布エリアでは、地域を代表する新聞だった。ウェイン郡の郡都であるゴールズボロは、煙草と綿にかこまれた小さな町で、公民権闘争と、一機のB‐52爆撃機が空中分解して、完全に起爆状態になった熱核爆弾二発を数マイル先に落としたときを除けば、さして重要なことはなにも起きない場所だった。記者のジーン・ロバーツは、まだ二十四歳だったが、同紙でいちばん読まれる呼びもの記事の「ウェイン地方めぐり」を執筆する重責をになっていた。記事は、来る日も来る日も、たとえば家族の感動的な再会に立ち会ったり、シャルル・ド・ゴール将軍そっくりのさつま芋を取り上げたりした。「世界がいまにも爆発しようが、『ウェイン地方めぐり』は載っていなければならなかった」と、ロバーツは五十年後に回想した。

ロバーツは人々の人生にかんするもっと深い記事、人々の記憶に残るような記事も書いた。そして、彼がボスのヘンリー・ベルクと膝をまじえた日、彼は自分の最新の記事を一部、持っていた。ベルクは一九二九年以来、同紙を編集してきた。彼は身長二メートル一センチで、杖をついて歩き、くたびれた灰色のフェルト製中折れ帽をかぶっていた。彼がスプリングをきしませながら、大きなオーク材の肘掛け椅子の背にもたれかかり、暖かい風が街の広場に面した窓から吹いてくるなかで、ロバーツは記事を大声で読み上げた。《ニューズ＝アーガス》の記者たちは、年老いた編集者に記事を読んで聞かせなければならなかった。なぜなら彼は視力を失っていたからだ。そして、もし報道内容にぼろぼろの穴があったり、書きっぷりがまだるっこしかったりすると、老編集者は机を叩いて、こうどやしつけるのだった。〝わしにはそいつが見えんぞ。見えるようにしてくれ！〟。

その二十五年後、ジーン・ロバーツは、《フィラデルフィア・インクワイアラー》紙でわたしの編集者になっていた。彼の特異な才能は、たくさんの記者にひらめきをあたえた。彼は読者に森を見せるために、われわれにあらゆる木を見させた。一九八七年、彼は、アフガニスタンでソ連の占領と戦うイスラム反政府勢力にたいするCIAの数十億ドルの武器供給ルートがいかに機能しているかをたしかめるために、わたしを派遣した。これはワシントンの机から報道できるニュースではなかった。自分の目でそれを見る必要があった。この任務はわたしの人生を予想しないやりかたで変えた。出発前、わたしはCIAの広報官に電話をかけて、アフガニスタンの国別背景説明を依頼した。相手は一笑に付して、電話を切った。それから三カ月後、わたしがワシントンに戻り、自分の机に戻ってから一日もたたないうちに、わたしの電話が鳴った。「ティム！　元気かね？　旅行はどうだった？　これからあの背景説明に来てはどうかね？」。

わたしはCIA本部に出向いた。わたしは玄関の壮大な吹き抜けに足を踏み入れて、黄金の浮き彫りで彫られた「ヨハネの福音書」の言葉、「そして、あなたがたは真理を知り、真理はあなたがたを自由にします」を見上げた。そのときわたしは自分が、ほかの記者たちが警官や裁判所を取材するのと同じやりかたで、CIAを取材したいと思っているのに気づいた。

ジョー・リリーヴェルドは、《ニューヨーク・タイムズ》でその仕事をするためにわたしを雇ってくれた。ジーンとジョーはともに、一九六〇年代、深南部で《タイムズ》のために公民権運動を取材していた。ジョーの父親はユダヤ教のラビだったが、その闘争で行進し、血を流した。ジーンの父親はプロテスタントの聖職者で、ノースカロライナ州で小さな新聞を発行していた。ふたりとも、そのことについて説教じみることなく、ジャーナリズムが天職であることを本能的に感じていた。ジーンはヴェトナムに行き、それから第一次ニクソン政権時代、《タイムズ》で全国デスクをつとめた。ジョーは彼の世代で屈指の優秀な海外特派員となった。彼は南アフリカでアパルトヘイトにたいする戦いを取材し、彼の著書『おまえの影を消せ』は、この歴史的闘争のもっとも偉大な年代記でありつづけている。

一九九四年には、ジョーは《タイムズ》の編集主幹で、ジーンは編集長だった。わたしは国家安全保障担当記者で、ときどきアフガニスタンやスーダンのような場所に飛びこんでいった。朝、新聞が戸口に配達された自宅で目をさまして、きょうはどんな一日になるだろうかと思うほうが幸せな、インク染みのついた哀れな人間だったことは、一度もなかった。

わたしは、自分が書いてきたほとんどあらゆる言葉について、このふたりの人間に、とても感謝している。さらに古いフェルト製中折れ帽の助言については、ヘンリー・ベルクに。

一九九四年にわたしの著作権代理人になってくれたキャシー・ロビンズにも、同様に感謝したい。以来ずっと、彼女はわたしをはげまし、混乱したアイディアをおだやかに忘却の方向へ誘導して、いいアイディアを力強く推進し、あらゆる草稿に目を通して、わたしの作品がまちがいなくアメリカだけでなく世界中で出版できるようにしてくれた。わたしは、彼女と出会う前には、本を一冊書いていたとはいえ、本の書きかたをわかっていなかった。それから五冊をへて、そのこつをつかみつつあると感じているし、彼女はその理由の大きな部分である。〈ロビンズ・オフィス〉社の全員に感謝する。デイヴィッド・ハルパーン、ジャネット・オーシロ、そしてアレグザンドラ・シュガーマン。〈CAA〉社では、マシュー・スナイダーがつねに準備をととのえている。リック・パパスは法律に精通している。

これらの本のうち四冊は、ニューヨーク州サラトガ・スプリングズの芸術家と作家のコロニー、〈ヤッド〉で一部執筆され、本書もそこではじまった。〈ヤッド〉は涸れない泉であり、それを主宰する才人は、比類なきエレイナ・リチャードスンで、彼女なしでは、わたしの作家としての人生は、取り返しがつかないほど短くなっていただろう。

本書『米露諜報秘録 1945-2020』は、その過程で力を貸してくれた出版社〈ホルト〉の全員のおかげで生みだされた。会長のスティーヴ・ルービンと編集長のセレナ・ジョーンズの英知が、本書を構想から誕生へとみちびいた。わたしは〈ホルト〉社の全員、とくにエイミー・アインホーン、パット・アイズマン、マギー・リチャーズ、マデライン・ジョーンズ、クリス・セアヒオ、ケイトリン・オショーネシーに感謝したい。原稿にはもうひとりの読者がいた。わたしが全幅の信頼を寄せる人物、わたしの兄弟のリチャードである。

一九九四年には、それ以外に、はかりしれないほどすばらしいことが、わたしの身に起きた。無限の幸運にめぐまれて、わたしはケイト・ドイルと結婚した。彼女の多くの美徳のひとつは、彼女の職業だ。〈国家安全保障アーカイブ〉の上級分析員として、彼女は三十年近く、人権グループや真実委員会、検察官、そして判事と協力して、秘密の政府公文書から、国の認可を受けたラテンアメリカの人道にたいする犯罪をあきらかにするファイルを入手してきた。ケイトはわたしを誠実でありつづけさせ、つまずいたときは立ち直らせ、わたしに力と希望とよろこびをあたえてくれた。最大のよろこびは、わたしたちの娘、エマ・ドイルとルビー・ドイルで、わたしがそれにあたいしないときでも、無条件の愛情をしめしてくれた。エマは本書の調査を手伝い、わたしの思い込みを疑い、わたしがものごとを考え抜くのを助けてくれた。ルビーは、つねにわたしを謙虚な気持ちにさせ、堅実に進みつづけさせてくれた。本書は、最初から最後まで、わたしの人生の光である、この三人の強い女性たちに捧げる。

訳者あとがき

米ソは第二次世界大戦がまだ終わらないうちに、戦後世界の覇権をめぐる闘争に乗りだした。東西冷戦のはじまりである。

ソ連は、第二次世界大戦後、東欧諸国を支配下におさめ、さらにその勢力を全世界に拡大しようとした。一方、アメリカはソ連の影響力を封じこめるために、各種の政治戦をくりひろげる。諜報の分野では帝政時代以来の歴史を持つソ連・ロシアにたいして、第二次世界大戦戦後やっとCIAを設立したアメリカはいわば素人。経験不足のアメリカは当初、苦杯をなめさせられるものの、対ソ封じこめ政策と政治戦が功を奏し、ポーランドを皮切りに東欧で親ソ政権が崩壊。冷戦でついに勝利をおさめる。

しかし、アメリカが冷戦終結後の戦略をあやまり、軍事同盟であるNATOをいたずらに拡大させたことで、ロシアは危機感をいだく。それをもっとも切実に感じていたのが、ソ連の崩壊を現場で見ていたKGB将校のプーチンだった。彼は権力の座につくや、ただちに反撃に出る。

インターネットとソーシャルメディアを使ったプーチンの政治戦は、前例のないものだった。冷戦の勝利に酔いしれるアメリカは、いつの間にか世論の分断によって民主主義の危機にさらされ、民主主義のプロセスを無視する大統領にひきいられることになる。しかも、その大統領はロシアの影響下にあるという……。

本書『米露諜報秘録　1945-2020』は、国防総省とCIAの秘密予算にかんする調査報道でピュリッツァー賞を受賞し、『CIA秘録　その誕生から今日まで』（文藝春秋）で巨大情報機関の実態を暴いて全米図書賞に輝いた元《ニューヨーク・タイムズ》記者のティム・ワイナーが、二〇二〇年に発表した最新作 *The Folly and the Glory - America, Russia, and Political Warfare 1945–2020* (Henry Holt, New York) の翻訳である。

ジャーナリストとして二十年以上にわたりアメリカの情報・国防組織を徹底的に取材してきた著者が、本書で目を向けたのは、東西冷戦開始以降のアメリカとソ連／ロシアとの政治戦だ。

冷戦開始時、アメリカはソ連と対抗するための指針を持っていなかった。それを定めたのは、在モスクワ大使館で長年、独裁者スターリンを観察してきた屈指のロシア通の外交官ジョージ・ケナンである。ケナンは、世界に影響力を広げようとするクレムリンの野望をいち早く察知していた。ソ連の帝国的野心を封じこめるという彼の主張は、以後、冷戦終結まで一貫してアメリカの対ソ政策となる。ケナンは極秘文書のなかで、政治戦とは、国家の目標を達成するための、戦争をのぞく、国家が自由に使えるあらゆる手段の行使であると定義した。その手段が戦後復興支援の〈マーシャル・プラン〉であり、〈ラジオ自由ヨーロッパ〉放送局であり、CIAの設立だった。軍事面ではNATOの設立である。

アメリカは、まず一九四八年のイタリア総選挙に巨額の資金を投じ、共産党政権の成立を阻止する。イランでは、自由選挙で選出されたモサデク首相をフェイクニュースで退陣させ、アメリカの息のかかったパフレビ国王を復権させた。

一九五六年、ソ連の新指導者フルシチョフが故スターリンを殺人者と断罪した秘密演説の内容をCIAがリークすると、このニュースは全世界の共産主義政権を震撼させる。ハンガリーでは〈ラジオ自由ヨーロッパ〉が流すフルシチョフ秘密演説の内容とアメリカの支援の声を聞いた民衆が蜂起した。しかし、CIAはソ連が軍隊を送りこんで蜂起を鎮圧することを予測できなかった。この失態で、東欧におけるアメリカの政治戦は頓挫する。翌一九五七年にアイゼンハワー大統領が、世界の国々がドミノを倒すようにつぎつぎに共産化するのを防ぐ〈アイゼンハワー・ドクトリン〉を発表すると、米ソの政治戦は第三世界にその舞台を移していく。

こうしたアメリカの隠密工作は、一九七五年に上院がアメリカ国民にたいするCIAとFBIの違法な政治戦の実態を暴いたとき一時的に停滞するものの、カーター政権のもとで復活し、結果的に冷戦を終わらせることになった。それが、ポーランドの自主管理労組〈連帯〉にたいする支援である。一九八〇年にポーランドが不況に見舞われ、グダニスクでワレサ議長ひきいる〈連帯〉のストが発生すると、アメリカは世界最大規模の対外資金援助を行なった。そして一九八九年、ついにポーランドに民主主義国家を誕生する。このポーランドの民主化はほかの東欧諸国にも連鎖して、ついに東西冷戦は終結したのである。

著者は、本書の前半部で、冷戦開始から終結までの米ソの政治戦を、機密扱いを解除された外交文書や当事者の回想を使ってスリリングに描きだす。世界の近現代史に関心のある読者なら、カストロ暗殺計画やインドネシアのスカルノ政権転覆計画といったCIAの隠密工作はご存じだろうが、そうした有名な事例についても、さすが『CIA秘録』の著者らしく、一次資料や当事者の証言を駆使しながら的確に描写していく。

こうしてアメリカ側の勝利に終わったかと思われた米ソの政治戦だが、二〇〇〇年にプーチンが登場すると状況は一変する。本書の読みどころはここからだ。

エリツィン大統領から権力を禅譲された形で大統領になったプーチンは、元KGB職員で、ロシアでいう「積極的手段」つまり政治戦のプロだった。KGB内に政治戦専門の部局を創設したアンドロポフ議長を信奉するプーチンは、KGB勤務時代、ベルリンの壁が崩壊する様子を東ドイツで目の当たりにしていた。

冷戦終結後のソ連は崩壊し、ロシアはエリツィンのもとで衰退の一途をたどる。西側主導で導入された自由市場経済は大混乱に終わり、結果的に、新興財閥が国家の富を独占する結果をまねくことになった。そのいっぽう、冷戦終結によって「ソ連の封じこめ」という指針を失ったクリントン政権は、民主主義の拡大を新たな外交政策に据え、軍事同盟であるNATOの東方拡大を目指す。

しかし、九十三歳になっていたジョージ・ケナンは、NATOの拡大を致命的な政策の誤りだと警告した。「こうした決断は、ロシアの世論の民族主義的、反西側的、軍国主義的傾向を煽り、ロシアの民主主義の発展に悪影響をおよぼし……ロシアの外交政策をわれわれにとって決定的に好ましくない方向へ押しやることが予想される」。彼はこれが新たな冷戦のはじまりになることを恐れたのだ。その予想は的中する。

大国の地位を失ったロシアにとって、NATOの勢力圏が自国の国境にひたひたと近づいてくる事態はとても看過できるものではなかった。

かつての帝国の復活を目指すプーチンは、イラク戦争でアメリカが情報戦によって勝利をおさめたことに着目する。それは情報を操作して、敵の政府や軍隊、市民の心理に影響をおよぼす政治戦である。ロシアの情報機関や国策テレビ局、ハッカーたちは、一九九〇年代に新たに普及したインターネットとソーシャルメディアを利用して、偽情報をばらまき、外国政府を分断して、民主主義的な制度の信頼を失墜させる方法を学んでいく。

プーチンはソ連の瓦礫のなかから新しい諜報国家ロシアを築き上げ、政治戦の再開の準備をととのえると、民主主義諸国にたいする一連の攻撃を開始する。

二〇〇七年、エストニアは世界で初めて国家に対するヴァーチャル攻撃を経験した。政府機関や金融機関、メディアなどのサイトが、ロシアからの一斉サイバー攻撃を受けたのである。

二〇〇八年にNATOがグルジア（現ジョージア）とウクライナを将来加盟させると宣言すると、プーチンは激怒した。グルジアはスターリンの生誕地であり、ウクライナは千年以上にわたってロシアの勢力圏だったからだ。プーチンはグルジアの親露派が多い地方に特殊部隊を派遣し、サイバー攻撃を開始。国内の三分の一のコンピューター・ネットワークをダウンさせる一方で、国策テレビ局を使ってグルジア側の戦争犯罪を告発するヤラセ番組を放映するなど、フェイクニュースを流し続けた。昔から戦争の最初の犠牲者は真実だといわれるが、プーチンのもとで、いまや真実は最大の敵となったのである。

ウクライナには、ロシア黒海艦隊の基地が置かれたクリミア半島があり、プーチンはこれをロシアのものと考えていた。ロシア情報部は、EU加盟を宣言したヤヌコヴィッチ大統領のスキャンダル・ネタ、ロシア語でいう〈コンプラマート〉を山ほど握っており、ヤヌコヴィッチはプーチンに恫喝されてEU加盟を断念。これに抗議する民衆のデモによって失脚し、ロシアへ亡命する。するとロシアのメディアは、民主的に選ばれた大統領がアメリカとEUに命じられたクーデタによって失脚させられたと報じる。

クリミア半島の黒海艦隊基地にはロシアの特殊部隊が展開し、クレムリンはクリミアの併合を発表。つづいてプーチンはロシア系住民が大半を占めるウクライナ南東部に特殊部隊を派遣し、独立国家の樹立を宣言させる。

新大統領を選ぶウクライナの選挙では、ロシアの軍情報機関がもっとも強力なマルウェア攻撃を仕掛け、投票結果を書き換えた。プーチンの部隊がウクライナ南東部でマレーシア航空機を撃墜すると、クレムリンは「CIAが死体を乗せた旅客機をわざと撃墜させた」という陰謀論をネットに流した。

ロシアの情報戦攻撃は二〇一四年、ついにアメリカ政府の心臓部を襲いはじめる。ロシア軍情報部のサイバー攻撃者は、オバマ大統領や統合参謀本部のEメールをハッキングし、国務省のコンピューター・アーカイブをあさって、次期大統領選の最有力候補ヒラリー・クリントンのスキャンダルを探した。

ロシアの情報機関と協力するネット荒らし(トロール)組織は、いわば情報KGBであり、銃所持の権利やゲイの権利、移民問題、南部州旗など、国論を二分する論点で、アメリカ人同士の亀裂を深めるような政治論争をネット上に広めた。彼らの任務は、アメリカ人を自国政府と対立させ、不安と不満を掻き立てることだった。

二〇一五年、過激な言動で有名な大富豪のトランプが次期大統領選への出馬を表明する。トランプは以前からツイッターで陰謀論のフェイクニュースをつぶやき、プーチンを賞賛していた人物だった。彼がオバマ政権の対ロシア経済制裁をこき下ろしてから数週間後、プーチンのプロパガンダ専門家はトランプ支持キャンペーンを開始する。

そのキャンペーンは、もっとも複雑な戦略的侵略であり、トランプを賞賛して共和党の対立候補をこき下ろすいっぽうで、「ヒラリーは白人至上主義団体から献金を受けている」といったようなフェイクニュースを流した。さらに民主党全国委員会のコンピューターに侵入し、入手したEメールを〈ウィキリークス〉のジュリアン・アサンジに提供する。

FBIの対敵情報捜査班は、チーム・トランプとチーム・プーチンが密に連絡を取り合っていることをつかんだ。アメリカ情報機関の長たちは、プーチンが個人的に関与していると知っていた。FBIの捜査結果は、投票前に国民に知らせるべきだったが、最終的に公表された報告書には、ロシア政府がEメール漏洩を指示したことは明記されていたものの、プーチンの名も、トランプの名も、偽情報操作やロシアの情報機関といった言葉もなかった。オバマ政権は、ロシアの政治戦がいかにソーシャルメディアの力を使って民主主義を弱体化させ、アメリカの政治を変貌させたかを理解していなかったのである。

クレムリンの政治戦がプーチンの望む候補をアメリカ大統領にするのを助けたことにアメリカの情報機関が気づいたのは、選挙が終わってしばらくたってからだった。トランプは大統領就任の数か月後、FBIの対敵諜報捜査を中止させようと、FBI長官を更迭する。二〇一九年四月に公表されたロシアの選挙妨害に関する特別検察官の報告書は、ロシアが大統領選挙に干渉したことをはっきりとしめし、トランプが議会や国民に嘘をつき、捜査を妨害したと断定した。

トランプはプーチンとの電話会談で、ウクライナの権力ブローカーたちがヒラリー・クリントンと結託して、自分を打倒しようとしていると信じこまされた。トランプは、ウクライナのゼレンスキー新大統領に電話をかけると、「民主党のバイデン元副大統領が息子の汚職疑惑の捜査を握りつぶさせた」と偽証するよう求めた。その見返りは、トランプが議会の決定を無視して凍結しているウクライナへの巨額の軍事支援だった……。

冷戦はアメリカの勝利に終わったかに思えたが、本書の後半部でプーチンが登場すると、米露の政治戦は新たな局面を迎える。

権力の座についたプーチンは、アンドロポフ時代の政治戦を、一九九〇年代に登場した情報ネットワークやSNSといった最新のIT技術でブラッシュアップして、冷戦の地滑り的勝利で油断するアメリカに反撃を開始する。IT技術は、偽情報やプロパガンダといった政治戦の手段を、かつてないスピードと規模で全世界に広めることを可能にした。そして、トランプという絶好のデマゴーグ（大衆扇動者）を得て、アメリカ国民を分断し、民主主義を弱体化させたのである。

なぜトランプはウクライナ疑惑で弾劾裁判にかけられたのか？　なぜアメリカ大統領選にロシアが干渉したのか？　著者は数々の事実を積み重ね、説得力をもってその経緯を解き明かしていく。

グルジア紛争やクリミア併合など、プーチン時代のロシアの政治戦については断続的に報道されてきた。しかし、その二十年間の歩みをこうしてあらためて時系列でふりかえると、戦車やミサイルよりも効果的に民主主義を破壊するその威力に慄然とせざるを得ない。

本書の最後でアメリカの対敵諜報捜査官たちは、国家安全保障上で最悪の悪夢に直面する――新大統領はロシア側の影響下にあるのだろうか？　アメリカの情報機関のプロたちがどんな結論にいたったかについては、本書をお読みいただきたいが、トランプにはロシアの情報機関が利用できる弱みがあったとだけは申し上げておこう。結果的に、トランプはウクライナ疑惑で二〇一九年十二月、弾劾裁判にかけられ、その騒ぎのなかで、ロシアの選挙干渉疑惑は、ウクライナにたいする非難へとすり替えられてしまうのである。

トランプは多数派共和党の支持で弾劾裁判を切り抜け、すでに二〇二〇年大統領選の再選キャンペーンのためにデジタルによる偽情報戦略を開始している……。

ここで本書は終わっている。

本書がアメリカで刊行されたあと、トランプは二〇二〇年の大統領選挙で、民主党候補のバイデン元副大統領に敗れた。すると、選挙に不正があったと主張し、支持者を扇動。二〇二一年一月六日、選挙結果の最終的な認証が行なわれている連邦議会議事堂をトランプ支持者たちが襲撃するという、憲政史上初の事態を引き起こし、アメリカの歴史に消えない汚点を残した。トランプはその責任を問われ、二月十四日、二度目の弾劾裁判にかけられるが、評決の結果、無罪となった。しかし、いまもなお共和党内で絶対的な支持を集めている。

いっぽうロシアは、二〇二一年、軍事演習の名目でウクライナ国境付近に十万人規模の軍隊を集結させ、軍事力を誇示しながら、ウクライナとジョージアをNATOに加盟させないという確約や、東欧諸国からNATOの攻撃的兵器を撤収させることなどを要求。二〇二二年二月末にドネックおよびルガンスク人民共和国を独立国家として承認すると、二月二十四日、ついにウクライナへの侵攻を開始した。本書をお読みになった方々には、このウクライナ侵攻が東西冷戦開始以降のアメリカとソ連／ロシアとの政治戦の延長線上にあることは明白だろう。

最後になったが、本書の著者ティム・ワイナーについて、少しご紹介しておこう。一九五六年、ニューヨーク州で生まれ、コロンビア大学で歴史を専攻。コロンビア大学ジャーナリズム大学院を経て、《ソーホー・ニュース》紙で記者としての第一歩を踏みだした。《フィラデルフィア・インクワイアラー》紙に移籍後の一九八八年、国防総省とCIAの秘密予算にかんする調査報道でピュリツァー賞を受賞する。

一九九三年から二〇〇九年までは《ニューヨーク・タイムズ》で記者をつとめ、一九九四年には、CIAが五〜六〇年代に日本で自民党に数百万ドルの資金を提供していた事実を暴露した。二〇〇七年に刊行した『CIA秘録　その誕生から今日まで』はたちまち《ニューヨーク・タイムズ》のベストセラー・リストに名をつらね、全米図書賞を受賞した。二〇一二年には姉妹編の『FBI秘録　その誕生から今日まで』（文藝春秋）を上梓、《ウォールストリート・ジャーナル》から、「スパイ事件について書かれた最高の本」と称賛された。本書は六冊目の著書（共著もふくむ）にあたる。また、プリンストン大学とコロンビア大学で歴史と文章術を教えたこともある。

本書『米露諜報秘録　1945-2020』は、《ウォールストリート・ジャーナル》から、「結論をいえば、本書はじつにすばらしい作品だ。ワイナーは、帝国を失ったことに激怒し、アメリカにそのつぐないをよろこんでさせようとする復讐主義のクレムリンの内部へと読者をつれていく」と評された。また、《ニューヨーク・タイムズ・ブック・レヴュー》は、「第二次世界大戦終結以降の米ソ・米露間の世界的な闘争にかんする広範囲の説得力ある概観。ワイナーはこうした本を書くために必要な知識と経験を豊富に持っている。……情報量が多く、じつにおもしろい」と賛辞を贈った。辛口で知られる老舗書評専門誌《カーカス・レヴュー》は、本書を二〇二〇年度のベスト・ノンフィクションに選んでいる。

表現の自由は、民主主義を守るために必要不可欠だ。しかし、それは同時に、民主主義を崩壊させる攻撃に利用される危険もはらんでいる。国家として世界初のヴァーチャル攻撃を受けたエストニアのイルヴェス元大統領はこういっている。「出版の自由と自由で公正な選挙がある自由民主主義国家は、非対称の不利な立場にあります。……自分たちの民主的で自由な言論の道具が、自分たちにたいして使われることがあるのからである。

です」元大統領が「非対称の」というのは、独裁国家や専制主義国家には民主的で自由な言論が存在しない

本書は、民主主義国家に暮らす日本人にとって、対岸の火事ではない問題を提示している。また、北方領土問題をかかえる日本に、隣国ロシアとの関係を考えるうえで貴重な示唆をもたらしてくれるだろう。国際情勢に関心がある読者だけでなく、民主主義の未来について真剣に考える方々にもぜひご一読いただきたい一冊である。

二〇二二年三月

村上和久

人名索引

ア行

カ行

サ行

タ行

ナ行

ハ行

マ行

ヤ行

ラ行

ワ行

原注

第1章◆将来の闘争の種

p. 11　**全世界ですくなくとも百十七回の国政選挙を**：Dov H. Levin, "When the Great Power Gets a Vote: The Effects of Great Power Electoral Interventions on Election Results," *International Studies Quarterly* 60, no. 2 (June 2016): 189–202, https://doi.org/10.1093/isq/sqv016; and Levin, "Partisan Electoral Interventions by the Great Powers: Introducing the PEIG Dataset," *Conflict Management and Peace Science* 36, no.1 (January 2019): 88–106, https://journals.sagepub.com/doi/abs/10.1177/0738894216661190.

p. 11　**「宇宙に飛びだし，スプートニクを打ち上げ」**：Gorbachev interview, PBS, April 23, 2001, https://www.pbs.org/wgbh/commandingheights/shared/minitext/int_mikhailgorbachev.html.

p. 12　**「外交政策上の問題はなにもなかった」**：Baker oral history, Miller Center, January 29, 2000, https://millercenter.org/the-presidency/presidential-oral-histories/james-baker-iii-oral-history-2000-white-house-chief.

p. 12　**「一時的な印象のあざやかさに注意せよ」**：Powell oral history, Miller Center, December 16, 2011, https://millercenter.org/the-presidency/presidential-oral-histories/colin-powell-oral-history-chairman-joint-chiefs-staff.

p. 13　**「われわれが理解していなかったのは」**：Robert M. Gates, *Duty: Memoirs of a Secretary at War* (New York: Alfred A. Knopf, 2014), 149–50. ゲイツはつづけて，こう書いた．新千年紀が近づくと，「わが国が日差しを独り占めにする時間と，1990年代以降わが国が，生き残った唯一の超大国として傲慢にふるまうことが，広い恨みを買った．だから，2001年9月11日に〈世界貿易センタービル〉が崩れたとき，多くの政府と国民が——一部は公然と，より多くは内々に，アメリカを襲った厄災を歓迎したのである．彼らの目には，傲慢で，あらゆる権力を握る強国は，誇りを傷つけられて当然だった」．

p. 13　**「実質上，冷戦時代にロシア人の行動様式であったものにかなり逆戻りしました」**：Morell interview, *Politico*, December 11, 2017, https://www.politico.com/magazine/story/2017/12/11/the-full-transcript-michael-morell-216061.

p. 14　**「あなたがたはわれわれが二〇一六年に生きていると思っている」**：Krutskikh

remarks at Infoforum 2016, https://infoforum.ru/conference/2016. アメリカの報道機関の誰ひとり，トランプの大統領就任式の数日前まで，1年近くこの演説に気づいていなかったようだ．David Ignatius, "Russia's Radical New Strategy for Information Warfare," *Washington Post*, January 18, 2017, www.washingtonpost.com/blogs/post-partisan/wp/2017/01/18/russias-radical-new-strategy-for-information-warfare/?utm_term=.492f34e18be9 を参照.

第2章◆永遠につづくリズム

p. 16 **「信じがたいほどの犯罪性」**: George F. Kennan, *Russia and the West Under Lenin and Stalin*（Boston: Little, Brown, 1961）, 254–55.（邦訳『レーニン，スターリンと西方世界　現代国際政治の史的分析』，ジョージ・F・ケナン著，川端末人・岡俊孝・他訳，尾上正男・武内辰治監修，未来社，1970 年）

p. 17 **「彼は体制の恐るべき性格に」**: John Lewis Gaddis, *George F. Kennan: An American Life*（New York: Penguin, 2012）, 212.

p. 17 **「モスクワでは誰ひとり，西側世界が」**: Memorandum by the Counselor of Embassy in the Soviet Union（Kennan）, "Russia's International Position at the Close of the War with Germany," *Foreign Relations of the United States*（以下，*FRUS* と略）, Diplomatic Papers, 1945, Europe, Volume V, Document 643, https://history.state.gov/historicaldocuments/frus1945v05/d643.

p. 18 **「月や星やあらゆる惑星が」**: David McCullough, *Truman*（New York: Simon & Schuster, 1992）, 353.

p. 19 **「わたしはカルタゴやバールベック」**: Truman diary, July 16, 1945, in Robert H. Ferrell, ed., *Off the Record: The Private Papers of Harry S Truman*（Columbia: University of Missouri Press, 1997）, 52.

p. 20 **「彼らはそれをもとめてきた」**: Walter Isaacson and Evan Thomas, "The Reluctant Prophet," *Washington Post*, August 31, 1986, https://www.washingtonpost.com/archive/lifestyle/magazine/1986/08/31/the-reluctant-phophet/4b1c0c4a-2f9e-4eed-b1da-cd84a4025804/.

p. 21 **「われわれの思考形態とはきわめて異質なので」**: The Chargé in the Soviet Union（Kennan）to the Secretary of State, February 22, 1946, *FRUS*, 1946, Eastern Europe, The Soviet Union, Volume VI, Document 475, https://history.state.gov/historicaldocuments/frus1946v06/d475.

p. 21 **アメリカ国内のソ連スパイは**：「ソ連は，アメリカ政府内に 200 人以上の工作員と情報源を配置していた」，権威ある CIA 局内の歴史家による驚愕の事実．David Robarge, "Moles, Defectors, and Deceptions: James Angleton and CIA

Counterintelligence," *Journal of Intelligence History* 3, no. 2（Winter 2003）: 21–49.

p. 23 **「力の優越」**: Gaddis, *George F. Kennan: An American Life*, 239–40.

p. 23 **「ソヴィエトのふるまいの源泉」**: *Foreign Affairs*, July 1947, excerpted online at https://www.foreignaffairs.com/articles/russian-federation/2016-10-31/sources-soviet-conduct-excerpt.

p. 25 **「将軍は」**: Dean Acheson, *Present at the Creation: My Years in the State Department*（New York: W. W. Norton, 1970）, 212.（邦訳『アチソン回顧録』, ディーン・アチソン著, 吉沢清次郎訳, 恒文社, 1979 年）

p. 26 **「ゲリラ戦部隊」**: Kennan to Forrestal, September 27, 1947, Record Group 165, ABC files, 352:1, National Archives and Records Administration.

p. 26 **「事実上の内戦に訴えるよう」**: Policy Planning Staff 13, "Résumé of World Situation," *FRUS*, 1947, General, The United Nations, Volume I, Document 393, https://history.state.gov/historicaldocuments/frus1947v01/d393.

p. 27 **「隠密心理工作」**: Souers to Hillenkoetter, NSC 4–A, Subject: Psychological Operations, December 17, 1947, *FRUS*, 1945–1950, Emergence of the Intelligence Establishment, Document 257, https://history.state.gov/historicaldocuments/frus1945-50Intel/d257.

p. 27 **「第三次世界大戦を引き起こす」**: Willems to Chamberlin, March 30, 1948, reproduced in Thomas Boghardt, "By All Feasible Means," https://www.wilsoncenter.org/blog-post/all-feasible-means#_ftn1; Truman to Forrestal, March 10, 1948, *FRUS*, 1948, Western Europe, Volume III, Document 477, https://history.state.gov/historicaldocuments/frus1948v03/d477.

p. 28 **工作の公式な承認はすでに進行中だった.** : NSC 1/3, *FRUS*, 1948, Western Europe, Volume III, Document 475, https://history.state.gov/historicaldocuments/frus1948v03/d475.

p. 29 **「組織化された政治戦の開始」**: Policy Planning Staff Memorandum, May 4, 1948, *FRUS*, 1945–1950, Emergence of the Intelligence Establishment, Document 269, https://history.state.gov/historicaldocuments/frus1945-50Intel/d269.

p. 32 **「モスクワの力と影響を」**: Kennan, "U.S. Objectives Towards Russia," August 20, 1948, NSC meeting files, Box 204, Harry S. Truman Library.

p. 32 **「不当なソ連の力と影響の段階的な後退」**: Report to the President by the National Security Council, "U.S. Objectives with Respect to the USSR to Counter Soviet Threats to U.S. Security," November 23, 1948, *FRUS*, 1948, General; the United Nations, Volume I, Part 2, Document 60, https://history.state.gov/historicaldocuments/frus1948v01p2/d60.

p. 33 **「もしわが国の国益を」**: Kennan to Wisner, January 6, 1949, *FRUS*, 1945–1950, Emergence of the Intelligence Establishment, Document 308, https://history.state.gov/historicaldocuments/frus1945-50Intel/d308.

p. 33 **「すべての大元の計画立案者」**: Wisner memo, June 1, 1949, *FRUS*, 1945–1950, Emergence of the Intelligence Establishment, Document 310, https://history.state.gov/historicaldocuments/frus1945-50Intel/d310.

p. 33 **ソ連をポーランドやチェコスロヴァキア**: Policy Planning Staff Paper, "U.S. Policy Toward the Soviet Satellite States in Eastern Europe," August 25, 1949, *FRUS*, 1949, Eastern Europe; The Soviet Union, Volume V, Document 10, https://history.state.gov/historicaldocuments/frus1949v05/d10.

p. 35 **「原子兵器は世界の終わりを」**: Simon Sebag Montefiore, *Stalin: The Court of the Red Tsar*（New York: Alfred A. Knopf, 2004）, 601.

p. 35 **「誰もこれを使いたいとは思わない」**: John Lewis Gaddis, *The Long Peace: Inquiries into the History of the Cold War*（New York: Oxford University Press, 1987）, 113.（邦訳『ロング・ピース　冷戦史の証言「核・緊張・平和」』，ジョン・L・ギャディス著，五味俊樹・他訳，芦書房，2002 年）

第3章◈真実だけではじゅうぶんでない

p. 37 **「将来，ソ連とアメリカが」**: Eisenhower quoted in the *New York Times,* August 15, 1945, 3.

p. 38 **「個人的には，クレムリンの連中は」**: "Notes on a Meeting at the White House," January 31, 1951, *FRUS*, 1951, European Security and the German Question, Volume III, Part 1, Document 248, https://history.state.gov/historicaldocuments/frus1951v03p1/d248.

p. 39 **「もっとも急を要するものは」**: Eisenhower letter to Truman, December 16, 1950, Dwight D. Eisenhower Presidential Library.

p. 39 **「ひじょうに現実的な意味において」**: Jean Edward Smith, *Eisenhower in War and Peace*（New York: Random House, 2012）, 499.

p. 39 **「もしわたしが自分のやりたいようにするなら」**: Truman to Eisenhower, in McCullough, *Truman*, 888.

p. 41 **「われわれのあらゆる計画と活動にのしかかっているのは」**: Bohlen memo, March 7, 1953, Box 23, Record Group 59, Policy Planning Staff file "USSR 1953," State Department.

p. 42 **「製造されるあらゆる銃砲」**: "The Chance for Peace," Eisenhower address to American Society of Newspaper Editors, April 16, 1953, https://www.presidency.ucsb.

edu/documents/address-the-chance-for-peace-delivered-before-the-american-society-newspaper-editors.

p. 43 **「イランがソ連に支配されない」**：NSC 136/1, November 20, 1952, *FRUS*, 1952–1954, Iran, 1951–1954, Second Edition（以後 *FRUS* Iran と略）, Document 147, https://history.state.gov/historicaldocuments/frus1951-54IranEd2/d147. この文書と，それにつづく本章のイランのクーデタにかんする記録書類は，2018 年に機密扱いを解除され，イラン国王を復位させる CIA の工作について多くの新たな詳細をあきらかにした.

p. 43 **一万人のゲリラ部隊**：Progress Report to the National Security Council, March 20, 1953, *FRUS* Iran, Document 180, https://history.state.gov/historicaldocuments/frus1951-54IranEd2/d180.

p. 43 **「数多くの報道機関，政界，事務方のコネのネットワーク」**：Memorandum Prepared in the Directorate of Plans, Central Intelligence Agency, "Capabilities of CIA Clandestine Services in Iran," March 3, 1953, *FRUS* Iran, Document 170, https://history.state.gov/historicaldocuments/frus1951-54IranEd2/d170.

p. 44 **「第二次世界大戦中，イランにおけるナチの活動に」**：Waller to Roosevelt, "Factors Involved in the Overthrow of Mossadeq," April 16, 1953, *FRUS* Iran, Document 192, https://history.state.gov/historicaldocuments/frus1951-54IranEd2/d192.

p. 44 **「共産主義者たちは」**：Memorandum of Discussion at the 135th Meeting of the National Security Council, March 4, 1953, *FRUS* Iran, Document 171, https://history.state.gov/historicaldocuments/frus1951-54IranEd2/d171.

p. 45 **五百三十三万ドル**：この金額は，2018 年に機密扱いを解除されたもので，CIA の事後報告書 "Campaign to Install Pro-Western Government in Iran," March 8, 1954, *FRUS* Iran, Document 363, https://history.state.gov/historicaldocuments/frus1951-54IranEd2/d363. に記載されている.

p. 45 **「大統領から直接」**：Telephone conversation between Allen Dulles and John Foster Dulles, July 24, 1953, *FRUS*, 1952–1954, Iran, 1951–1954, Volume X, Document 335, https://history.state.gov/historicaldocuments/frus1952-54v10/d335.

p. 45 **「モサデクは，われわれの軍事秘密組織」**：CIA memorandum, "Campaign to Install Pro-Western Government in Iran," March 8, 1954, *FRUS* Iran, Document 363, https://history.state.gov/historicaldocuments/frus1951-54IranEd2/d363.

p. 45 **「リーダーが用意されるまでは」**：Roosevelt to CIA headquarters, August 20, 1953, *FRUS* Iran, Document 289, https://history.state.gov/historicaldocuments/frus1951-54IranEd2/d289.

p. 45 「このデモはバザール街で」: Henderson to State Department, August 20, 1953, *FRUS* Iran, Document 283, https://history.state.gov/historicaldocuments/frus1951-54IranEd2/d283.

p. 45 「いまやときはおとずれた」: Record of meeting at CIA headquarters, August 28, 1953, *FRUS* Iran, Document 307, https://history.state.gov/historicaldocuments/frus1951-54IranEd2/d307.

p. 46 「イランで国王を権力の座に」: Eisenhower diary, October 8, 1953, *FRUS* Iran, Document 328, https://history.state.gov/historicaldocuments/frus1951-54IranEd2/d328.

p. 46 「国王と首相は」: Project Outline Prepared in the Central Intelligence Agency, June 15, 1954, *FRUS* Iran, Document 368, https://history.state.gov/historicaldocuments/frus1951-54IranEd2/d368.

p. 46 「権力の現状のおもな新しい特徴」: National Intelligence Estimate, "Probable Developments in Iran Through 1955," December 7, 1954, *FRUS* Iran, Document 375, https://history.state.gov/historicaldocuments/frus1951-54IranEd2/d375.

p. 46 「国王はいまや，われわれの息のかかった人間です」: Record of meeting at CIA headquarters, August 28, 1953, *FRUS* Iran, Document 307, https://history.state.gov/historicaldocuments/frus1951-54IranEd2/d307.

p. 47 「統一された力強い努力」: これと，あとにつづく引用は，極秘の "Report to the President by the President's Committee on International Information Activities," June 30, 1953, *FRUS*, 1952–1954, National Security Affairs, Volume II, Part 2, Document 370, https://history.state.gov/historicaldocuments/frus1952-54v02p2/d370 より.

p. 48 「美しい賛歌を歌うことから」: Memorandum by the President to the Secretary of State, October 24, 1953, *FRUS*, 1952–1954, Western Europe and Canada, Volume VI, Part 1, Document 307, https://history.state.gov/historicaldocuments/frus1952-54v06p1/d307.

p. 50 「共産主義に死を！」: Ronald D. Landa, "Almost Successful Recipe: The United States and East European Unrest Prior to the 1956 Hungarian Revolution," draft historical study, Office of the Secretary of Defense, 2012（declassified 2017）, https://nsarchive2.gwu.edu//dc.html?doc=3473778-Document-01-Almost-Successful-Recipe-The-United.

p. 50 「大規模な反乱以外の抵抗の活動」,「重要な傀儡役人の抹殺」,「指示されたとき，大規模な襲撃あるいは持続的な戦いを」,「共産主義者の圧制にたいする抵抗」および「自由世界，とくに西ヨーロッパに」: NSC 158, United States Objectives

and Actions to Exploit the Unrest in the Satellite States, June 29, 1953, https://nsarchive2.gwu.edu/NSAEBB/NSAEBB50/doc74.pdf.

p. 51 「おろかな考え」: Helms memo to Wisner, CIA, August 6, 1953, cited in Landa, "Almost Successful Recipe," 53.

p. 51 「うたがいなくアメリカ軍が」: Bross memo to Dulles, CIA, January 13, 1954, cited in Landa, "Almost Successful Recipe," 66.

p. 52 「彼には……まるで決定のときが」および「アメリカは」: Memorandum of Discussion at the 163d Meeting of the National Security Council, September 24, 1953, *FRUS*, 1952–1954, National Security Affairs, Volume II, Part 1, Document 91, https://history.state.gov/historicaldocuments/frus1952-54v02p1/d91.

p. 53 「われわれは執念深い敵に対峙していて」: Report on the Covert Activities of the Central Intelligence Agency, September 30, 1954, *FRUS*, 1950–1955, The Intelligence Community, 1950–1955, Document 192, https://history.state.gov/historicaldocuments/frus1950-55Intel/d192.

p. 54 「国際共産主義にとって」: National Security Council Directive, NSC 5412/2, December 28, 1955, *FRUS*, 1950–1955, The Intelligence Community, 1950–1955, Document 250, https://history.state.gov/historicaldocuments/frus1950-55Intel/d250.

p. 55 「フルシチョフが衝撃的な」: John Rettie, "The Day Khrushchev Denounced Stalin," BBC World Service, February 18, 2006, http://news.bbc.co.uk/2/hi/programmes/from_our_own_correspondent/4723942.stm.

p. 55 「フルシチョフが酔っぱらっていた可能性」: Memorandum of Discussion at the 280th Meeting of the National Security Council, Washington, March 22, 1956, *FRUS*, 1955–1957, Soviet Union, Eastern Mediterranean, Volume XXIV, Document 34, https://history.state.gov/historicaldocuments/frus1955-57v24/d34.

p. 56 「もしこれが本物なら」: マノルはフルシチョフの「秘密演説」を入手した話を，事実から50年後にイスラエルのジャーナリスト，ヨッシ・メルマンに語った. Melman, "Trade Secrets," Haaretz.com, September 3, 2006.

p. 56 「フルシチョフ，スターリンを語る」: Harrison E. Salisbury *New York Times*, June 5, 1956, 1.

p. 57 「過去二十四時間に話しかけた多数のハンガリー人」: Telegram from the Legation in Hungary to the Department of State, Budapest, October 24, 1956, *FRUS*, 1955–1957, Eastern Europe, Volume XXV（以後 *FRUS* Eastern Europe と略）, Document 103, https://history.state.gov/historicaldocuments/frus1955-57v25/d103.

p. 57 「ハンガリーの暴動は」: Memorandum of Discussion at the 301st Meeting of the National Security Council, Washington, October 26, 1956, *FRUS* Eastern Europe,

Document 116, https://history.state.gov/historicaldocuments/frus1955-57v25/d116.

p. 58 **「もし彼らがなかなかの暮らしを手に入れ」**: Memorandum of a Telephone Conversation Between the President and the Secretary of State, October 26, 1956, *FRUS* Eastern Europe, Document 121, https://history.state.gov/historicaldocuments/frus1955-57v25/d121.

p. 58 **「ハンガリーの英雄的な民衆は」**: Address by the Secretary of State Before the Dallas Council on World Affairs, October 27, 1956, *FRUS* Eastern Europe, Document 128, https://history.state.gov/historicaldocuments/frus1955-57v25/d128.

p. 58 **「ハンガリー人を行動に駆り立て」**: Telegram from the Embassy in Austria to the Department of State, Vienna, October 28, 1956, *FRUS* Eastern Europe, Document 129, https://history.state.gov/historicaldocuments/frus1955-57v25/d129.

p. 58 **「すべての制約はなくなった」**: Radio Free Europe transcripts, October 28, 1956, in Csaba Békés, Malcolm Byrne, and János M. Rainer, eds., *The 1956 Hungarian Revolution: A History in Documents* (Budapest: Central European University Press, 2002).

p. 59 **「一夜の劇的な変化で」**: Telegram from the Legation in Hungary to the Department of State, Budapest, October 31, 1956, *FRUS* Eastern Europe, Document 148, https://history.state.gov/historicaldocuments/frus1955-57v25/d148.

p. 59 **「新しいハンガリーが」**: Dwight D. Eisenhower, Radio and Television Report to the American People on the Developments in Eastern Europe and the Middle East, October 31, 1956, https://www.presidency.ucsb.edu/documents/radio-and-television-report-the-american-people-the-developments-eastern-europe-and-the.

p. 59 **「あそこで起きたことは奇跡です」**: Memorandum of Discussion at the 302d Meeting of the National Security Council, Washington, November 1, 1956, *FRUS* Eastern Europe, Document 152, https://history.state.gov/historicaldocuments/frus1955-57v25/d152.

ハンガリー国内の出来事をはっきり理解できなかったCIAの大失態と，これらの出来事がアイゼンハワー政権の解放の夢にあたえた致命的な大打撃を受けて，大統領は，デイヴィッド・ブルース大使とロバート・ラヴェット元国防長官に，CIAで実際になにが起きているのかを調査させた．ふたりとも1948年の政治戦の開始時に専門家の緊密なサークルのなかにいた．ブルースはダレスとウィズナーの親友だった．彼の個人的な日誌は，彼が過ぎ去った歳月に何十回となく，彼らと酒や食事の席で会ったことをしめしている．ラヴェットは，大統領が新設した情報活動顧問の委員会に名をつらねていた．「ブルースはひどく動揺していた」とラヴェットは回想している．「彼

は，『ほかの国にずかずかと上がりこんで，新聞を買収したり，野党に金を渡したり，この公職，あの公職，あるいはべつの公職の候補者を支持したりするどんな権利が，われわれにあるというのか？』という立場からこれに取りくんだ」．ふたりとも，アメリカの主敵にたいする情報を収集する主要任務におけるCIAの欠点をいやというほど知った．

彼らの1956年12月20日付のアイゼンハワーへの報告書は，手厳しかった．報告書は五つの重要な点を強調していた．ダレスとウィズナーが開始した隠密工作は，CIAの8億ドルの年間予算の80パーセントを使っていたが，多くの場合，国家安全保障会議の審査も監督も受けていなかった．CIAの海外支局長たちはしばしば，自分たちがやっていることや，やったことをアメリカ大使に秘密にしていた．ダレスは大統領とNSCにも同じことをした．ソ連はときに，CIAのやっていることを，ホワイトハウスよりよく知っていた．隠密工作は，表明されたアメリカの外交政策の狙いと衝突する可能性もあった．そして，それがいつの日か，厄災につながることもありえた．

> CIAは，いそがしく，金があり，特権を持ち，その「キングメーカー」の責任を楽しんでいる（陰謀は魅力的で——成功すれば，かなりの自己満足が，ときに賞賛をともなって生じる——「失敗」は非難されない——そして，総じて，CIAの通常の手段によってソ連にかんする隠密情報を収集するより，ずっと簡単である！）．むろん，「ソ連をいらいらさせ」，ほかの国々を「親欧米」指向にさせつづけるという，使い古されたふたつの目的も，つねに記録上は存在する．これらのもとで，ほとんどどんな心理戦あるいは準軍事作戦も，正当化できるし，正当化されている．……
>
> CIAの支援と，同局の現地ニュースメディア，労働組合，政治家と政党などの活動の操作は，ときに，［アメリカ大使に］まったく知られていないか，ぼんやりとしか認識されていない．……その明白で当然の結果は，アメリカの外交政策資源を分断し，しばしばいまや権力の座についた元「野党」の（そして自分が誰と取り引きしているか知っている）外国人を，アメリカの機関同士を争わせる気にさせることである．……
>
> われわれの政府内で持続的になんらかの権威ある地位につく誰かが，失望の直接の代償（ヨルダン，シリア，エジプトなど）を考慮するべきではないか？　国際的な「行動規範」の事実上の破棄をともない，混乱を引き起こし，こんにち世界の多くの国に存在するわれわれにたいする疑念を生じさせるのに大いに責任がある活動の長期的な分別を．われわれの現在の同盟国にたいする影響はどうだろう？　われわれは明日，どういう立場に

いるだろう？　われわれは，この政権に積極的な心理戦と準軍事プログラムを開始させた1948年の決定の支持者が，それに起因する作戦の悪影響をとうてい予見できなかっただろうと確信している．CIAで日々の作戦に直接関与している者以外には，誰ひとり，なにが起きているかについての詳細な知識をいっさい有していない．

報告書は葬り去られた．その全文は一冊も現存していないようだ．上記の一節は，大統領の外国情報委員会ファイルから引用したものだが，これらに耳がかたむけられたという証拠は存在しない．疑問は提起されたが，20年間，対処されなかった．

p. 60　**「われわれに本当に建設的なことが」**: Memorandum of Discussion at the 303d Meeting of the National Security Council, Washington, November 8, 1956, *FRUS* Eastern Europe, Document 175, https://history.state.gov/historicaldocuments/frus1955-57v25/d175.

p. 61　**「ソ連の支配者たちは」**: Special Message to the Congress on the Situation in the Middle East, January 5, 1957, https://www.presidency.ucsb.edu/documents/special-message-the-congress-the-situation-the-middle-east.

p. 62　**「もし行ってこのアラブ人たちと暮らしてみたら」**: Memorandum of Discussion at the 410th Meeting of the National Security Council, Washington, June 18, 1959, *FRUS*, 1958–1960, East Asia-Pacific Region; Cambodia; Laos, Volume XVI, Document 36, https://history.state.gov/historicaldocuments/frus1958-60v16/d36.

p. 62　**アイゼンハワーはクーデタを仕掛ける**：この作戦はわたしの著書 *Legacy of Ashes: The History of the CIA*（New York: Random House, 2007）（邦訳『CIA 秘録 その誕生から今日まで』，ティム・ワイナー著　藤田博司・山田侑平・佐藤信行訳，文春文庫，2011年）で詳述されている．

p. 64　**「自由主義諸国と国際共産主義間の戦いにおける決定的要素」**: Richard M. Nixon, “The Emergence of Africa: Report to President Eisenhower,” *State Department Bulletin*, April 22, 1957.

p. 65　**「これらの一部は狙いすました一撃だった」**: Alma Fryxell, “Psywar by Forgery,” CIA, n.d., https://www.cia.gov/library/center-for-the-study-of-intelligence/kent-csi/vol5no1/html/v05i1a03p_0001.html.

p. 66　**「それによって，NATO同盟の崩壊に直接寄与すること」**: CIA, “The Soviet and Communist Bloc Defamation Campaign,” September 1965, https://www.cia.gov/library/readingroom/docs/CIA-RDP67B00446R000500070011-8.pdf.

pp. 68–69　**「ディック・ビッセルは子供時代からのいちばん古い友だちだった」**およ

び**「当時は正常な関係」**: Carl Bernstein, “The CIA and the Media,” *Rolling Stone*, October 20, 1977, http://www.carlbernstein.com/magazine_cia_and_media.php. また John M. Crewdson et al., “C.I.A.: Secret Shaper of Public Opinion,” *New York Times*, December 25–27, 1977 も参照.

p. 69 **「核戦争を恐れている」**: Memorandum of Conversation, Camp David, September 26 and 27, 1959, *FRUS*, 1958–1960, Volume X, Part 1, Eastern Europe Region; Soviet Union; Cyprus; Document 133, https://history.state.gov/historicaldocuments/frus1958-60v10p1/d133.

p. 70 **「気圧計がどこを指しているのか」**: Memorandum of Conversation, Camp David, September 27, 1959, *FRUS*, 1958–1960, Berlin Crisis, 1959–1960; Germany; Austria, Volume IX, Document 14, https://history.state.gov/historicaldocuments/frus1958-60v09/d14.

p. 70 **「われわれがその嘘のためにどれほど高い代償を」**: Michael R. Beschloss, *Mayday: Eisenhower, Khrushchev, and the U-2 Affair* (New York: Harper & Row, 1986), 372.（邦訳『1960年5月1日――その日軍縮への道は閉ざされた』, マイケル・R・ベシュロス著, 篠原成子訳, 朝日新聞社, 1987年）

p. 71 **「彼の努力を, 愚かなU-2騒ぎが」**: George B. Kistiakowsky, *A Scientist at the White House* (Cambridge, MA: Harvard University Press, 1976), 358.

第4章◆西側最後の希望

p. 73 **「われわれは世界中で, 一枚岩の容赦ない陰謀と」**: President John F. Kennedy, Address Before the American Newspaper Publishers Association, April 27, 1961, https://www.jfklibrary.org/archives/other-resources/john-f-kennedy-speeches/american-newspaper-publishers-association-19610427.

p. 74 **ケネディ兄弟はカストロを照準の十字線にとらえ**: CIAはホワイトハウスの命を受けてカストロ暗殺計画を開始した. 1962年8月10日, JFKによって選ばれたアイゼンハワー側の人物で, CIAの新長官であるジョン・マコーンは, ディーン・ラスク国務長官の会議室でロバート・ケネディとロバート・マクナマラ国防長官と会った. マコーンは, 彼らが「カストロ政権の最上層部を消すという」提案について話し合ったと記憶している. とくに, フィデルと, 国防相である弟のラウルを. マコーンは道義的および倫理的理由から異議を唱えた. ケネディ兄弟はあきらかに異議を唱えなかった. *FRUS*, 1961–1963, Volume X, Cuba, January 1961–September 1962, 923, https://history.state.gov/historicaldocuments/frus1961-63v10/pg_923.

p. 74 **「世界のさまざまな地域でアメリカとその同盟国の注意と力をそらすのに役立つ**

状況を作りだす」: Christopher Andrew and Vasili Mitrokhin, *The Sword and the Shield: The Mitrokhin Archive and the Secret History of the KGB*（New York: Basic Books, 2000）, 180–81.

p. 75 「冷戦の闘争の中心」: Carlucci oral history, Foreign Affairs Oral History.

p. 76 「実際には独立をもとめて叫んだ最初の声」: Roberts oral history, FAOH.

p. 77 「アメリカ政府の誰も」: McIlvaine oral history, FAOH.

p. 77 「独立以前は独立以後と等しい」: Stephen R. Weissman, *American Foreign Policy in the Congo, 1960–1964*（Ithaca, NY: Cornell University Press,1974）, 55.

p. 78 「首相は，コンゴが」および「まったく理性的な人間ではない」: Conversation Between the Secretary and Prime Minister Lumumba, July 27, 1960, *FRUS*, 1958–1960, Africa, Volume XIV, Document 152, https://history.state.gov/historicaldocuments/frus1958-60v14/d152.

p. 79 アメリカは，コンゴにおけるソ連の軍事介入を: Memorandum of Discussion at the 454th Meeting of the National Security Council, August 1, 1960, *FRUS*, 1958–1960, Africa, Volume XIV, Document 156, https://history.state.gov/historicaldocuments/frus1958-60v14/d156.

p. 79 「過去十二カ月間」: Memorandum of Conference with President Eisenhower, August 1, 1960, *FRUS*, 1958–1960, Africa, Volume XIV, Document 157, https://history.state.gov/historicaldocuments/frus1958-60v14/d157.

p. 80 「われわれには政治戦を遂行するというきわめて明確な任務があった」: Author interview with Larry Devlin, March 2008.

p. 81 「ルムンバは左傾化し」: Telegram from the Station in the Congo to the Central Intelligence Agency, Léopoldville, August 11, 1960, *FRUS*, 1964–1968, Volume XXIII, Congo, 1960–1968（以後 *FRUS* Congo と略）, Document 8, https://history.state.gov/historicaldocuments/frus1964-68v23/d8.

p. 81 「ルムンバが実際に共産主義者であろうが」: Editorial note summarizing telegram 0772 to the Central Intelligence Agency, Léopoldville, August 18, 1960, *FRUS* Congo, Document 10, https://history.state.gov/historicaldocuments/frus1964-68v23/d10.

p. 81 国家安全保障会議の異例の会合が: Editorial note summarizing the NSC meeting of August 18, 1960, *FRUS* Congo, Document 11, https://history.state.gov/historicaldocuments/frus1964-68v23/d11.

p. 82 「必然的な結果は」: Telegram from the Central Intelligence Agency to the Station in the Congo, August 27, 1960, *FRUS* Congo, Document 14, https://history.state.gov/historicaldocuments/frus1964-68v23/d14.

p. 82 **「いつなにをなすべきかについて」**: Telegram from the Station in the Congo to the Central Intelligence Agency, Léopoldville, September 8, 1960, *FRUS* Congo, Document 17, https://history.state.gov/historicaldocuments/frus1964-68v23/d17.

p. 83 **「もし陰謀で身を滅ぼさなければ」**: Editorial note summarizing telegram 0927 from the Station in Léopoldville to the Central Intelligence Agency, September 13, 1960, *FRUS* Congo, Document 19, https://history.state.gov/historicaldocuments/frus1964-68v23/d19.

p. 84 **「緊急工作」**: Editorial note summarizing telegram 0963 from the Station in Léopoldville, September 18, 1960, *FRUS* Congo, Document 23, https://history.state.gov/historicaldocuments/frus1964-68v23/d23.

p. 84 **「モブツの軍事独裁権力」**: "An Analytical Chronology of the Congo Crisis," January 25, 1961, Papers of John F. Kennedy, President's Office Files, Kennedy Library, https://www.jfklibrary.org/asset-viewer/archives/JFKPOF/114/JFKPOF-114-015.

p. 84 **「ルムンバはまだ排除されておらず」**: Editorial note summarizing the 460th meeting of the National Security Council on September 21, 1960, *FRUS*, 1958–1960, Africa, Volume XIV, Document 223, https://history.state.gov/historicaldocuments/frus1958-60v14/d223.

p. 85 **「驚いたな！」**: Author interview with Larry Devlin, March 2008.

p. 85 **十一月，ビッセルは仕事を片づけるために**：暗殺未遂犯たちの計画と役割は，*Alleged Assassination Plots Involving Foreign Leaders: An Interim Report of the Select Committee to Study Governmental Operations with Respect to Intelligence Activities*, United States Senate（New York: W. W. Norton, 1976），64 にある．

p. 86 **「コンゴにかんして」**: Telegram from the Embassy in the Soviet Union to the Department of State, Moscow, April 1, 1961, *FRUS*, 1961–1963, Volume V, Soviet Union, Document 51, https://history.state.gov/historicaldocuments/frus1961-63v05/d51. クレムリンはコンゴで起きていることを完全に誤解していた．フルシチョフはモブツのクーデタと彼のソ連「軍事顧問」の排除について国連とダグ・ハマーショルドを非難した．ソ連はルムンバの死についても彼らを非難した．1961 年 2 月 14 日のソ連政府の声明にはこうある．「カタンガの地下牢におけるパトリス・ルムンバと戦友たちの殺害は，ハマーショルドの犯罪活動の頂点である．全世界のあらゆる正直な人間の目には，パトリス・ルムンバの血がこの植民地主義者の子分の手についていて，拭い去ることができないことは明白である」．

p. 87 **「政治情勢は新政府にある種の立憲性を」**: Telegram from the Station in the

Congo to the Central Intelligence Agency, Léopoldville, November 3, 1960, *FRUS* Congo, Document 40, https://history.state.gov/historicaldocuments/frus1964-68v23/d40.

p. 87 **「先週，大統領からご要望があったとおり」**: Editorial note summarizing a memorandum for President Kennedy from Special Assistant for National Security Affairs McGeorge Bundy, June 10, 1961, *FRUS*, 1961–1963, Volume XX, Congo Crisis, Document 71, https://history.state.gov/historicaldocuments/frus1961-63v20/d71.

p. 89 **スタンリーヴィルにおけるKGBの進出拠点**: Natalia Telepneva, "Cold War on the Cheap: Soviet and Czechoslovak Intelligence in the Congo, 1960–1963," in Philip Muehlenbeck and Natalia Telepneva, eds., *Warsaw Pact Intervention in the Third World: Aid and Influence in the Cold War*, International Library of Twentieth Century History (London: I.B. Tauris, 2018), 123–48.

p. 90 **「国内外でアドウラ首相の政治的イメージを向上させ」**: Memorandum for the Special Group, Covert Action in the Congo, November 16, 1961, *FRUS* Congo, Document 100, https://history.state.gov/historicaldocuments/frus1964-68v23/d100.

このめずらしい覚書は，外国の指導者にたいするCIAの秘密の財政支援を大統領が承認したことを記録している．JFKとバンディはあきらかにこれらの支払いを，不愉快だが必要で，ビジネスを進めるための費用だと考えていた．1964年，ホワイトハウスがモブツと彼の政治的取り巻きにたいするCIAの新たな330万ドルの政治資金の要請を検討していたとき，ラスク国務長官は，現金の詰まった黒カバンよりもよいビジネスのやりかたはないのかとたずねた．デヴリンは方法を見つけた．ワシントンのロビイストがあつかうビジネス取り引きである．CIAの長たちは，この思いつきには誰も法律の枠を踏み外さずにすむという利点があると気づいた．バンディはこれに感謝した．この一件の注目すべき点は――国務長官と国家安全保障担当補佐官が外国の即金の選挙不正の詳細に細心の注意をはらっている――これがアメリカの政治戦との関連で注目されなかったことだった．

p. 91 **「多数のほとんど解決不能の問題」**: Editorial note summarizing telegram 6298 from Léopoldville to the Central Intelligence Agency, March 14, 1963, *FRUS* Congo, Document 137, https://history.state.gov/historicaldocuments/frus1964-68v23/d137.

この要約からは，デヴリンの日々の奮闘の雰囲気がつたわってくる．支局長は，コンゴ政府が，政治的な組織とノウハウの欠如，[機密扱いを解かれていない文章]，そして独立以来コンゴを悩ませてきたほとんど解決不能な数多くの問題によって引き起こされる，深刻な政治的困難にあると報告し

た．彼が［機密扱いを解かれていない文章］に，アメリカ政府は失われた大義に金をつぎ込んではいけないと警告すると，［機密扱いを解かれていない文章］は，［機密扱いを解かれていない文章］がたえまない票の買収をやめさせるか少なくするために必要な種類の政治組織を作り上げるのには，すくなくとも一年はかかるだろうといった．支局長は，アメリカには穏健派への支援をやめるか，もっともそうなれば彼らはたぶん衰退するだろうが，それとも来年も支援を提供しつづけるか，［機密扱いを解かれていない文章］の選択肢があると指摘した．彼は，いらだたしいが，［機密扱いを解かれていない文章］作戦が，その時点ではアフリカで期待できるどんな政府よりも親米的な政府を維持していると指摘した．

p. 91 **「CIAはひじょうに大規模で，人目を引いた」**: Hoffacker oral history, FAOH.

p. 92 **「もし装備をいただけたら」**: Memorandum of Conversation［between President Kennedy and General Mobutu］, Washington, May 31, 1963, *FRUS*, 1961–1963, Volume XX, Congo Crisis, Document 423, https://history.state.gov/historicaldocuments/frus1961-63v20/d423. 覚書には以下の一節がふくまれている．「大統領は外に出てモブツ将軍に別れを告げるとき，共産主義者にたいして自由を維持するために将軍ほど尽力した者は世界に誰もいないし，コンゴで危機が起きるたびに，モブツの名が口にされるといった」．

p. 93 **「シベリア送り」**: KGBコンゴ支局におけるヴォローニンの同僚，オレグ・ナジェストキンは，“The Years of the Congolese Crisis, 1960–1963: A Secret Service Man’s Memoirs” と題するスパイ組織の活動にかんする個人史を発表していて，逮捕と投獄，追放にかんする彼の記述は，Sergey Mazov, *A Distant Front in the Cold War: The USSR in West Africa and the Congo, 1956–1964*（Palo Alto, CA: Stanford University Press, 2010）, 178–81にある．

p. 94 **「イスラム教徒の奴隷商人」**: CIA director John McCone Memorandum for the Record, Discussion with Secretary of State Dean Rusk, Washington, January 8, 1965, *FRUS* Congo, Document 383, https://history.state.gov/historicaldocuments/frus1964-68v23/d383.

p. 94 **筋金入りの外交官のアヴレル・ハリマン**: Kirsten Lundberg and Charles Cogan, “Containing the Chaos: the US-UN Intervention in the Congo 1960–1965,” Harvard Kennedy School case study, 1999.

p. 95 **「チョンベはほとんど外部の支援を得ていなかった」**: Lundberg and Cogan, “Containing the Chaos.”

p. 96 **「とどまるのは無謀であることはわかっていた」**: Hoyt oral history, FAOH.

スタンリーヴィルの人質は，三カ月間，囚われの身にあり，そのあいだに

CIA と統合参謀本部は，空と陸，水路による救出計画に目を通して却下した．案のひとつは，17 名のキューバ人に筏を持たせてスタンリーヴィルの川上に投下するというものだった．チームはウィリアム・“リップ”・ロバートスンにひきいられて現地入りした．ロバートスンは朝鮮戦争と 1954 年のグアテマラのクーデタで CIA のために大がかりな準軍事作戦を仕切ったことがあり，ピッグズ湾の失敗に終わった上陸作戦では九死に一生を得ていた．それから誰かが，街はスタンリー滝のすぐ下流にあることを思いだした――合計で 60 メートルも落下する 7 つの瀑布である．「これは世紀の筏旅行になっていたことだろう」とマイク・ホイト領事はいった．

p. 96 **「スタンリーヴィルは反政府勢力の手中にあります」**: Memorandum from William H. Brubeck of the National Security Council Staff to President Johnson, August 6, 1964, *FRUS* Congo, Document 199, https://history.state.gov/historicaldocuments/frus1964-68v23/d199.

p. 96 **「コンゴで共産野郎が好きほうだいできるとき」**: Telegram from the Station in the Congo to the Central Intelligence Agency, Léopoldville, August 10, 1964, *FRUS* Congo, Document 208, https://history.state.gov/historicaldocuments/frus1964-68v23/d208.

p. 97 **「コンゴ軍はまったく役立たずで」**: Paper Prepared in the Central Intelligence Agency, August 13, 1964, *FRUS* Congo, Document 219, https://history.state.gov/historicaldocuments/frus1964-68v23/d219.

p. 97 **「われわれはじきに自分たちが，アメリカから資金提供を受けた秘密警察」**: Telegram from the Embassy in the Congo to the Department of State, Léopoldville, August 19, 1964, *FRUS* Congo, Document 227, https://history.state.gov/historicaldocuments/frus1964-68v23/d227.

p. 98 **第二のヴェトナム**:

チェ・ゲバラはキューバ革命をアフリカの心臓部に輸出しようとしていた．1964 年 12 月 11 日，スタンリーヴィルの戦いのあと，彼は国連総会で演説した．「国連の名前を使ってルムンバを殺害した者たちが，きょう，白色人種の防衛の名において，数千人のコンゴ人を殺害しています」とチェは主張した．「世界のあらゆる自由民は犯罪に復讐する準備をしなければなりません」．彼はアフリカの 10 カ国歴訪に出発し，ダル・エス・サラームでカタンガ地方の反逆者ローラン・カビラと会い，周恩来から革命の支持を取り付けるために北京におもむいた．彼はじきにカビラとともに大規模なゲリラ攻撃を開始した．キューバ人とコンゴ人からなるチェの軍隊は，タンガニーカ湖――コンゴの東の国境ぞいに北から南へ 676 キロつづく世界最長の淡水

湖——の岸辺に臨む広大なジャングルと山地で戦った．デヴリンの空軍は依然としてモブツの敵にたいして定期的に爆撃任務を遂行していたが，いまや彼には海軍が必要だった．CIA本部では，隠密作戦部門の海洋部の次長であるトーマス・クラインズと，〈マリタイム・コンサルタンツ〉というCIAのフロント会社を経営するエドワード・ウィルスンが，〈スウィフト〉ボートを入手した——迫撃砲と重機関銃で武装した哨戒艇である．彼らはボートをばらばらにして，空路運びこみ，戦闘にそなえて組み立てた．（ふたりとものちに国際的な武器商人となり，しばしばCIAと協力したが，ふたりとも結局，刑務所行きになって，ウィルスンは22年の刑期をつとめている．）デヴリンは，〈スウィフト〉ボートを傭兵の“マッド・マイク”・ホアの指揮下に置く許可をホワイトハウスにもとめて許された．典型的な冷戦の戦闘で，CIAのキューバ人たちはチェのキューバ人たちと死ぬまで戦った．彼らはチェを完全に打ち負かし，彼の栄光の夢を打ち砕いた．CIAはその2年後，チェをボリビアで追いつめ，彼の戦いを永遠に終わらせた．

p. 98 **「モブツはデヴリンのほうを向いて」**: Telegram from the Station in the Congo to the Central Intelligence Agency,Léopoldville, November 19, 1965, *FRUS* Congo, Document 446, https://history.state.gov/historicaldocuments/frus1964-68v23/d446.

p. 99 **「モブツはべつのクーデタを起こしたくはない」**: Telegram from the Station in the Congo to the Central Intelligence Agency, Léopoldville, November 22, 1965, *FRUS* Congo, Document 448, https://history.state.gov/historicaldocuments/frus1964-68v23/d448.

p. 99 **「コンゴの危機」**: Memorandum from Robert W. Komer of the National Security Council Staff to the President's Special Assistant for National Security Affairs (Bundy), November 22, 1965, *FRUS* Congo, Document 447, https://history.state.gov/historicaldocuments/frus1964-68v23/d447.

p. 99 **「われわれはモブツを後押しできる」**: Memorandum from Harold H. Saunders of the National Security Council Staff to Robert W. Komer of the National Security Council Staff, Washington, November 23, 1965, *FRUS* Congo, Document 449, https://history.state.gov/historicaldocuments/frus1964-68v23/d449.

p. 100 **「コンゴにおける西側最後の希望」**: Telegram from the Station in the Congo to the Central Intelligence Agency, Léopoldville, November 25, 1965, *FRUS* Congo, Document 454, https://history.state.gov/historicaldocuments/frus1964-68v23/d454.

p. 101 **「あの当時，われわれはソ連がアフリカを」**: Author interview with Larry Devlin, March 2008.

p. 102 **「彼は優秀な謀略家で陰謀家」**: Oakley oral history, FAOH.

p. 103 **「モブツ大統領は，アメリカの国家安全保障上の目標」**：CIA, National Intelligence Estimate, "Zaire: Prospects for the Mobutu Regime," November 7, 1986, https://www.cia.gov/library/readingroom/docs/CIA-RDP90T00155R001200090006-6.pdf.

p. 103 **「彼の安月給あるいは無給の兵士たちによる略奪や蛮行」**：Grove oral history, FAOH.

p. 104 **「ふりかえれば，歴史家たちは」**：Harrop oral history, FAOH.

第5章◆〈ヴォイス・オブ・アメリカ〉

p. 106 **「子供たちよ」**：Steven Casey, *Cautious Crusade: Franklin D. Roosevelt, American Public Opinion, and the War Against Nazi Germany*（New York: Oxford University Press, 2001）, 114.

p. 107 **「共産主義はポーランド人に適していない」**：Stanislaw Mikolajczyk, *The Pattern of Soviet Domination*（London: Sampson Low, Marston, 1948）, 112.

p. 109 **「前代未聞の大失態」**：Author interview with John McMahon, October 2004.

p. 109 **「この事件がひどい失敗を」**：Memorandum from Robert P. Joyce of the Policy Planning Staff to the Deputy Under Secretary of State（Matthews）, Washington, December 31, 1952, *FRUS*, 1950–1955, The Intelligence Community, 1950–1955, Document 142, https://history.state.gov/historicaldocuments/frus1950-55Intel/d142.

p. 110 **「わたしは最初から」**：Brzezinski eulogy for Henze, July 17, 2011, https://pressroom.rferl.org/a/in-memoriam-henze-eulogy-brzezinski/27770941.html.

pp. 110–111 **毒物製造工場，混乱を作りだす，「闘争は」，「ポーランドで破壊工作を」，「馬鹿げて」**および**「突拍子もない」**：A. Ross Johnson, *Radio Free Europe and Radio Liberty: The CIA Years and Beyond*（Washington, DC: Woodrow Wilson Center Press, 2010）, 47–54.

p. 111 **「最初のころの放送では」**：Cummings quoted in Roland Elliott Brown, "From Propaganda to Journalism: How Radio Free Europe Pierced the Iron Curtain," posted on the website "Journalism Is Not a Crime," June 26, 2017, https://journalismisnotacrime.com/en/features/1898/.

p. 111 **その声は，ポーランド秘密警察の高官であるヨセフ・スヴャトロのものだった**：スヴャトロの話はL. W. Gluchowski, "The Defection of Jozef Swiatlo and the Search for Jewish Scapegoats in the Polish United Workers' Party, 1953–1954," Columbia University Electronic Journal of Modern Central European History, https://ece.columbia.edu/files/ece/images/gluchowski-1.pdfで詳述されている．

p. 112 **「もしポーランドの指導部に動揺が」**：Ted Shackley, *Spymaster: My Life in the*

CIA（Dulles, VA: Potomac Books, 2005）, 79–85.

p. 113 「国際放送の歴史のなかで」: A. Ross Johnson, "Origins of the Swiatlo Broadcasts on RFE," Expanded Text of Remarks Presented at the Conference "'Radio Wolna Europa w walce z komunizmem,'" Warsaw, November 6–7, 2009.

p. 113 『ねえ，この場所は明日には空高く吹き飛ぶんですよ』: Johnson oral history, FAOH.

p. 114 「アメリカの国益の視点からいえば」: Minutes of 290th NSC meeting, July 12, 1956, https://nsarchive2.gwu.edu/NSAEBB/NSAEBB76/doc2.pdf.

p. 114 「ポーランド政権は」: Telegram from the Embassy in Poland to the Department of State, Warsaw, September 21, 1956, *FRUS* Eastern Europe, Document 89, https://history.state.gov/historicaldocuments/frus1955-57v25/d89.

p. 115 「社会主義の根本原則をねじ曲げたこと」: Editorial note, *FRUS* Eastern Europe, Document 95, https://history.state.gov/historicaldocuments/frus1955-57v25/d95.

p. 115 「ポーランド人のように」: Editorial note, *FRUS* Eastern Europe, Document 99, https://history.state.gov/historicaldocuments/frus1955-57v25/d99.

p. 115 「われわれが彼らをNATOに組みこもうとする」: Memorandum of a Telephone Conversation Between the President and the Secretary of State, October 26, 1956, *FRUS* Eastern Europe, Document 120, https://history.state.gov/historicaldocuments/frus1955-57v25/d120.

p. 115 「この夏と秋におおやけに」: Memorandum from the Director of Central Intelligence（Dulles）to the Secretary of State, April 15, 1957, *FRUS* Eastern Europe, Document 246, https://history.state.gov/historicaldocuments/frus1955-57v25/d246.

p. 116 「ポーランド人がいかに」: Memorandum by George F. Kennan, "Impressions of Poland, July, 1958," *FRUS* 1958–1960, Eastern Europe; Finland; Greece; Turkey, Volume X, Part 2, Document 50, https://history.state.gov/historicaldocuments/frus1958-60v10p2/d50.

p. 116 「〈ヴォイス・オブ・アメリカ〉には」: Fischer oral history, FAOH.

p. 117 「われわれは知らないうちに音楽をプロパガンダの道具として使っていた」: Terence M. Ripmaster, *Willis Conover: Broadcasting Jazz to the World*（Lincoln, NE: iUniverse, 2007）, 23.

p. 117 「われわれが〈ヴォイス〉で手にしていたもっとも効果的な道具」: Ripmaster, *Willis Conover*, 27.

p. 118 「いったんそれについて，演奏の範囲について」: Conover oral history, FAOH.

p. 118 「アメリカでものごとが起きる様子の」: John S. Wilson, "Who Is Conover? Only We Ask," *New York Times*, September 13, 1959.

p. 119 「〈ラジオ自由ヨーロッパ〉は考えを主張しているのではない」: conversation between Gomulka and Vice President Nixon, Warsaw, August 3, 1959, *FRUS* 1958–1960, Eastern Europe; Finland; Greece; Turkey, Volume X, Part 2, Document 74, https://history.state.gov/historicaldocuments/frus1958-60v10p2/d74.

p. 120 「〈ラジオ自由ヨーロッパ〉は」: Memorandum of Discussion at the 362d Meeting of the National Security Council, Washington, April 14, 1958, *FRUS* 1958–1960, Eastern Europe; Finland; Greece; Turkey, Volume X, Part 2, Document 45, https://history.state.gov/historicaldocuments/frus1958-60v10p2/d45.

p. 120 「われわれはポーランドをモスクワから」: Notes of the Legislative Leadership Meeting, August 16, 1960, *FRUS* 1958–1960, Foreign Economic Policy, Volume IV, Document 264, https://history.state.gov/historicaldocuments/frus1958-60v04/d264.

p. 120 「西側のイデオロギー的・政治的破壊工作の中心」: Paweł Machcewicz, *Poland's War on Radio Free Europe, 1950–1989* (Palo Alto, CA: Stanford University Press, 2015), 118–19.

p. 121 「われわれがワルシャワに入り」: Conversation Between President Nixon and His Chief of Staff (Haldeman), Washington, March 22, 1972, *FRUS*, 1969–1976, Volume XXIX, Eastern Europe; Eastern Mediterranean, 1969–1972, Document 156, https://history.state.gov/historicaldocuments/frus1969-76v29/d156.

p. 122 「われわれにもはやその力はない」: Minutes of a National Security Council Meeting, Washington, January 13, 1977, *FRUS*, 1969–1976, Volume XXXVIII, Part 2, Organization and Management of Foreign Policy; Public Diplomacy, 1973–1976, Document 83, https://history.state.gov/historicaldocuments/frus1969-76v38p2/d83.

p. 123 「より大きな市民的自由のために戦うポーランド国内の反体制派の活動は」: Paper Prepared in the Central Intelligence Agency for the Special Activities Working Group, Washington, February 4, 1977, *FRUS* 1977–1980, Volume XX, Eastern Europe, 1977–1980, Document 3, https://history.state.gov/historicaldocuments/frus1977-80v20/d3.

p. 123 「ポーランドの状況は」: Intelligence Memorandum Prepared in the Central Intelligence Agency, "Dissident Activity in East Europe: An Overview," April 1, 1977, *FRUS* 1977–1980, Volume XX, Eastern Europe, 1977–1980, Document 5, https://history.state.gov/historicaldocuments/frus1977-80v20/d5.

p. 124 「わたしはアーヴィングが」: Braden quoted in Frances Stonor Saunders, *The Cultural Cold War: The CIA and the World of Arts and Letters* (New York: New Press,

2013), 87.

p. 125 **「あそこで爆発が起きる」**: Intelligence Memorandum Prepared in the Central Intelligence Agency, "Dissident Activity in East Europe: An Overview."

p. 125 **「こうしたプログラムは」**: Memorandum from Paul Henze of the National Security Council Staff to the President's Assistant for National Security Affairs (Brzezinski), "CIA's Soviet and East European Book and Publications Program," Washington, January 23, 1979, *FRUS* 1977–1980, Volume XX, Eastern Europe, 1977–1980, Document 29, https://history.state.gov/historicaldocuments/frus1977-80v20/d29.

p. 126 **「国営放送の毎晩のニュース放送を」**: Virden oral history, FAOH.

p. 127 **「二年前，われわれはわが国の負債が」**: Minutes of the August 23, 1980, meeting of the Polish Politburo, in Machcewicz, *Poland's War on Radio Free Europe*, 233.

p. 127 **「〈ラジオ自由ヨーロッパ〉のおかげで」**: Machcewicz, *Poland's War on Radio Free Europe*, 232.

p. 128 **「ポーランドで起きていることは」**: Editorial note, *FRUS* 1977–1980, Volume XX, Eastern Europe, 1977–1980, Document 38, https://history.state.gov/historicaldocuments/frus1977-80v20/d38.

p. 129 **「波及効果」**: Douglas J. MacEachin, *U.S. Intelligence and the Polish Crisis, 1980–1981* (Washington, DC: CIA Center for the Study of Intelligence, 2000), 14, https://www.cia.gov/library/readingroom/docs/2000-01-01.pdf; Robert M. Gates, *From the Shadows: The Ultimate Insider's Story of Five Presidents and How They Won the Cold War* (New York: Simon & Schuster, 1996), 163; "Recent Military Activities in and Around Poland," MacEachin, *U.S. Intelligence and the Polish Crisis*, 34.

p. 129 **リシャルト・ククリンスキ大佐**：大佐の役割の詳細な記述は，Mark Kramer, "Colonel Kuklinski and the Polish Crisis, 1980–81," *Cold War International History Project* (*CWIHP*) *Bulletin* 11, 48–59, https://www.wilsoncenter.org/sites/default/files/CWIHP_Bulletin_11.pdf を参照.

p. 129 **「ソ連がポーランドへの軍事介入」**: MacEachin, *U.S. Intelligence and the Polish Crisis*, 32; Gates, *From the Shadows*, 166.

p. 130 **十五個師団……「侵攻の決断」**: MacEachin, *U.S. Intelligence and the Polish Crisis*, 36–38.

p. 131 **「世界的な緊張の影」**: Gates, *From the Shadows*, 231.

p. 131 **「われわれポーランド人はみずからの自由のために」**: Benjamin Weiser, *A Secret Life: The Polish Officer, His Covert Mission, and the Price He Paid to Save His*

Country (New York: PublicAffairs, 2004), 239.

p. 131 **「わたしが見るところ」**: Gates, *From the Shadows*, 233.

p. 133 **「人間の精神構造の欠陥と」**: MacEachin, *U.S. Intelligence and the Polish Crisis*, 193. また, Tina Rosenberg, *The Haunted Land: Facing Europe's Ghosts After Communism* (New York: Vintage, 1996), 205–8 も参照.

p. 133 **「ポーランドにおける最近の出来事は」**: Message from President Reagan to Soviet General Secretary Brezhnev, Washington, undated, *FRUS*, 1981–1988, Volume III, Soviet Union, January 1981–January 1983, Document 122, https://history.state.gov/historicaldocuments/frus1981-88v03/d122.

p. 134 **「AFL-CIO を大いに利用した」**: Simons oral history, FAOH.

p. 134 **「われわれはルートを開拓して」**: Kirkland oral history, FAOH.

p. 135 **すくなくとも四百万ドル**: 金額はアメリカの関係者のひとり, エリック・チェノウェスが, "AFL-CIO Support for Solidarity: Moral, Political, Financial," Presentation to the Conference on AFL-CIO Foreign Policy, Ghent, Belgium, October 6–8, 2011, https://www.idee.org/Chenoweth_AFLCIO%20Support%20for%20Solidarity_111513.pdf で言及したもの.

p. 135 **「戒厳令中に西側から手に入れた印刷機は」**: Kulerski quoted in Arch Puddington, *Lane Kirkland: Champion of American Labor* (Hoboken, NJ: John Wiley & Sons, 2005), 185.

p. 136 **本人欠席のまま死刑を宣告した**: ナイデルの活動は, Gregory F. Domber, *Empowering Revolution: America, Poland, and the End of the Cold War* (Chapel Hill: University of North Carolina Press, 2014), 110–12 に記録されている.

p. 136 **「大統領は, 教皇が, いつの日か」**: Melady oral history, FAOH.

p. 137 **「ソ連の支配と軍隊の駐留」**: NSDD 32, "U.S. National Security Strategy," May 20, 1982, https://fas.org/irp/offdocs/nsdd/nsdd-32.pdf.

p. 137 **「ソ連から比較的独立して見える」**: NSDD 54, "United States Policy Toward Eastern Europe," September 2, 1982, https://fas.org/irp/offdocs/nsdd/nsdd-54.pdf.

p. 138 **〈QR/ヘルプフル〉という暗号名をあたえられた CIA の工作**: 〈QR/ヘルプフル〉の偽名と, 〈連帯〉への CIA の支援にかんする工作の詳細の一部は, 2018 年 9 月, Seth G. Jones, *A Covert Action: Reagan, the CIA, and the Cold War Struggle in Poland* (New York: W. W. Norton, 2018) で, はじめて公表された. 詳細は Gates, *From the Shadows* と Domber, *Empowering Revolution* にも載っている. 完全な記録は, ホワイトハウスと国務省と CIA の文書の機密扱いが解かれるときを待っている. もっとも信頼できる記述は 2012 年, CIA の長年の公式史家によって公表された. Benjamin B. Fischer, "Solidarity, the CIA, and

Western Technology," *International Journal of Intelligence and CounterIntelligence* 25, no. 3 (2012): 427–69. わたしの記述はこれらの情報源と，元 CIA 高官たちとのバックグラウンド・インタビューに依っている.

p. 138 **「〈ソリダルノスチ〉の場合には」**: Shultz oral history, Miller Center, December 18, 2002, https://millercenter.org/the-presidency/presidential-oral-histories/george-p-shultz-oral-history-secretary-state.

p. 138 **最新の印刷および放送能力**: Fischer, "Solidarity, the CIA, and Western Technology"; John P. C. Matthews, "The West's Secret Marshall Plan for the Mind," *International Journal of Intelligence and CounterIntelligence* 16, no. 3 (Fall 2003): 409–27, http://cryptome.org/cia-minden.htm#matthews;

p. 139 **百三十万枚のビラ**: Gregory Wolk, "To Limit, To Eradicate, or To Control? The SB and the 'Second Circulation,' 1981–1989/90, in Gwido Zlatkes, Paweł Sowiński, and Ann M. Frenkel, eds., *Duplicator Underground: The Independent Publishing Industry in Communist Poland, 1976–89* (Bloomington, IN: Slavica Publishers, 2016), 265.

p. 140 **一・六キロの到達距離を有する移動式の秘密テレビ放送機**: ボブ・ゲイツは 1996 年に，CIA が「このためにポーランドに大量の金と機材を提供した——短時間，実際に放送電波を乗っ取るために」と書いている. Gates, *From the Shadows*, 451.

p. 140 **「たくさんの警察車のサイレンが聞こえ」**: Michael T. Kaufman, *Mad Dreams, Saving Graces: Poland: A Nation in Conspiracy* (New York: Random House, 1989), 85.

p. 142 **「円卓会議がいかに衝撃的だったか」**: Rosenberg, *The Haunted Land*, 235.

p. 143 **「ソ連政府の強制的な転覆」**および**「ポーランドの『経験』を見れば」**: Quoted in Mark Kramer, "The Collapse of East European Communism and the Repercussions within the Soviet Union (Part 2)," *Journal of Cold War Studies* 6, no. 4 (Fall 2004): 3–64, https://muse.jhu.edu/article/174712/pdf.

p. 144 **「よかろう，ドイツ人たちは」**: Vladimir Putin et al., *First Person: An Astonishingly Frank Self-Portrait by Russia's President* (New York: PublicAffairs, 2000), 78–79.（邦訳『プーチン，自らを語る』ウラジーミル・プーチン〔ほか述〕N・ゲヴォルクヤン，N・チマコワ，A・コレスニコフ著，高橋則明訳，扶桑社，2000 年）

第6章◆じつに汚い手

p. 146 **「レニングラードはモスクワよりずっと」**: Merry oral history, FAOH.

p. 148　**KGBの対外情報部門である**：Thomas Boghardt, "Soviet Bloc Intelligence and Its AIDS Disinformation Campaign," *Studies in Intelligence* 53, no. 4（December 2009）, https://www.cia.gov/library/center-for-the-study-of-intelligence/csi-publications/csi-studies/studies/vol53no4/pdf/U-%20Boghardt-AIDS-Made%20in%20the%20USA-17Dec.pdf.

p. 148　**「ソ連情報機関の核心は」**：Oleg Kalugin, "Inside the KGB: An interview with retired KGB Maj. Gen. Oleg Kalugin," CNN, January 1998.

p. 150　**KGBが真に秀でていたのは**：United States Information Agency "Soviet Active Measures in the Era of Glasnost: A Report to Congress," March 1988, http://insidethecoldwar.org/sites/default/files/documents/Soviet%20Active%20Measures%20in%20the%20Era%20of%20Glasnot%20March%201988.pdf.

p. 151　**彼は背が高く，瘦せて，猫背だった**：David Robarge, "Moles, Defectors, and Deceptions: James Angleton and CIA Counterintelligence," *Journal of Intelligence History* 3, no. 2（Winter 2003）.

p. 152　**「ソ連圏の接触相手をつうじて」**：Memorandum from Vice President Rockefeller to President Ford, "Report by James J. Angleton, former chief of counterintelligence for the CIA," Washington, undated, *FRUS*, 1969–1976, Volume XXXVIII, Part 2, Organization and Management of Foreign Policy; Public Diplomacy, 1973–1976, Document 41, https://history.state.gov/historicaldocuments/frus1969-76v38p2/d41.

p. 153　**「外交政策の遂行におけるプロパガンダと隠密工作」**：McMahon testimony, Hearing on Soviet Covert Action, February 6, 1980, House of Representatives, Permanent Select Committee on Intelligence, Subcommittee on Oversight.

p. 155　**〈積極的手段作業部会〉**：〈積極的手段作業部会〉の概要については，Fletcher Schoen and Christopher J. Lamb, *Deception, Disinformation, and Strategic Communications: How One Interagency Group Made a Major Difference*, Institute for National Strategic Studies, Strategic Perspectives, no. 11（Washington, DC: National Defense University Press, June 2012）, https://ndupress.ndu.edu/Portals/68/Documents/stratperspective/inss/Strategic-Perspectives-11.pdf を参照.

p. 155　**「これは新機軸だった」**：Kux oral history, FAOH.

p. 157　**「一九七九年後半」**："Soviet 'Active Measures': Forgery, Disinformation, Political Operations"（State Department Special Report No. 88, October 1981）, http://inside thecoldwar.org/sites/default/files/documents/Soviet%20Active%20Measures%20Forgery,%20Disinformation,%20Political%20Operations%20October%201981.pdf.

最初の2年間で，作業部会は，“Soviet Active Measures: An Update”（July 1982）; “Moscow’s Radio Peace and Progress”（August 1982）; “Communist Clandestine Broadcasting”（December 1982）; “Soviet Active Measures: Focus on Forgeries”（April 1983）; “The World Peace Council’s Peace Assemblies”（May 1983） そして，“World Federation of Trade Unions: Soviet Foreign Policy Tool”（August 1983）も公表した．1986年には，CIAも独自の四半期報告書 *Worldwide Active Measures and Propaganda Alert* を公表していた．これは，大統領，副大統領，国務長官，国防長官，国家安全保障会議，そして国防総省や国務省，FBI，国家安全保障局の高官など，ごく限られた読者層にとどけられた．〈積極的手段作業部会〉による報告にもとづいてなにかが大きく改善されることはなかった．

p. 159 **「政権はアメリカの選挙プロセスに介入」**: Memorandum from John Lenczowski to John M. Poindexter, “Subject: Statement on Soviet Intervention in the U.S. Electoral Process,” August 16, 1984, NSC Executive Secretariat Records, Ronald Reagan Library.

p. 161 **「権限のある機関（コンピテント・ボディーズ）」**: “Soviet Active Measures: Focus on Forgeries,” Foreign Affairs Note, State Department, Washington, DC, April 1983, http://insidethecoldwar.org/sites/default/files/documents/Department%20of%20State%20Note%20Soviet%20Active%20Measures%20Focus%20on%20Forgeries%20April%201983.pdf.

p. 161 **「アフリカの猿どもよ！」**: “Active Measures: A Report on the Substance and Process of Anti-U.S. Disinformation and Propaganda Campaigns,” State Department, August 1986, http://insidethecoldwar.org/sites/default/files/documents/Soviet%20Active%20Measures%20Substance%20and%20Process%20of%20Anti-US%20Disinformation%20August%201986.pdf.

p. 163 **「熱意が皆無で」**: Tim Weiner, “C.I.A. Official Tells of Botching Ames Case,” *New York Times*, September 30, 1994, https://www.nytimes.com/1994/09/30/us/cia-official-tells-of-botching-of-ames-case.html?searchResultPosition=1.

p. 164 **「ソ連の積極的手段をソ連人にお返しして」**: “SUBJECT: Soviet Political Action Working Group: December 15 Meeting,” NSC, December 30, 1983.

p. 165 **「レーガン政権の政策の方向に」**: “Launching the Private Network,” draft report, House Foreign Affairs Committee, undated but likely mid-1988, https://consortiumnews.com/wp-content/uploads/2014/12/lostchapter.pdf.

p. 165 **「隠密工作の経歴を持つCIAの高官と」**: “State Department and Intelligence Community Involvement in Domestic Activities Related to the Iran/Contra Affair,” staff report, House Foreign Affairs Committee, September 7, 1988, https://nsarchive2.

gwu.edu/NSAEBB/NSAEBB40/04302.pdf.

p. 167 **「〈デンヴァー〉作戦には」**：東ドイツとブルガリアのメモは，2019年7月22日，作戦が〈インフェクツィオーン〉という暗号名をあたえられたという，広く信じられた思いこみを訂正する記事とともに，〈ウィルソン・センター〉によって翻訳ではじめて公表された．Douglas Selvage and Christopher Nehring, "Operation 'Denver': KGB and Stasi Disinformation Regarding AIDS," Wilson Center, https://www.wilsoncenter.org/blog-post/operation-denver-kgb-and-stasi-disinformation-regarding-aids を参照．

p. 168 **「正直なところ」**：Author interview with Bailey.

p. 171 **「それでは，先に進みましょう！」**：Memorandum of Conversation, Moscow, October 23, 1987, *FRUS*, 1981–1988, Volume VI, Soviet Union, October 1986–January 1989, Document 84, https://history.state.gov/historicaldocuments/frus1981-88v06/d84.

p. 173 **「軍備縮小だけでなく」**：Memorandum of Conversation, Working Luncheon with General Secretary Mikhail Gorbachev, Washington, December 10, 1987, *FRUS*, 1981–1988, Volume VI, Soviet Union, October 1986–January 1989, Document 115, https://history.state.gov/historicaldocuments/frus1981-88v06/d115.

p. 174 **「われわれの改善されたプログラムは」**：Paper Prepared in the Central Intelligence Agency, Washington, November 13, 1987, *FRUS*, 1981–1988, Volume VI, Soviet Union, October 1986–January 1989, Document 93, https://history.state.gov/historicaldocuments/frus1981-88v06/d93.

p. 174 **「ロシア語のプロパガンダ・パンフレット」**：Minutes of a National Security Planning Group Meeting, "Review of Covert Action Programs," July 11, 1988, *FRUS*, 1981–1988, Volume VI, Soviet Union, October 1986–January 1989, Document 166, https://history.state.gov/historicaldocuments/frus1981-88v06/d166.

第7章◆「黄金期の欺瞞に満ちた夢」

p. 176 **「ロシアにとって特別な屈辱と困難のときに」**：Gates oral history, Miller Center, July 23–24, 2000 https://millercenter.org/the-presidency/presidential-oral-histories/robert-m-gates-deputy-director-central.

p. 177 **「NATOの拡大は」**：George F. Kennan, "A Fateful Error," *New York Times*, February 5, 1997, https://www.nytimes.com/1997/02/05/opinion/a-fateful-error.html.

p. 177 **「なぜ不信の種をまいているのです？」**：Elaine Sciolino, "Yeltsin Says NATO Is Trying to Split Continent Again," *New York Times*, December 6, 1994, https://www.ny times.com/1994/12/06/world/yeltsin-says-nato-is-trying-to-split-continent-again.

html?searchResultPosition=1.

p. 177 **「われわれは……NATOが」**: Medvedev quoted in Uwe Klussmann, Matthias Schepp, and Klaus Wiegrefe, "NATO's Eastward Expansion: Did the West Break Its Promise to Moscow?" *Der Spiegel*, November 26, 2009, http://www.spiegel.de/international/world/nato-s-eastward-expansion-did-the-west-break-itspromise-to-moscow-a-663315.html.

p. 177 **「ソ連にたいする完全な勝利をもとめていた」**: Putin interview quoted in Radio Free Europe/Radio Liberty dispatch, January 11, 2016, https://www.rferl.org/a/russia-putin-eu-sanctions-absurd/27481012.html.

p. 178 **「深刻な挑発行為」**: Putin's Prepared Remarks at 43rd Munich Conference on Security Policy, February 12, 2007, http://www.washingtonpost.com/wp-dyn/content/article/2007/02/12/AR2007021200555.html.

p. 178 **「NATOの力が」**: "Bush-Kohl Telephone Conversation on the Situation in Eastern Europe," October 23, 1989, George H. W. Bush Presidential Library, https://digitalarchive.wilsoncenter.org/document/116230.

p. 178 **「ソ連最大の悪夢」**: Brent Scowcroft to the president, "The Soviets and the German Question," November 29, 1989, "German Unification" folder, box 91116, Scowcroft Files, GBPL. 本章で引用されたジョージ・ブッシュ大統領図書館所蔵の重要な文書は，本書刊行の時点ではオンラインで読むことができないが，Joshua R. Itzkowitz Shifrinson, "Deal or No Deal? The End of the Cold War and the U.S. Offer to Limit NATO Expansion," *International Security* 40, no. 4（Spring 2016）: 7–44で公表されている．Mary Elise Sarotte, "Perpetuating U.S. Preeminence: The 1990 Deals to 'Bribe the Soviets Out' and Move NATO In," *International Security* 35, no. 1（Summer 2010）: 110–37も参照．

p. 179 **「われわれはドイツを二度，打ち負かしたのに」**: Carsten Volkery, "'The Germans Are Back!'" *Der Spiegel*, September 11, 2009, https://www.spiegel.de/international/europe/the-iron-lady-s-views-on-german-reunification-the-germans-are-back-a-648364.html.

p. 179 **「東西のほかのすべての指導者が」**: Gates oral history, Miller Center.

p. 179 **「時代はわれわれに」**: Gorbachev's Speech to the United Nations, December 8, 1988, https://apnews.com/1abea48aacda1a9dd520c380a8bc6be6.

p. 180 **「われわれは真摯に話し合い」**: "Record of Conversation Between Mikhail Gorbachev and George H. W. Bush at Malta Summit," December 2, 1989, notes of A. S. Chernyaev, Gorbachev Foundation Archive, Moscow. Published in Gorbachev, *Gody trudnykh resheniy*［*Years of Difficult Decisions*］（Moscow: Alfa-print, 1993）,

https://digitalarchive.wilsoncenter.org/document/117223.

p. 180 **「われわれはあなたがたと肩をならべて戦いました」**: Mary Elise Sarotte, "Not One Inch Eastward? Bush, Baker, Kohl, Genscher, Gorbachev, and the Origin of Russian Resentment Toward NATO Enlargement in February 1990," *Diplomatic History* 34, no. 1 (January 2010): 119–40. サロッテは本章で引用された重要な文書の機密扱い解除のために戦い，それを勝ち取った．彼女はNATO拡大の問題にかんする有数の研究者である．ブッシュ政権とゴルバチョフとの重要な会話は，2017年のNational Security Archive briefing book, "NATO Expansion: What Gorbachev Heard," https://nsarchive2.gwu.edu//dc.html?doc=4325680-Document-06-Record-of-conversation-between におさめられている．

p. 181 **「絶対的な保証」**: Philip Zelikow, "NATO Expansion Wasn't Ruled Out," *New York Times*, August 10, 1995, https://www.nytimes.com/1995/08/10/opinion/IHT-nato-expansion-wasnt-ruled-out.html.

p. 181 **彼らの会話には**: Memorandum of Conversation, George H. W. Bush Presidential Library, February 24, 1990, https://bush41library.tamu.edu/files/memcons-telcons/1990-02-24--Kohl.pdf.

p. 182 **「封じこめの先には，民主主義が広がっています」**: Baker address to the World Affairs Council of Dallas, March 30, 1990.

p. 183 **「われわれの政策は東ヨーロッパを」**: Baker to Gorbachev, May 18, 1990, National Security Archive, https://nsarchive2.gwu.edu//dc.html?doc=4325695-Document-18-Record-of-conversation-between.

p. 183 **「われわれにはドイツを再統合のほうへ」**: Bush to Gorbachev, May 31, 1990, National Security Archive, https://nsarchive2.gwu.edu//dc.html?doc=4325698-Document-21-Record-of-conversation-between.

p. 183 **罠に落ちたような気がした**: Sarotte, "Not One Inch Eastward?"

p. 183 **「大統領のスピーチライターたちは」**: Scowcroft oral history, Miller Center, November 12–13, 1999 https://millercenter.org/the-presidency/presidential-oral-histories/brent-scowcroft-oral-history.

p. 185 **「一日目に日が沈んだとき」**: Merry oral history, FAOH.

p. 185 **「テーブルの上座の電話が鳴った」**: Merrill oral history, FAOH.

p. 186 **「彼らはソ連秘密警察の創設者である」**: Merry oral history, FAOH.

p. 187 **「すばらしい比喩」**: Merry oral history, FAOH.

p. 188 **「殺人的に浅はかな戦争」**および**「マザー・テレサとロナルド・レーガンは」**: Lake quoted in Jason DeParle, "The Man Inside Bill Clinton's Foreign Policy," *New York Times*, August 20, 1995, https://www.nytimes.com/1995/08/20/magazine/

the-man-inside-bill-clinton-s-foreign-policy.html.

p. 189 **「民主主義の拡大」**: Anthony Lake, "From Containment to Enlargement" (speech delivered at the JohnsHopkins School of Advanced International Studies, Washington, DC, September 21, 1993), https://www.mtholyoke.edu/acad/intrel/lakedoc.html.

p. 190 **「次の世代を通して，NATO の課題」**: Undersecretary of State Lynn Davis, "Strategy for NATO's Expansion and Transformation," State Department, September 7, 1993, https://nsarchive2.gwu.edu//dc.html?doc=4390816-Document-02-Strategy-for-NATO-s-Expansion-and.

p. 191 **「われわれが桟橋からほとんど離れもしないうちに」**: Strobe Talbott, *The Russia Hand: A Memoir of Presidential Diplomacy* (New York: Random House, 2002), 64.

p. 192 **彼は，ドイツ再統合条約の「主旨」は**: Yeltsin Letter on NATO Expansion, September 15, 1993, https://nsarchive2.gwu.edu//dc.html?doc=4390818-Document-04-Retranslation-of-Yeltsin-letter-on.

p. 192 **「もしロシアがいわば落ちぶれて」**: Lake 2004 oral history, Miller Center, November 6, 2004 https://millercenter.org/the-presidency/presidential-oral-histories/anthony-lake-oral-history-2004-national-security-advisor.

p. 193 **「やれやれ，冷戦時代が本気で恋しいよ！」**: Talbott, *The Russia Hand*, 91.

p. 194 **「ロシア人にとって神経痛的」**: James Collins to Warren Christopher, October 20, 1993, https://nsarchive2.gwu.edu//dc.html?doc=4390820-Document-06-Your-October-21-23-visit-to-Moscow.

p. 194 **「将来のヨーロッパの安全保障に完全に関与する」**: Christopher's meeting with Yeltsin, October 22, 1993, https://nsarchive2.gwu.edu//dc.html?doc=4390822-Document-08-Secretary-Christopher-s-meeting-with.

p. 195 **「いまや問題は」**: The President's News Conference with Visegrad Leaders in Prague, January 12, 1994, https://www.presidency.ucsb.edu/documents/the-presidents-news-conference-with-visegrad-leaders-prague.

「ロシアは目先の危険ではありません」と，クリントンは前日，チェコの指導者ヴァーツラフ・ハヴェルに個人的に語っていた．「しかし，もし歴史の流れが実際によみがえっても，われわれはNATO加盟国の地位だけでなく，抑止力となりうるほかの安全保障関係にもたよることができるように，準備をととのえているでしょう」．

p. 195 **「その対比は，われわれの二枚舌と同様」**: Merry oral history, FAOH.

pp. 196–197 **「NATO の拡大は，それが実現したとき」** Talbott to Christopher,

September 12, 1994;「われわれの現在の立場は」Talbott to Christopher, December 9, 1994;「ロシアがわれわれのほうへ」: Talbott to Christopher, March 24, 1995, cited in Mary Elise Sarotte, "How to Enlarge NATO: The Debate Inside the Clinton Administration, 1993–95," *International Security* 44, no. 1 (Summer 2019), https://doi.org/10.1162/ISEC_a_00353.

p. 197 「われわれはすでに，そうした根拠のない仮説」: Alexander Hamilton, Federalist No. 6, November 14, 1787, https://avalon.law.yale.edu/18th_century/fed06.asp.

pp. 198–199 「すべてがばらばらになりつつあると」，「ピザ！ ピザ！」および「われわれはこれを推進するつもりです」: Talbott, *The Russia Hand*, 133–36.

p. 199 「ロシア国内にかぎらず」: Yeltsin letter to Clinton, November 29, 1994, https://nsarchive2.gwu.edu//dc.html?doc=4390827-Document-13-Official-informal-No-248-Boris-Bill.

p. 200 「国民国家の誕生以来，はじめて」: "President's Dinner with President Yeltsin," State Department cable, 1994-Moscow-01457, January 14, 1994, cited in Sarotte, "How to Enlarge NATO," 7–41.

p. 201 「わたしは航空攻撃を使うことを望んでいたが」: Zimmermann oral history, FAOH.

p. 201 「そして，これが毎週毎週つづいた」: Talbott, *The Russia Hand*, 77.

p. 201 「NATO が拡大するにつれ」: Norman Kempster, Dean E. Murphy, "Broader NATO May Bring 'Cold Peace,' Yeltsin Warns," *Los Angeles Times*, December 6, 1994, https://www.latimes.com/archives/la-xpm-1994-12-06-mn-5629-story.html.

エリツィンが話しているあいだにも，ソ連の軍用機はロシアからの分離をもとめる北カフカスのチェチェン共和国を攻撃していた．そして，1 週間後，全面的な侵攻がはじまった．エリツィンは，裏切者のチェチェン大統領にクーデタを仕掛けようとして失敗したあとで，侵攻を許可していた．ロシアのパヴェル・グラチェフ国防相は 1 日か 2 日で軍はチェチェンの抵抗を叩きつぶせると豪語していた．この嘘はその厚かましさでスターリンに感銘を与えたことだろう．グラチェフの国防第一次官は攻撃の愚かさと残酷さに抗議して辞職し，ロシア地上軍の副司令官も辞任して，エリツィンが自国民にたいして軍を送るのは犯罪だといった．19 カ月後，ロシアが講和をもとめたころには，すくなくとも 5 万人，推定によってはたぶんその倍の人数が命を落とし，その圧倒的な大部分は民間人だった．

p. 201 「ヨーロッパは冷戦の遺産を」: James M. Goldgeier, "Promises Made, Promises Broken? What Yeltsin Was Told About NATO in 1993 and Why It Matters," *War on the*

Rocks, July 12, 2016, https://warontherocks.com/2016/07/promises-made-promises-broken-what-yeltsin-was-told-about-nato-in-1993-and-why-it-matters/.

p. 202 「われわれはエリツィンの敗北が」: Talbott quoted in James M. Goldgeier and Michael McFaul, *Power and Purpose: U.S. Policy Toward Russia After the Cold War* (Washington, DC: Brookings Institution Press, 2003), 148.

p. 202 「賛成することは」: Summary Report on One-on-One Meeting Between Presidents Clinton and Yeltsin, Saint Catherine's Hall, the Kremlin, May 10, 1995, https://nsar chive2.gwu.edu//dc.html?doc=4390833-Document-19-Summary-report-on-One-on-One-meeting.

p. 204 「この選挙前のひじょうに重要な状況で」: Memorandum of Telephone Conversation: "The President's Discussion with President Yeltsin on the Russian Election, Bilateral Relations, START II Ratification and NATO," February 21, 1996, William J. Clinton Presidential Library, in National Security Archive briefing book, "The Clinton-Yeltsin Relationship in Their Own Words," October 2, 2018, https://nsarchive.gwu.edu/briefing-book/russia-programs/2018-10-02/clinton-yeltsin-relationship-their-own-words.

p. 204 「ビル，わたしの選挙運動のために」: Memorandum of Telephone Conversation with Russian President Yeltsin on CTBT, Chechnya, Economics, CFE and Russian Election, May 7, 1996, ibid.

p. 204 経済の崩壊はアメリカの大恐慌の倍の規模で，三倍の長さだった: Robert David English, "Russia, Trump, and a New Détente," *Foreign Affairs*, March 10, 2017.

p. 205 「NATO の拡大にかんするわれわれの立場は」: Evgeny Primakov, "Materials on the Subject of NATO for Use in Conversations and Public Statements," January 31, 1997, https://nsarchive2.gwu.edu//dc.html?doc=4390839-Document-25-Excerpts-from-Evgeny-Primakov-Memo.

p. 208 「NATO がすでに手を貸して」: Jane Perlez, "Poland, Hungary and the Czechs Join NATO," *New York Times*, March 13, 1999, https://www.nytimes.com/1999/03/13/world/expanding-alliance-the-overview-poland-hungary-and-the-czechs-join-nato.html.

p. 208 「われわれはじきにセルビアの軍事目標にたいして航空攻撃を」: Memorandum of Telephone Conversation with President Yeltsin, National Security Archive, March 24, 1998, https://nsarchive2.gwu.edu//dc.html?doc=4950575-Document-16-Memorandum-of-Telephone-Conversation.

p. 210 「ロシアの将軍たちとドゥーマの委員会」: Talbott, *The Russia Hand*, 411–12.

p. 210 「彼がどういう人間かわかるように」: Memorandum of Telephone Conversation

with President Yeltsin, National Security Archive, September 8, 1999, https://nsarchive2.gwu.edu//dc.html?doc=4950576-Document-17-Memorandum-of-Telephone-Conversation.

p. 211 **「もちろん，プーチンです」**: Memorandum of Conversation, Meeting with Russian President Yeltsin, Istanbul, November 19, 1999, 565–66, https://clinton.presidentiallibraries.us/items/show/57569.

p. 212 **「ボリス，わたしは歴史家たちが」**: Memorandum of Telephone Conversation with President Yeltsin, National Security Archive, December 31, 1999, https://nsarchive2.gwu.edu//dc.html?doc=4950577-Document-18-Memorandum-of-Telephone-Conversation.

第8章◆この消すことのできない炎

p. 215 **民主主義は全世界で長い不況状態におちいった．**：ある民主主義研究の第一人者が2015年に書いているように，「世界は2006年ごろから，おだやかだが長引く民主主義の不況に入っている．世界レベルの民主主義と自由の向上の欠如あるいは軽度の衰退以外に，懸念すべき理由がほかにもいくつかある．第一に，かなりの割合の，いやむしろ加速する割合の民主主義の崩壊がある．第二に，民主主義の質あるいは安定性が，わたしが『揺れる国』と呼ぶ，いくつかの大きくて戦略的に重要な新興市場国で，低下しつづけている．第三に，権威主義が，大きくて戦略的に重要な国々をふくめ，深まりつづけている．第四に，確立された民主主義国は，アメリカを皮切りに，しだいに苦戦して，民主主義を海外で効果的に促進する意志と自信を失っているように思える」．Larry Diamond, "Facing Up to the Democratic Recession," *Journal of Democracy* 26, no. 1（January 2015）, https://www.journalofdemocracy.org/wp-content/uploads/2015/01/Diamond-26-1_0.pdf. この結論を裏づける包括的で説得力のあるデータの調査結果は，Michael A. Weber, "Global Trends in Democracy: Background, U.S. Policy, and Issues for Congress," Congressional Research Service, United States Congress, October 17, 2018, https://fas.org/sgp/crs/row/R45344.pdf におさめられている．

p. 216 **「バルト海から黒海までの新しい民主主義国家」**: Bush address at Warsaw University, June 15, 2001, https://www.presidency.ucsb.edu/documents/address-warsaw-university.

p. 216 **「わたしは相手をまじまじと見た」**および**「いいですか，これは軍事機構です」**: Bush news conference with Putin, Kranj, June 16, 2001, https://www.presidency.ucsb.edu/documents/the-presidents-news-conference-with-president-vladimir-putin-

russia-kranj.

p. 218 **「われわれにはアフガニスタンの根本的な理解が欠けていました」**: Douglas Lute, Lessons Learned Record of Interview, in Craig Whitlock, Leslie Shapiro, and Armand Emamdjomeh, "The Afghanistan Papers: A Secret History of the War," *Washington Post*, December 6, 2019, https://www.washingtonpost.com/graphics/2019/investigations/afghanistan-papers/documents-database/?document=lute_doug_ll_01_d5_02202015.

p. 220 **「われわれにとって興味深いあらゆることを常時」**: Tim Weiner, "Pentagon Envisioning a Costly Internet for War," *New York Times*, November 13, 2004, https://www.nytimes.com/2004/11/13/technology/pentagon-envisioning-a-costly-in ternet-for-war.html?searchResultPosition=1.

p. 220 **「戦争の歴史上はじめて」**: General Yuri Baluyevskiy, cited in Linda Robinson, Todd C. Helmus, Raphael S. Cohen, Alireza Nader, Andrew Radin, Madeline Magnuson, and Katya Migacheva, *Modern Political Warfare: Current Practices and Possible Responses* (Santa Monica, CA: RAND Corporation, 2018), 49, https://www.rand.org/pubs/research_reports/RR1772.html.

p. 220 **「情報は銃剣や銃弾」**: Makhmut Akhmetovich Gareev and Vladimir Slipchenko, *Future War* (Fort Leavenworth, KS: Foreign Military Studies Office, 2007), cited in T. S. Allen and A. J. Moore, "Victory without Casualties: Russia's Information Operations," *Parameters* 48, no. 1 (Spring 2018), https://ssi.armywarcollege.edu/parameters-vol-48-no-1-spring-2018.

Victory without Casualties（人的損害なき勝利）は重要な研究だ．その発表時，アレン大尉は，アメリカの欧州軍およびアフリカ軍と緊密に協力する非対称戦群エイブル大隊の情報将校だった．ムーア曹長は非対称戦群エイブル大隊第二中隊の中隊曹長だった．彼は2001年10月以来，第75レインジャー連隊と第173空挺旅団でアフガニスタンとイラクにたえず展開してきた．

p. 220 **「部分的に真実で，部分的に嘘の事項を」**: Makhmut Akhmetovich Gareyev, *If War Comes Tomorrow? The Contours of Future Armed Conflict*, ed. Jacob W. Kipp (London: Frank Cass, 1998), 51–52, cited in Allen and Moore, "Victory without Casualties."

p. 221 **「一九九〇年代に完全に破壊された対外政治プロパガンダの仕組み」**: Panarin quoted in Paul A. Goble, "Defining Victory and Defeat: The Information War between Russia and Georgia," in Svante E. Cornell and S. Frederick Starr, eds., *The Guns of August 2008: Russia's War in Georgia* (London and New York: Routledge, 2015), 194.

パナーリンは，経済的および社会的な大災害が引き起こした内戦が，いつ

かアメリカを5つの共和国に引き裂くだろうと予測して有名になった――カリフォルニアと西部の残りは中国へ行き，テキサスと南部はメキシコへ，中西部はカナダへ，大西洋諸州は欧州連合へ，ハワイは中国か日本へ，そしてアラスカは，かつてそれを所有していたロシアへ．これは馬鹿げていると思われるかもしれないが，実際には鏡に映った像にすぎず，ソ連と世界におけるその影響圏をばらばらにした力がロシア人の心にあたえた衝撃を反映したものだ．

p. 221 **〈情報 KGB〉**: Jolanta Darczewska, "The Anatomy of Russian Information Warfare" (Warsaw: Centre for Eastern Studies, 2014), https://www.osw.waw.pl/sites/default/files/the_anatomy_of_russian_information_warfare.pdf.

この重要な分析は，パナーリンの著作をより深く理解させてくれる．「自著 Information World War II–War against Russia のなかで，パナーリンは，CIS 地域内のいわゆる〈カラー革命〉や〈アラブの春〉はすべて，社会コントロール技術とアメリカからの情報侵略の産物であると主張した．彼の意見では，最近［2012 年］の議会および大統領選挙後のモスクワのボロトナヤ広場の抗議運動もまた，この侵略の現われだった．事実上，海外からコントロールされる〈アンチ・プーチン〉という暗号名をあたえられた西側の工作の結果であると．〈ビロード革命〉の文脈で，彼はロシアの目的のために情報戦技術で使われる基本的な用語を定義している．実際のところ，これらは，影響力の工作である．たとえば，社会コントロール，つまり，社会に影響をおよぼすこと．社会誘導，つまり，ある種の利益を得ることを目的とした意図的な大衆コントロール．情報操作，つまり，あやまった意味合いを生じさせるようなやりかたで真正な情報を利用すること．偽情報，つまり，操作された情報あるいはでっち上げられた情報，あるいは両者の組み合わせを広めること．情報のでっちあげ，つまり，偽の情報の作成と，任意の情報の売りこみ，脅迫，歪曲」．

p. 222 **「ソ連にたいする情報戦の指導者」**: Marcel H. Van Herpen, *Putin's Propaganda Machine: Soft Power and Russian Foreign Policy* (Lanham, MD: Rowman & Littlefield, 2015), 8.

p. 223 **「政治的，経済的，社会的体制を傷つけ」**: *Conceptual Views Regarding the Activities of the Armed Forces of the Russian Federation in Information Space* (Moscow: Russian Ministry of Defense, 2011), quoted in Timothy L. Thomas, "Russia's 21st Century Information War: Working to Undermine and Destabilize Populations," *Defence Strategic Communications* 1, no. 1 (Winter 2015): 12.

p. 223 **「CIA のプロジェクト」**: Masha Lipman, "Putin's Fear of the Internet," *New*

Yorker, April 25, 2014, https://www.newyorker.com/news/news-desk/putins-fear-of-the-internet.

p. 223 **「プーチンはことあるごとに」**: Fiona Hill and Clifford G. Gaddy, *Mr. Putin: Operative in the Kremlin*（Washington, DC: Brookings Institution Press, 2015）, 343.（邦訳『プーチンの世界　「皇帝」になった工作員』フィオナ・ヒル，クリフォード・G・ガディ著，濱野大道・千葉敏生訳，畔蒜泰助監修，新潮社，2016年）

p. 227 **「似非（えせ）民主主義の言い回しの美しいパッケージにつつまれた……国際問題の独裁権力」**: "Putin Accuses U.S. of Double Standard," *Washington Post*, December 4, 2004, https://www.washingtonpost.com/archive/politics/2004/12/04/world-in-brief/90deb0d9-6bed-4edc-82f4-6c40075c8f34/.

p. 227 **「この世界で専制を終わらせることを究極の目標として」**: Bush, Second Inaugural Address, January 20, 2005, https://www.presidency.ucsb.edu/documents/inaugural-address-13. 注目にあたいすることに，演説に「専制を終わらせる」という一節を挿入するアイディアは，就任式の10日前に，大統領のスピーチライターとの会合で，ジョージ・ケナンの伝記作者であり冷戦史家のジョン・ルイス・ギャディスから出たものだった.

p. 228 **「民主主義はつねに混乱と争いの光景であるし」**: James Madison, Federalist No. 10, November 23, 1787, https://avalon.law.yale.edu/18th_century/fed10.asp.

p. 228 **「ぶちのめせ！」**: Jean Edward Smith, *Bush*（New York: Simon & Schuster, 2016）, 398.

p. 229 **「かつては不可能に思われた」**: Secretary of State Condoleezza Rice, Remarks at the American University in Cairo, Egypt, June 20, 2005, https://2001-2009.state.gov/secretary/rm/2005/48328.htm.

p. 229 **「われわれにはまだ，アラブ中東社会に」**: David Finkel, "U.S. Ideals Meet Reality in Yemen," *Washington Post*, December 18, 2005, https://www.washingtonpost.com/archive/politics/2005/12/18/us-ideals-meet-reality-in-yemen/c507277c-ef84-41a1-9171-0d1ec2604a63/.

p. 229 **「われわれはイラクのことをなにも」**: Edelman oral history, Miller Center, June 2, 2017, https://millercenter.org/the-presidency/presidential-oral-histories/eric-edelman-oral-history.

p. 229 **「戦略が機能していなかっただけでなく」**: Rice oral history, SMU Center for Presidential History, July 20, 2015, https://www.smu.edu/-/media/Site/CPH/Collective-Memory-Project/The-Surge/Rice-Condoleezza--FINAL--20199.pdf?la=en.

p. 229 **「落胆に近い状態」**: Negroponte oral history, Miller Center, September 14,

2012, https://millercenter.org/the-presidency/presidential-oral-histories/john-negroponte-oral-history.

p. 230 **「自由の道筋にそって，後ろ向きではなく前向きに進む」**: National Security Strategy of the United States, March 2006, https://www.comw.org/qdr/fulltext/nss2006.pdf.

p. 230 **「拡大する民主主義の共同体の先頭に立つ」**: Bush statement on the National Security Strategy, March 16, 2006, https://georgewbush-whitehouse.archives.gov/nsc/nss/2006/intro.html.

p. 231 **「ロシア連邦政府内で働くために覆面で派遣されたFSB工作員」**: "The Making of a neo-KGB State," *Economist*, August 23, 2007, https://www.economist.com/briefing/2007/08/23/the-making-of-a-neo-kgb-state.

p. 231 **クレムリンはオーストリアやハンガリー，イタリア，フランス，ドイツ，イギリス，そして大西洋を越えて**: "Putin's Asymmetric Assault on Democracy in Russia and Europe: Implications for U.S. National Security," a minority staff report prepared for the Senate Foreign Relations Committee, January 10, 2018, https://www.foreign.senate.gov/imo/media/doc/FinalRR.pdf. を参照.

報告書が指摘しているように，プーチンの政治戦は，極右と極左両方のあらゆる種類の人間を引きこみ，ロシアはさらに元共産党員の弱小政党やひと握りの環境グループをひそかに支援して，トランプ政権前と政権中に，アメリカの福音主義者とネオ・ナチを引きこんだ．これはここで詳細に引用する価値がある．クレムリンはまた，第一党の統一ロシアと，オーストリア（自由党），ハンガリー（ヨッビク），イタリア（北部同盟），フランス（国民戦線），そしてドイツ（AfD）の政党とのあいだに「協力合意」を結ぶことで，ヨーロッパのもっと主流派の極右政党の一部との関係をはぐくむ新たな手段を採用している．これらの協力合意には，定期会合や，「適切な場合は，経済，ビジネス，政治プロジェクトでの協力」がふくまれる．クレムリンにつながりのある銀行やファンド，新興財閥は2014年に，フランスの極右政党である国民戦線に1300万ドル近くを融資して，その選挙運動に資金を提供しさえした．さらに，ドイツの新聞《ビルト》は，ロシア政府が2017年の議会選挙に先立ち，金（きん）を市場相場以下で売る仲介者を利用して，AfDにひそかに資金を提供したと報じた――たぶんAfDの知らないうちに．クレムリンは財源にくわえて，ヨーロッパの極右政党に組織面，政治面，メディア面での専門知識と支援も提供していると報じられている．

クレムリンのさまざまな語り口は，左派と右派のさまざまなグループを引きつけている．研究者のピーター・ポメランチェフとマイクル・ワイスは，

「ヨーロッパの右派民族主義者は，［クレムリンの］反 EU メッセージに魅了されている．極左のメンバーはアメリカの覇権と戦うという話に取りこまれている．［そして］アメリカの宗教保守派は，同性愛にたいするクレムリンの姿勢に説得されている」と説明している．米議会調査部の報告によれば，クレムリンとつながりのあるヨーロッパの極右政党の多くが，「反体制で，反 EU であり，しばしば極端な民族主義の，ある組み合わせを共有している．『法と秩序』と伝統的な家庭の価値への傾倒．そして，反移民，反ユダヤ，あるいは反イスラム感情．……［彼らのなかにふくまれるのは］，ドイツのネオ・ナチ NPD 党，ブルガリアの極右アタカ党，ギリシアの極左 KKK 党，そして親クレムリン政党のラトヴィア・ロシア連合の代表である」．

［2015 年 3 月］，ヨーロッパのもっとも論議をまねく弱小右翼政治組織の一部の指導者たちが――アメリカの同様のグループの一部とともに――最初の国際ロシア保守フォーラムのためにサンクトペテルブルクで会合を開いた．この催しは，ロシアの民族主義政党ロージナ（「母国」）が組織したもので，その目的は明確にこう述べられていた．「ロシアにたいするヨーロッパの制裁と，ヨーロッパ諸国とロシアにたいするアメリカの圧力を背景に」，ヨーロッパとロシアの保守勢力を団結させること．演説者たちは，報じられるところでは，白人のキリスト教徒に生殖するよう訴え，ゲイを変質者呼ばわりし，殺害されたロシアの反対派勢力は地獄で眠っているといった．彼らはまた同性婚，グローバライゼーション，イスラム過激派，移民，ニューヨークの投資家を非難し，そのいっぽうで，ロシアのプーチン大統領を，保守的で男性的な価値観を支持し，守っているとたえず賞賛した．イギリスのある民族主義の演説者は，シャツを脱いだプーチンが熊にまたがっている写真を見せ，こう宣言した．「オバマとアメリカ，彼らは女のようです．彼らは女性化した男たちです．しかし，みなさんは男らしい男によって祝福されていて，わたしたちはそれをうらやましく思います」．白人民族主義者のウェブサイトを運営しているアメリカ人のジェイムズ・テイラーは，その催しで演説し，アメリカを「世界中の伝統の最大の敵」と呼んだ．

アメリカでは，白人民族主義者をふくむ多くの極右グループがプーチンを尊敬している――伝統と保守的価値の守護者をもって任じていると．南軍のロバート・E・リー将軍像の撤去に反対するヴァージニア州シャーロッツヴィルの抗議運動で，白人民族主義者たちはくりかえし，「ロシアはわれわれの友だちだ」と唱えた．世界最大のネオ・ナチ・ウェブサイト〈デイリー・ストーマー〉の発行人，アンドルー・アングリンは，2015 年と 2016 年の大半を，ロシア国内からウェブサイトを運営してすごしたようだ．そこか

らの彼のコンテンツは，ロシアのものと思しきボット・ネットワークによって宣伝された．さらに，クレムリンは，銃所持の権利を推進し，同性婚に反対する組織との絆をはぐくんでいる．たとえば，クレムリンにつながりのある高官たちは，全米ライフル協会（NRA）のようなアメリカ国内のグループとも絆をはぐくんでいる．プーチンの統一ロシア党の元上院議員アレクサンドル・トルシンは，ロシアのギャングのためにスペインを通じて資金を洗浄するのを手伝ったとされる人物だが，デイヴィッド・キーンがNRAの会長だったとき，彼との関係を発展させた．2015年，NRAはモスクワに代表団を送り，プーチンの支持者で，ウクライナ危機における役割で2014年にアメリカの制裁対象になったドミトリイ・ラゴージン副首相と面会した．フランクリン・グラハムをふくむアメリカの福音主義者もまた，ロシア国内におけるプーチンのLGBTの権利の抑圧を支持し，プーチンが「いかなるゲイおよびレズビアンの行動計画の有害な影響からも自国の子供たちを守る立場を取っている」といっている．

p. 232　**つぎの十年のあいだにしだいにエスカレートする二十七カ国の民主主義にたいする一連の攻撃**：2017年のジャーマン・マーシャル財団の報告書は，2004年以降のロシアの政治戦攻撃の標的として，ベラルーシ，ブルガリア，カナダ，キプロス，チェコ共和国，デンマーク，エストニア，フィンランド，フランス，グルジア，ドイツ，ハンガリー，イタリア，ラトヴィア，リトアニア，マケドニア，モルドヴァ，モンテネグロ，ノルウェー，ポーランド，ポルトガル，スペイン，スウェーデン，トルコ，イギリス，ウクライナ，アメリカを名指しした．Oren Dorell, "Alleged Russian Political Meddling Documented in 27 Countries Since 2004," *USA Today*, September 7, 2017, https://www.usatoday.com/story/news/world/2017/09/07/alleged-russian-political-meddling-documented-27-countries-since-2004/619056001/.

第9章◆最初の犠牲者たち

p. 233　**〈国民国家にたいする世界初のヴァーチャル攻撃〉**：U.S. Embassy in Tallinn, June 4, 2007, https://wikileaks.org/plusd/cables/07TALLINN366_a.html.

p. 234　**「じつにすばらしい日だった」**：Smith oral history, FAOH.

p. 235　**「エストネットをぶっつぶせ：)」**：Joshua Davis, "Hackers Take Down the Most Wired Country in Europe," *Wired*, August 21, 2007, https://www.wired.com/2007/08/ff-estonia/.

p. 236　**「彼らはようするにこの攻撃のせいで屈服させられたのだ」**：Schmidt quoted in Larry Greenemeier, "Estonian Attacks Raise Concern over Cyber 'Nuclear Winter,'"

InformationWeek, May 24, 2007.

p. 236 **「いま，戦争の英雄を冒瀆」**：“Putin Warns Against ‘Belittling’ War Effort,” Radio Free Europe/Radio Liberty, May 9, 2007, https://www.rferl.org/a/1076356.html.

p. 236 **「もっとずっと破壊的な能力の可能性が」**：Lynn quoted in Jim Garamone, “Lynn: NATO Must Get Ahead of Cyber Threat,” American Forces Press Service, January 25, 2011, http://www.archive.defense.gov/news/newsarticle.aspx?id=62572, and cited in Stephen Herzog, “Revisiting the Estonian Cyber Attacks: Digital Threats and Multinational Responses,” *Journal of Strategic Security* 4, no. 2 (Summer 2011).

p. 236 **「彼らがわれわれにたいしてできることを」**：Ilves quoted in Sheera Frenkel, “The New Handbook for Cyberwar Is Being Written by Russia,” BuzzFeed News, March 19, 2017.

p. 237 **「情報セキュリティ・ドクトリン」**：ロシアの「情報セキュリティ・ドクトリン」とヴォロビエフ将軍の衝撃ドクトリンは，Ulrik Franke, *War by NonMilitary Means: Understanding Russian Information Warfare* (Stockholm: Swedish Defence Research Agency, 2015), 16–23 で詳説されている.

p. 238 **「ひとりの主人，ひとりの君主しかいない世界」**：Putin speech at the Munich Conference on Security Policy, February 10, 2007, http://en.kremlin.ru/events/president/transcripts/24034.

p. 238 **「グルジアとウクライナをNATOに引き入れようとするのは」**：Gates, *Duty*, 157–58.

p. 239 **「NATOはふたつのブロックが対立していた時代に」**：Putin press statement and answers to journalists’ questions, Bucharest, April 4, 2008, http://en.kremlin.ru/events/president/transcripts/24903.

p. 241 **「プーチン，グルジアを集団虐殺で非難」**：RT, August 9, 2008, https://www.rt.com/news/putin-accuses-georgia-of-genocide. 戦闘後，プーチンの情報戦は拡大し，アメリカの上院議員にちなんで命名されたトビリシの高度な公衆衛生研究所，〈ルーガー・センター〉が，グルジア国民に悪魔的な実験を行なうアメリカ国防総省の生物兵器製造工場であるという非難もふくまれた.

p. 241 **連中はこちらの娘たちを生きたまま焼き殺したんです！**：Arkady Ostrovsky, *The Invention of Russia: From Gorbachev’s Freedom to Putin’s War* (New York: Viking, 2015), 296.

p. 242 **「批評家をしりぞけて」**：Edward Lucas and Ben Nimmo, “Information Warfare: What Is It and How to Win It?” Center for European Policy Analysis, November 2015.

p. 242 **「きっと，もしこうした兵器があれば」**：Goble, “Defining Victory and Defeat,” 181.

p. 243 「新しい形態の戦争」: Modern War Institute, "Analyzing the Russian Way of War: Evidence from the 2008 Conflict with Georgia," March 20, 2018, https://mwi.usma.edu/wp-content/uploads/2018/03/Analyzing-the-Russian-Way-of-War.pdf.

p. 243 「ロシアのテレビは，ロシアの指導者が」: Mikhail Zygar, "Why Putin Prefers Trump," *Politico*, July 27, 2016, https://www.politico.com/magazine/story/2016/07/donald-trump-vladimir-putin-2016-214110.

p. 246 「無責任で」: Ben Rhodes, *The World as It Is: A Memoir of the Obama White House* (New York: Random House, 2018), 12.

p. 246 「わが国のあらゆる要素」: "Senate Confirmation Hearing: Hillary Clinton," *New York Times*, January 13, 2009, https://www.nytimes.com/2009/01/13/us/politics/13text-clinton.html.

p. 247 「それはあまりにも多くの場合，増派，増派，増派」: Koh quoted in James Traub, "The Hillary Clinton Doctrine," *Foreign Policy*, November 6, 2015, https://foreignpolicy.com/2015/11/06/hillary-clinton-doctrine-obama-interventionist-tough-minded-president/.

p. 247 「われわれのぶざまで失敗した一揆（ブッチ）」: Gates, *Duty*, 359.

p. 247 「わたしは大臣たちに」: Gates oral history, Miller Center.

p. 247 「これがプーチンの魂をのぞきこんだ大統領です」: Reuters, "Hillary Clinton, Campaigning, Ponders Putin's Soul," January 6, 2008, https://www.reuters.com/article/us-usa-politics-putin/hillaryclinton-campaigning-ponders-putins-soul-idUSN0633656720080107.

p. 248 「一生懸命頑張って」: Reuters, "Clinton, Lavrov Push Wrong Reset Button on Ties," March 6, 2009, https://www.reuters.com/article/idUSN06402140.

pp. 249–250 「ちょうどわれわれがロシア人と順調に」および「パンドラの世界的な宝庫から」: Gates, *Duty*, 410–13.

p. 251 プーチンはそのテープを何度もおよび「メドヴェージェフが登壇し」: Ioffe interview for *Frontline*, "The Putin Files," https://www.pbs.org/wgbh/frontline/interview/julia-ioffe/#highlight-2289-2302.

p. 252 「ロシアの有権者は，選挙の不正と操作について」: David J. Kramer, "Now Hear This, Moscow," *Foreign Policy*, December 8, 2011, https://foreignpolicy.com/2011/12/08/now-hear-this-moscow/.

p. 252 「彼女は国内のある当事者たちの」: David M. Herszenhorn and Ellen Barry, "Putin Contends Clinton Incited Unrest over Vote," *New York Times*, December 8, 2011, https://www.nytimes.com/2011/12/09/world/europe/putin-accuses-clinton-of-instigating-russian-protests.html.

p. 252 「クレムリンは調査ジャーナリズムと」: Peter Pomerantsev and Michael Weiss, "The Menace of Unreality: How the Kremlin Weaponizes Information, Culture and Money," Institute of Modern Russia, 2014, https://imrussia.org/media/pdf/Research/Michael_Weiss_and_Peter_Pomerantsev__The_Menace_of_Unreality.pdf.

p. 253 「アングロサクソンの世界的な情報の流れの独占状態を打破する」: Putin interview with Margarita Simonyan, RT, June 12, 2013.

p. 253 「不安定で，権威主義的で」: Ambassador Daniel B. Baer, U.S. permanent representative to the OSCE, "Mind the GONGOs: How Government Organized NGOs Troll Europe's Largest Human Rights Conference," U.S. Mission to the Organization for Security and Cooperation in Europe, September 30, 2016.

p. 253 〈インターネット・リサーチ・エイジェンシー〉(IRA) という謎につつまれた組織: Philip N. Howard, Bharath Ganesh, Dimitra Liotsiou, John Kelly, and Camille François, "The IRA, Social Media and Political Polarization in the United States, 2012–2018," Computational Propaganda Research Project, Oxford Internet Institute, December 2018, https://comprop.oii.ox.ac.uk/wp-content/uploads/sites/93/2018/12/The-IRA-Social-Media-and-Political-Polarization.pdf.

p. 254 「ゲラシモフ・ドクトリン」: Mark Galeotti, "In Moscow's Shadows," blog post, July 6, 2014, https://inmoscowsshadows.wordpress.com/2014/07/06/the-gerasimov-doctrine-and-russian-non-linear-war/.

p. 256 「脅しあるいは武力の使用」: Steven Pifer, *The Eagle and the Trident: U.S.-Ukraine Relations in Turbulent Times* (Washington, DC: Brookings Institution Press, 2017), 70.

p. 257 「わからないのですか，ジョージ？」: Angela E. Stent, *The Limits of Partnership: U.S.-Russian Relations in the Twenty-First Century* (Princeton, NJ: Princeton University Press, 2014), 168. プーチンが2014年3月の演説でロシア議会に思いださせたように，「1954年，クリミア地方をウクライナに移管する決定が下されました．……これは共産党首のニキータ・フルシチョフ個人の発案でした．なにが彼のこの決定を後押ししたのか――ウクライナ政界の既成勢力の支持を勝ち取る願いか，あるいは1930年代のウクライナの集団抑圧をつぐなうためか――それは歴史家が解明することです」．

p. 258 「EU なんかくたばれよ」: BBC, "Ukraine Crisis: Transcript of Leaked Nuland-Pyatt Call," February 7, 2014, https://www.bbc.com/news/world-europe-26079957.

p. 259 「彼らは二十五年間，電話の通話を」: Nuland interview for *Frontline*, "The Putin Files," https://www.pbs.org/wgbh/frontline/interview/victoria-nuland/#highlight-3137-3166.

p. 259　〈アルマゲドン作戦〉：Brian Prince, "'Operation Armageddon' Cyber Espionage Campaign Aimed at Ukraine: Lookingglass," *SecurityWeek*, April 28, 2015, https://www.securityweek.com/operation-armageddon-cyber-espionage-campaign-aimed-ukraine-lookingglass.

p. 260　ロシア側はウクライナの光ファイバー・ケーブルを：Jen Weedon, "Beyond 'Cyber War': Russia's Use of Strategic Cyber Espionage and Information Operations in Ukraine," in Kenneth Geers, ed., *Cyber War in Perspective: Russian Aggression Against Ukraine*（Tallinn: NATO CCD COE Publications, 2015）, https://ccdcoe.org/uploads/2018/10/Ch08_CyberWarinPerspective_Weedon.pdf.

p. 261　「もしウクライナがロシアの影響力から」：Opening Statement of Ambassador William B. Taylor Jr. to the Congressional Impeachment Inquiry, October 22, 2019, https://www.nytimes.com/interactive/2019/10/22/us/politics/william-tay lor-ukraine-testimony.html?module=inline.

p. 261　「政府のスポンサー――具体的にいうと，モスクワに置かれた政府」：FireEye, "APT28: A Window into Russia's Cyber Espionage Operations?" October 27, 2014, https://www.fireeye.com/content/dam/fireeye-www/global/en/current- threats/pdfs/rpt-apt28.pdf.

p. 262　「わたしは，CIA と称する人間たちが」：Kulkarni quoted in Molly Schwartz, "The Man Who Taught the Kremlin How to Win the Internet," Public Radio International, May 7, 2018, https://www.pri.org/stories/2018-05-07/man-who-taught-kremlin-how-win-internet.

p. 262　「かつて見たなかでもっとも驚くべき情報戦の電撃作戦」：John Vandiver, "SACEUR: Allies Must Prepare for Russia 'Hybrid War,'" *Stars and Stripes*, September 4, 2014, https://www.stripes.com/news/saceur-allies-must-prepare-for-russia-hybrid-war-1.301464.

p. 263　「われわれには大きな情報の乖離があった」：Nuland interview, "The Putin Files."

p. 263　「白兵戦」：Joseph Marks, "NSA Engaged in Massive Battle with Russian Hackers in 2014," Nextgov, April 3, 2017, https://www.nextgov.com/cybersecurity/2017/04/nsa-engaged-massive-battle-russian-hackers-2014/136683/.

p. 264　「ロシアは，隣国のいくつかをおびやかす地域大国」：Scott Wilson, "Obama Dismisses Russia as 'Regional Power' Acting out of Weakness," *Washington Post*, March 25, 2014, https://www.washingtonpost.com/world/national-securi ty/obama-dismisses-russia-as-regional-power-acting-out-of-weakness/2014/03/25/1e5a678e-b439-11e3-b899-20667de76985_story.html.

第10章◆アメリカの民主主義

p. 265 **「白を黒，黒を白と書く」**：Anton Troianovski, "A Former Russian Troll Speaks: 'It Was Like Being in Orwell's World,'" *Washington Post*, February 17, 2018, https://www.washingtonpost.com/news/worldviews/wp/2018/02/17/a-former-russian-troll-speaks-it-was-like-being-in-orwells-world/.

p. 266 **「パープル州」**：indictment, *United States v. Internet Research Agency et al.*, February 16, 2018, https://www.justice.gov/file/1035477/download.

p. 266 **「われわれの任務は」**："An ex-St. Petersburg 'troll' speaks out," Dozhd, October 15, 2017, cited in *Report of the Select Committee on Intelligence United States Senate on Russian Active Measures Campaigns and Interference in the 2016 U.S. Election, Volume 2: Russia's Use of Social Media*, October 9, 2019, https://www.intelligence.senate.gov/sites/default/files/documents/Report_Volume2.pdf.（2014年，反体制派のテレビ・チャンネル，〈ドーシチ〉［TV レイン］は，ケーブル・テレビ局の編成からはずされ，モスクワのスタジオ・セットから立ち退かされた.）

p. 266 **「現実とフィクションのあいだの境界線を」**：Renee DiResta, Kris Shaffer, Becky Ruppel, David Sullivan, Robert Matney, Ryan Fox, Jonathan Albright, and Ben Johnson, "The Tactics and Tropes of the Internet Research Agency," New Knowledge, December 17, 2018, https://cdn2.hubspot.net/hubfs/4326998/ira-re port-rebrand_FinalJ14.pdf.

p. 267 **「おそらく，民主主義の不景気のもっとも気がかりな側面は」**：Diamond, "Facing Up to the Democratic Recession."

p. 267 **「本当に裕福な」**：Adam B. Lerner, "The 10 Best Lines from Donald Trump's Announcement Speech," *Politico*, June 16, 2015, https://www.politico.com/story/2015/06/donald-trump-2016-announcement-10-best-lines-119066.

p. 269 **「プーチンが十一月のモスクワの」**：Trump tweet, June 18, 2013, https://www.lawfareblog.com/donald-trumps-statements-putinrussiafake-news-media.

p. 269 **黒い漆塗りの箱**：Michael Isikoff and David Corn, *Russian Roulette: The Inside Story of Putin's War on America and the Election of Donald Trump*（New York: Twelve, 2018）, 14–18.

p. 269 **「わたしはプーチンがひきつづきロシア帝国を」**：Trump tweet, March 22, 2014, https://www.lawfareblog.com/donald-trumps-statements-putinrussiafake-news-media.

p. 269 **「わたしはプーチン大統領と間接的に」**：Trump at National Press Club, May 27, 2014, C-Span, https://www.c-span.org/video/?c4616416/trump-i-spoke-indirectly-

directly-presient-putin-nicer.

p. 270 「わたしはプーチンを知っています」,「ロシアと世界が」,「じつに個性的」および「人が誰かを『才気あふれる』というとき」: Philip Bump, "The Subtle Evolution of Trump's Views on Putin and Russia, *Washington Post*, July 17, 2018, https://www.washingtonpost.com/news/politics/wp/2018/07/17/the-subtle- evolution-of-trumps-views-on-putin-and-russia/.

p. 271 「アメリカを食い物にして」: Ashley Parker, "Donald Trump Says NATO Is 'Obsolete,' UN Is 'Political Game,'" *New York Times*, April 2, 2016, https://www.nytimes.com/politics/first-draft/2016/04/02/donald-trump-tells-crowd-hed-be-fine-if-nato-broke-up/.

p. 271 「最初,推測されていたよりもはるかに複雑で」: *Report of the Select Committee on Intelligence United States Senate on Russian Active Measures Campaigns and Interference in the 2016 U.S. Election, Volume 2: Russia's Use of Social Media.*

p. 271 IRAは何千万という有権者に手をのばした: Howard et al., "The IRA, Social Media and Political Polarization in the United States."

p. 272 「@stop_refugees」: DiResta et al., "The Tactics and Tropes of the Internet Research Agency."

p. 272 「ハッシュタグ・ゲーマーたち」: Darren L. Linvill and Patrick L. Warren, "Touched by the Trolls: How and Why a Coordinated Information Operation Interacts with Outsiders" (Clemson University, October 6, 2019), http://pwarren.people.clemson.edu/Touched_Linvill_Warren_Oct6_2019.pdf.

p. 273 「民主的に選出された政府にたいするクーデタを扇動するのに手を貸した」: Stein interview on 2016 presidential race by OnTheIssues.org, July 6, 2015, https://www.ontheissues.org/Archive/OnTheIssues_Presidential_Jill_Stein.htm.

p. 274 「ヒラリー・クリントンへの投票は,戦争への投票です」: Stein tweet, October 12, 2016, https://twitter.com/drjillstein/status/786366228378050561?lang=en.

p. 274 「彼女はロシアの資産(アセット)です」: Aaron Blake, "Hillary Clinton Suggests Putin Has Kompromat on Trump, Russia Will Back Tulsi Gabbard Third-Party Bid," *Washington Post*, October 18, 2019, https://www.washingtonpost.com/politics/2019/10/18/hillary-clinton-suggests-putin-has-kompromat-trump-russians-will- back-tulsi-gabbard-third-party-bid/.

p. 274 「アフリカ系アメリカ人ほどIRAの情報工作員の」: *Report of the Select Committee on Intelligence United States Senate on Russian Active Measures Campaigns and Interference in the 2016 U.S. Election, Volume 2: Russia's Use of Social Media.*

p. 275 「トランプにたいする特定の誇大広告や」: indictment, *United States v. Internet*

Research Agency et al.

p. 275 **〈ヒラリー，選挙運動のためにKKKから二万ドルの献金を受け取る〉**および**〈ブラック・マターズ（黒人問題）〉**: DiResta et al., “The Tactics and Tropes of the Internet Research Agency.”

p. 275 **二十五万人以上のフォロワー**: Howard et al., “The IRA, Social Media and Political Polarization in the United States.”

〈テキサスの心〉のフェイスブック・ページは，2016年5月，ヒューストンのイスラム布教センター前でイスラム教徒にたいする抗議デモを働きかけた．IRAはそれから，32万5,000人以上のフォロワーがいる〈ユナイテッド・ムスリムズ・フォー・アメリカ〉フェイスブック・ページをつうじて，同じ時間，同じ場所に設定した対抗議デモを仕掛けた．両陣営は出会い，怒鳴り声をあげて激しく対立した．この乱闘を作りだすのにかかった費用は200ドルだった．IRAは，クレムリンの情報機関に守られたロシアのサイバー犯罪者から提供された社会保障番号と生年月日を使って，偽のペイパル・アカウントでフェイスブックのプロモーション費用をはらった．その社会保証番号はアメリカ人から盗んだものだった．

p. 276 **「〈ジェイド・ヘルム15〉が終了した日に起きると予測されている」**: Glenda Jakubowski, “What's Not to Like? Social Media as Information Operations Force Multiplier,” *Joint Force Quarterly* 94（3rd Quarter, July 2019）, https://ndupress.ndu.edu/Portals/68/Documents/jfq/jfq-94/jfq-94_8-17_Jakubowski.pdf?ver= 2019-07-25-162024-817.

p. 276 **「その時点で，わたしは」**: R. G. Ratcliffe, “Russians Sowed Divisions in Texas Politics, Says U.S. Senate Report,” *Texas Monthly*, December 20, 2018, https://www.texasmonthly.com/news/russians-sowed-divisions-texas-politics-says-u-s-senate-report/.

p. 277 **「わたしには，さっき受けた電話を」**: Eric Lipton, David E. Sanger, and Scott Shane, “The Perfect Weapon: How Russian Cyberpower Invaded the U.S.,” *New York Times*, December 13, 2016, https://www.nytimes.com/2016/12/13/us/politics/russia-hack-election-dnc.html.

p. 278 **「マナフォートですって！」**: Nuland cited in Isikoff and Corn, *Russian Roulette*, 94.

p. 278 **「プーチンが定期的に助力をもとめる二，三人の新興財閥のひとり」**，**「プーチン政権に大いに役立つ」**ならびに**「アメリカ政府の最高レベルで」**: Associated Press, “Before Trump Job, Manafort Worked to Aid Putin,” March 22, 2017, https://apnews.com/122ae0b5848345faa88108a03de40c5a.

p. 279 「敵方の〈コンプラマート〉を握っているのは」: Yulia Latynina, *Okhota na Izubria* (Moscow: Olma Press, 1999).

p. 282 「ビッグ・アーカイヴ」: Marshall Cohen, Kay Guerrero, and Arturo Torres, "Security Reports Reveal How Assange Turned an Embassy into a Command Post for Election Meddling," CNN, July 15, 2019, https://www.cnn.com/2019/07/15/politics/assange-embassy-exclusive-documents/index.html.

p. 282 「専門家はロシアの」: Mook interview with Jake Tapper, CNN, July 24, 2016, https://www.youtube.com/watch?v=uDpdOifwVJE.

p. 282 「プーチンはわたしが好きだから」: Trump tweet, July 25, 2016, https://www.lawfareblog.com/donald-trumps-statements-putinrussiafake-news-media.

p. 285 「情報業界では, ミスター・プーチンが」: Michael J. Morell, "I Ran the C.I.A. Now I'm Endorsing Hillary Clinton," *New York Times*, August 5, 2016, https://www.nytimes.com/2016/08/05/opinion/campaign-stops/i-ran-the-cia-now-im-endorsing-hillary-clinton.html.

p. 285 「かなりの地位にある工作員で」: "Terms & Definitions of Interest for DoD Counterintelligence Professionals," Office of Counterintelligence, Defense CI and HUMINT Center, Defense Intelligence Agency, July 1, 2014, https://www.hsdl.org/?abstract&did=699056.

p. 286 「こうした嘘は」: Robert S. Mueller III, *Report on the Investigation into Russian Interference in the 2016 Presidential Election*, Volume 1, Justice Department, March 2019, 9.

p. 286 「わたしはレーニン主義者なんです」: Ronald Radosh, "Steve Bannon, Trump's Top Guy, Told Me He Was 'a Leninist,'" *Daily Beast*, April 13, 2017, https://www.thedailybeast.com/steve-bannon-trumps-top-guy-told-me-he-was-a-leninist.

p. 286 「あたりを嘘で水浸しに」: David Remnick, "Trump vs. The Times: Inside an Off-the-Record Meeting," *New Yorker*, July 30, 2018, https://www.newyorker.com/news/news-desk/trump-vs-the-times-inside-an-off-the-record-meeting.

レムニックは, ジャーナリストを「人民の敵」で「フェイクニュース」の伝播者呼ばわりするトランプの攻撃が, いかに世界中の独裁者の言葉と一致しているかを指摘した.

昨年, 中国国営通信社は, 警察が人権活動家の謝陽を拷問したという報道を, 「基本的にフェイクニュース」と否定した. シリアのバシャール・アル・アサド大統領は, 2011年から2015年のあいだに軍刑務所で死んだ数千人にかんするアムネスティ・インターナショナルの報告書を否定して, 〈ヤフー・ニュース〉に, 「近ごろではなんでも偽造できます. われわ

れはフェイクニュース時代に生きているのです」と語った．ミャンマーのラカイン州の治安当局者のトップ，ウ・チャウ・サン・フラは，国内での民族浄化を否定し，「ロヒンギャというものは存在しない．それはフェイクニュースだ」と主張した．（ロヒンギャ族10人の殺害を暴露したロイター通信のジャーナリストふたりは，現在，ミャンマーで裁判中で，最大14年の懲役に直面している．）ベネズエラでは，ニコラス・マデューロ大統領がロシア国営チャンネルのRTに出演して，「ベネズエラは，われわれを責め立てる世界のメディアによってむき出しにされ，いじめられています．……これはわれわれがいま〈フェイクニュース〉と呼ぶものではないでしょうか？」と断言した．カンボジア政府がジャーナリストを投獄し，〈ラジオ自由アジア〉を追放して，数十のラジオ局と《カンボジア・デイリー》を閉鎖したあと，フン・セン首相は欧米の批判的な報道にたいする攻勢に移り，「わたしは大統領に，あなたのCNN攻撃は正しいというメッセージを送りたい．アメリカのメディアはじつにひどい」といった．

トランプは《タイムズ》の重役たちに，自分が「フェイクニュース」といういいまわしを発明しただけでなく，一部の国は「フェイクニュース」を禁止しているといって楽しんだようだ．

p. 287 **「二〇一六年秋，フェイスブックのトップ・フェイク記事が」**: Craig Silverman, "This Analysis Shows How Viral Fake Election News Stories Outperformed Real News on Facebook," Buzzfeed, November 16, 2016, https://www.buzzfeednews.com/article/craigsilverman/viral-fake-election-news-outperformed-real-news-on-facebook.

シルヴァーマンはこう書いた．「この選挙運動の重要な数カ月間に，だましサイトと過激な党派的ブログから出た虚偽の選挙記事のなかで注目度が高かった上位20件は，フェイスブックで871万1,000件のシェアと反応とコメントを得た．……同じ期間に，19の主要なニュース・ウェブサイトから出た選挙記事のなかでもっとも注目度が高かった上位20件は，フェイスブックで合計736万7,000件のシェアと反応とコメントを得た」

p. 287 **「イランがアメリカを助けた科学者を殺したのは」**: Tara Golshan, "Trump's Fake Controversy About Clinton's Emails Getting an Iranian Scientist Killed, Explained," *Vox*, August 9, 2016, https://www.vox.com/2016/8/9/12410882/clinton-emails-trump-iranian-scientist-executed-amiri.

p. 287 **「ISISの創設者だ」**: Nick Corasaniti, "Donald Trump Calls Obama 'Founder of ISIS'and Says It Honors Him," *New York Times*, August 10, 2016, https://www.nytimes.com/2016/08/10/us/politics/trump-rally.html.

p. 288 「このことを理解するのは重要だ」: Stanley quoted in Sean Illing, "How Propaganda Works in the Digital Age," *Vox*, October 18, 2019, https://www.vox.com/policy-and-politics/2019/10/18/20898584/fox-news-trump-propaganda-jason-stanley.

p. 288 「投票所で選挙を不正操作する」: Jeremy Diamond, "Trump: I'm Afraid the Election's Going to Be Rigged," CNN, August 2, 2016, https://www.cnn.com/2016/08/01/politics/donald-trump-election-2016-rigged/index.html.

p. 289 「わたしのダッシュボードの警告灯は」: James R. Clapper with Trey Brown, *Facts and Fears: Hard Truths from a Life in Intelligence* (New York: Viking, 2018), 348ff.

p. 291 「敵対的な国の政府が」: Reid letter to Comey, August 27, 2016, https://archive.org/stream/ReidLetterToComey08272016/2016-08-27--Reid%20Letter%20to%20Comey_djvu.txt.

p. 292 「彼らはわれわれの民主主義の弱点を見つけたんだな」: Rhodes, *The World as It Is*, 398.

p. 294 アメリカの各情報機関は: Joint Statement from the Department of Homeland Security and Office of the Director of National Intelligence on Election Security, October 7, 2016, https://www.dhs.gov/news/2016/10/07/joint-statement-department-homeland-security-and-office-director-national.

あとがき◆エイジェント・オブ・インフルエンス

p. 298 「わたしはちょうどFBIの長を馘にしたところです」: Matt Apuzzo, Maggie Haberman, and Matthew Rosenberg, "Trump Told Russians that Firing 'Nut Job' Comey Eased Pressure from Investigation," *New York Times*, May 19, 2017, https://www.nytimes.com/2017/05/19/us/politics/trump-russia-comey.html.

p. 299 「なんてことだ」および「FBIの徹底的な捜査が」: *Report on the Investigation into Russian Interference in the 2016 Presidential Election*, vol. 1, 76, 78.

p. 300 「のっぴきならない証拠」: author interview with Rolf Mowatt-Larssen, January 2020.

p. 300 「人々をあやつり」: Fiona Hill deposition, House impeachment inquiry, October 14, 2019, https://www.justsecurity.org/wp-content/uploads/2019/11/ukraine-clearinghouse-hill_transcript-2019.10.14.pdf.

p. 300 「われわれをおたがいに分裂させ」: Fiona Hill testimony, House impeachment inquiry, *Washington Post*, November 21, 2019, https://www.washingtonpost.com/politics/2019/11/21/transcript-fiona-hill-david-holmes-testimony-front-house-intelligence-committee.

メリーランド州選出のジェイミー・ラスキン下院議員はヒルにたずねた．「なぜプーチンは，ビジネスマン時代からドナルド・トランプを標的にしていたと思いますか？」．彼女は答えた．「なぜなら，それがプーチン大統領とほかの者たちが，まさにやっていたことだったからです．さらに，彼は，レニングラードでKGB総局の一員でした．それが彼らのやっていたことでした．……人々がビジネスの機会をもとめればもとめるほど，彼らがなにか違法なこと，あるいはまちがいなくいかがわしく非道なことをやればやるほど，プーチンはいっそう強く援助を申しでて，彼の周囲の者たちがそれを利用できるのです」．

p. 300 **「彼らはわたしを倒そうとした」**: "Read Kurt Volker's Prepared Opening Statement From the Impeachment Hearing," *New York Times*, November 19, 2019, https://www.nytimes.com/2019/11/19/us/politics/volker-statement-testimony.html.

p. 301 **「プーチンがわたしにいったんだ」**: Shane Harris, Josh Dawsey, and Carol D. Leonnig, "Former White House Officials Say They Feared Putin Influenced the President's Views on Ukraine and 2016 Campaign," *Washington Post*, December 19, 2019, https://www.washingtonpost.com/national-security/former-white-house-officials-say-they-feared-putin-influenced-the-presidents-views-on-ukraine-and-2016-campaign/2019/12/19/af0fdbf6-20e9-11ea-bed5-880264cc91a9_story.html.

p. 301 **「誰が信じられて，誰が信じられないか」**: Masha Gessen, "How Putin and Trump Each Lied in Helsinki," *New Yorker*, July 17, 2018. The translation is Gessen's. https://www.newyorker.com/news/our-columnists/how-putin-and-trump-each-lied-in-helsinki.

なぜトランプはヘルシンキでこびへつらったのか？　「わたしが思うに……ウラジーミル・プーチンはドナルド・トランプについて，人に知られたら名誉を傷つけられるような情報をたしかに握っている」と，CIAの元ロシア担当工作本部のスティーヴン・ホールはいった．彼はロシア人たちが，ほかの銀行がトランプに触れようとしなかったときに，彼にひと財産貸して，彼を救済し，プーチンはその〈コンプラマート〉を長年，彼の頭の上にぶら下げてきたのだと推測した．Anderson Cooper interview with Steven Hall, *Anderson Cooper 310 Degrees*, CNN, July 19, 2018, http://transcripts.cnn.com/TRANSCRIPTS/1807/19/acd.01.html.

「プーチンが金をはらっている人間はふたりいると思います．ローラバッカーとトランプです」と，下院の共和党リーダーのケヴィン・マッカーシーは，2016年6月15日に内輪の会話で議会の同僚たちにいった．ダナ・ローラバッカーは，プーチンとロシアの熱烈な擁護者として知られるカリフォル

ニア州選出の共和党議員だった．トランプは共和党の大統領候補者になろうとしていた．

Adam Entous, "House Majority Leader to Colleagues in 2016: 'I Think Putin Pays' Trump," *Washington Post*, May 17, 2017, https://www.washingtonpost.com/world/national-security/house-majority-leader-to-colleagues-in-2016-i-think-putin-pays-trump/2017/05/17/515f6f8a-3aff-11e7-8854-21f359183e8c_story.html.

p. 301 **「彼らはそれがロシアだと思っています」**: Julie Hirschfeld Davis, "Trump, at Putin's Side, Questions U.S. Intelligence on 2016 Election," *New York Times*, July 16, 2018, https://www.nytimes.com/2018/07/16/world/europe/trump-putin-election-intelligence.html.

トランプがヘルシンキでいったことは，完全な陰謀論の文脈で理解した場合のみ理解できた――いまいましいヒラリー・クリントンのEメールをおさめたサーバーがどういうわけかウクライナに持ち去られたという．その追及は彼の非難を加速させた．「なぜFBIはサーバーを押さえなかったのだろうと思うグループがいます――彼らはサーバーを押さえなかったのでしょうか．なぜFBIは民主党全国委員会のオフィスから立ち去るよういわれたのでしょう？　わたしはずっとそれを不思議に思っています――わたしは何カ月もたずねつづけ，ソーシャルメディアでツイートし，呼びかけています．サーバーはどこにある？　わたしはサーバーがどこにあって，サーバーがなにをいっているのか知りたい．とはいえ，わたしには質問することしかできません．わたしの部下たちは，［国家情報長官の］ダン・コーツほか数人は，わたしのところにきて，彼らはそれがロシアだと思うといいました．わたしにはプーチン大統領がいます．彼はたったいま，それはロシアではないといいました．わたしはこういいましょう．わたしにはなぜそれがロシアになるのか理由がわからないと．しかし，わたしは本当にサーバーをこの目で見たいのです．……民主党全国委員会で働いていたパキスタン人紳士のサーバーはどうなったのでしょう？　あれらのサーバーはどこにあるのか？　みんな行方不明です．どこにあるのでしょう？」．

p. 301 **「記憶に残るアメリカ大統領のもっとも恥ずべきふるまいのひとつ」**: Amber Phillips, "'Disgraceful' and 'Tragic': John McCain's Excoriation of Trump on Russia, Annotated," *Washington Post*, July 16, 2018, https://www.washingtonpost.com/news/the-fix/wp/2018/07/16/disgraceful-and-tragic-john-mccains-excoria tion-of-trump-on-russia-annotated.

p. 301 **「完全にプーチンのいいなりになっている」**: John O. Brennan tweet, July 16, 2018, https://twitter.com/johnbrennan/status/1018885971104985093.

p. 301 **「わたしは職業柄，ロシアの情報機関が」**: Will Hurd quoted in Justin Wise, "GOP Lawmaker: Trump Is 'Getting Played By' a Former KGB Agent," July 16, 2018, https://hurd.house.gov/media-center/in-the-news/gop-lawmaker-trump-getting-played-former-kgb-agent.

p. 301 **「資産(アセット)のあつかいかたを」**: Jim Sciutto interview with James Clapper, *The Lead with Jake Tapper*, CNN, December 18, 2017, http://transcripts.cnn.com/TRANSCRIPTS/1712/18/cg.01.html.

p. 302 **「人間のくず」**: Susan B. Glasser, "On 'Human Scum' and Trump in the Danger Zone," *New Yorker*, October 24, 2019, https://www.newyorker.com/news/letter-from-trumps-washington/on-human-scum-and-trump-in-the-danger-zone.

p. 302 **「間抜けと弱虫の群れ」**: Philip Rucker and Carol Leonnig, *A Very Stable Genius: Donald J. Trump's Testing of America* （New York: Penguin, 2020）, 157.

p. 302 **「一歩一歩，複数政党制度や」**: Larry Diamond, "Breaking Out of the Democratic Slump," *Journal of Democracy* 31 no. 1（January 2020）36–50, doi:10.1353/jod.2020.0003.

p. 303 **「われわれはこの世でなにひとつ」**: Michael Hirsh interview with Lech Wałęsa, "Why Democracy Is Failing: 'There Is No Leadership,'" *Foreign Policy*, November 14, 2019, https://foreignpolicy.com/2019/11/14/lech-walesa-poland-why-democracy-failing-there-is-no-leadership.

p. 304 **「本当の国」**: Greg Jaffe and Josh Dawsey, "A Presidential Loathing for Ukraine is at the Heart of the Impeachment Inquiry," *Washington Post*, November 2, 2019, https://www.washingtonpost.com/national-security/a-presidential-loathing-for-ukraine-is-at-the-heart-of-the-impeachment-inquiry/2019/11/02/8280ee60-fcc5-11e9-ac8c-8eced29ca6ef_story.html.

p. 304 **「ロシアの治安機関によって演じられ，広められた……架空の物語」**: Fiona Hill testimony, House impeachment inquiry, *Washington Post*, November 21, 2019, https://www.washingtonpost.com/politics/2019/11/21/transcript-fiona-hill-da vid-holmes-testimony-front-house-intelligence-committee.

ロシアではなくウクライナが民主党をハッキングしたという架空の物語は，いまや投獄された彼の選挙運動本部長のポール・マナフォート経由で最初にトランプの耳に入ったのかもしれない．マナフォートはそれを自分のビジネスパートナーで，ロシア情報機関と深い絆があるコンスタンティーン・キリムニクから得ていた．いまや有罪判決を受けた選挙運動の補佐役のロジャー・ストーンも，その話をくりかえしていた．2019年秋にこの作り話を推進していた者のなかには，下院情報委員会の共和党有力者デヴィン・ヌ

ネスと，上院情報委員会の共和党メンバーのトム・コットンがいる．

p. 305 **「アメリカの政治プロセス，世論，政策」**：第6章で詳述したように，オリヴァー・ノースとウォルト・レイモンドとNSCの〈ソ連積極的手段作業部会〉が，アメリカ国内の聴衆のためにフェイクニュースをでっち上げたあとで，アメリカ政府が「アメリカの政治プロセスや世論，政策，あるいはメディアに影響をおよぼす」ために隠密工作を開始することを禁止する法律が議会を通過し，ジョージ・H・W・ブッシュ大統領がこれに署名した．この法律は1991年度情報権限法だった．1991 Intelligence Authorization Act: https://www.congress.gov/bill/102nd-congress/senate-bill/1325.

p. 305 **「ありがたい」**：Putin remarks at VTB Capital Investment Forum, RIA News, November 20, 2019, https://ria.ru/20191120/1561164253.html.

p. 305 **「二〇二〇年のアメリカ選挙に関連するGRUの工作のタイミング」**：Area 1 Security, "Phishing Burisma Holdings," undated January 2020, https://cdn.area1security.com/reports/Area-1-Security-PhishingBurismaHoldings.pdf.

p. 306 **「民主共和国において選挙プロセスを腐敗させるのは」**：McKay Coppins, "How Mitt Romney Decided Trump Is Guilty," *Atlantic*, February 5, 2020, https://www.theatlantic.com/politics/archive/2020/02/romney-impeach-trump/606127.

p. 307 **「アメリカではなくモスクワの利益のために」**：Brennan tweet, February 20, 2020, https://twitter.com/johnbrennan/status/1230647803254333440.

p. 307 **「こういう連中が見せるたわごとを信じてはいけない」**：Emily Cochrane, "Trump Talks Likes (Tariffs) and Dislikes (Media) in V.F.W. Speech," *The New York Times*, July 24, 2018, https://www.nytimes.com/2018/07/24/us/politics/trump-vfw-veterans.html.

p. 308 **「彼らが認める唯一の倫理観は」**：Reagan news conference, January 29, 1981, https://www.presidency.ucsb.edu/documents/the-presidents-news-conference-992.

p. 309 **「政権はそれ自身の嘘のとりこなので」**：Vaclav Havel, "The Power of the Powerless," trans. Paul Wilson, October 1978, https://hac.bard.edu/amor-mundi/the-power-of-the-powerless-vaclav-havel-2011-12-23.

訳者略歴

村上和久（むらかみ・かずひさ）
一九六二年生まれ。翻訳家。
主要訳書に、ブランドン・ウェッブほか『キリング・スクール　特殊戦狙撃手養成所　上・下』、リー・ネヴィル『ヴィジュアル版世界特殊部隊大全』、ドナルド・ナイボール『航空機透視図百科図鑑』、アンドルー・ファインスタイン『武器ビジネス　マネーと戦争の「最前線」　上・下』、フィリップ・シノン『ケネディ暗殺　ウォーレン委員会50年目の証言　上・下』、イアン・トール『太平洋の試練　レイテから終戦まで　上・下』ほか多数がある。

米露諜報秘録1945-2020
冷戦からプーチンの謀略まで

二〇二二年六月二〇日　印刷
二〇二二年七月一〇日　発行

著者　ティム・ワイナー
訳者 ©　村上和久
装丁者　日下充典
発行者　及川直志
印刷所　株式会社理想社
発行所　株式会社白水社

東京都千代田区神田小川町三の二四
電話　営業部〇三（三二九一）七八一一
編集部〇三（三二九一）七八二一
振替　〇〇一九〇-五-三三二二八
郵便番号　一〇一-〇〇五二
www.hakusuisha.co.jp

乱丁・落丁本は、送料小社負担にてお取り替えいたします。

株式会社松岳社

ISBN978-4-560-09436-5

Printed in Japan

ゴルバチョフ（上下）

その人生と時代

ウィリアム・トーブマン　　松島芳彦 訳

「冷戦終結30年」にして解明されるゴルバチョフという「謎」。ソ連改革から解体へと導いて「世界を変えた男」を人間味豊かに描く。

冷たい戦争から熱い平和へ（上下）

プーチンとオバマ、トランプの米露外交

マイケル・マクフォール　　松島芳彦 訳

バラク・オバマとジョー・バイデンの下で、米露関係を対立から協調へと「リセット」する政策を立案し、駐露米大使として「露の民主化と西側への統合」を推進した学者が明かす、緊迫の外交とは？

シークレット・ウォーズ（上下）

アメリカ、アフガニスタン、パキスタン　三つ巴の諜報戦争

スティーブ・コール　　笠井亮平 訳

9.11から米軍主導の掃討作戦が終結した2014年まで、アフガン、パキスタン、アメリカの三つ巴の攻防をピュリツァー賞作家が詳細に描いた大作。全米批評家協会賞受賞。

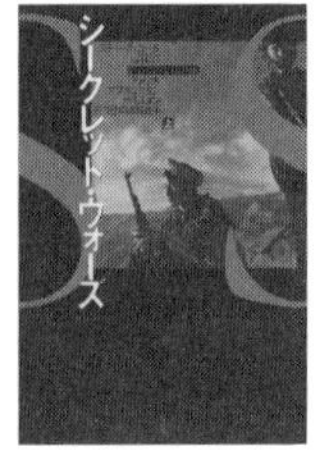